U0593435

◎ 本书获"福建省高校创新团队发展计划"资助

互换性与检测实训

魏 剑 高 浩 **主编**

厦门大学出版社
XIAMEN UNIVERSITY PRESS

国家一级出版社
全国百佳图书出版单位

图书在版编目（CIP）数据

互换性与检测实训 / 魏剑，高浩主编. -- 厦门：
厦门大学出版社，2025.6
ISBN 978-7-5615-8887-1

Ⅰ. ①互… Ⅱ. ①魏… ②高… Ⅲ. ①互换性-理论
-高等学校-教材②技术测量-高等学校-教材 Ⅳ.
①TG8

中国版本图书馆CIP数据核字(2022)第229743号

责任编辑　李峰伟
美术编辑　张雨秋
技术编辑　许克华

出版发行　厦门大学出版社

社　　址　厦门市软件园二期望海路39号
邮政编码　361008
总　　机　0592-2181111　0592-2181406(传真)
营销中心　0592-2184458　0592-2181365
网　　址　http://www.xmupress.com
邮　　箱　xmup@xmupress.com
印　　刷　厦门集大印刷有限公司

开　　本　787 mm×1 092 mm　1/16
印　　张　15.25
字　　数　355 千字
版　　次　2025 年 6 月第 1 版
印　　次　2025 年 6 月第 1 次印刷
定　　价　45.00 元

厦门大学出版社
微信二维码

厦门大学出版社
微博二维码

前　言

　　制造业是国民经济的物质基础和工业化的产业主体。制造业技术标准是组织现代化生产的重要技术基础。本书针对应用型高等学校理论与实践并重的要求,引入产品几何技术规范(geometrical product specifications,GPS)新型国际标准,融入工程应用实例,为实现数字化设计、检验和制造打下良好的基础。考虑到实践应用的可行性,教材按照以下几点进行编写:首先,教材应用符合自身办学体系,保证课程设计的科学性,教学内容应当衔接有序,保障各章节的自成体系和整本教材的系统性,为应用型教学体系建设奠定基础。其次,教材应用符合社会发展形势,围绕行业企业的人才需求,以培养学生的实践能力和科学素养为目的,保证课程内容的实效性。最后,侧重于理论与实践研究的渗透结合,平衡好基础课程与专业课程之间教学重心的转换,以教材建设为抓手开辟新工科人才的培养范式。正是基于这种教材建设上的共识,我们编写了本教材。

　　"互换性与检测实训"课程是工科院校特别是应用型工科院校机械类专业的一门实用性较强的技术基础课,内容涉及机械产品及其零部件的设计、制造、维修、质量控制与生产管理等多方面标准及技术知识。

　　"互换性与检测实训"作为一门专业基础课,要求学生在学习过程中达到以下要求:

　　(1)了解互换性与标准化的重要性。

　　(2)掌握有关极限与配合的基本概念。

　　(3)掌握若干产品几何技术规范的主要内容。

　　(4)初步掌握确定公差的原则和方法。

　　(5)了解几何量测量的基本工具和方法。

　　(6)具备产品精度设计及几何量检测的基本能力。

　　(7)学会查阅典型零部件的相关工具书,如设计手册、国家标准等。

　　为了满足日益增长的三维模型上的直接标注需要,相关国标在对技术规范做出诠释的可视化注解中增加了三维标注的图例、滤波器规范元素概念的诠释及标注方式、几何误差数字化检测验证方法及图解等。

本教材具有以下特点：

（1）依据教学大纲基本要求，注重基础内容和标准应用，以方便自学。

（2）适用于应用型高等学校的机械类专业，计划授课 40 学时左右，教师可根据需要对课时进行调整。

（3）理论联系实际，结合零部件精度设计实例对公差标准应用问题进行分析。

（4）不包含圆柱齿轮传动的互换性和尺寸链的内容，如有需要，可参阅相关标准和机械制造工艺课程的内容进行补充。

本教材由三明学院魏剑和高浩主编。在编写过程中，杨图强给予了热情指导，在此表示感谢。本教材的出版还得到了福建省高等教育研究院高等教育改革与研究项目的支持（项目编号：FGJG202305）。

由于编者水平有限，书中难免存在缺点和错误，敬请广大读者批评指正。

编　者

2024 年 8 月于福建三明

|目　录

1 绪 论

1.1 几何精度

1.1.1 机械设计的基本过程

机械设计过程通常可以分为 3 个阶段:系统设计、参数设计和精度设计。

系统设计亦称一次设计,提出初始设计方案,确定机械的基本工作原理和总体布局,以保证总体方案的合理性和先进性。机械系统的一次设计主要是运动学的设计,如传动系统、位移、速度、加速度等。

例如,实现由旋转运动转变为往复直线运动,可以选用曲柄-连杆-滑块机构(图 1-1),再根据使用功能对滑块直线往复运动的行程、速度和加速度的要求,确定曲柄与连杆的长度(r 与 l)以及曲柄的回转速度(ω)。

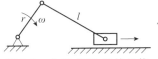

图 1-1 曲柄-连杆-滑块机构

参数设计亦称二次设计,运用正交试验、方差分析等方法探求参数的最佳搭配,确定机构各零件几何要素的标称值(或公称值)。参数设计的主要依据是保证系统的能量转换和工作寿命。为此,必须按照静力学与动力学的原理,采用优化、有限元等方法进行计算,并按照摩擦学和概率理论进行可靠性设计。

例如,在上述曲柄-连杆-滑块机构设计中,要根据载荷、速度和工作寿命,确定输入功率,从而计算各转轴的直径、曲柄与连杆的截面形状与尺寸、滑块尺寸以及机体的外观尺寸等,并选择适当的材料及热处理工艺。

精度(容差)设计亦称三次设计,决定这些参数在中心值附近的波动范围。精度设计的主要依据是对机械的静态和动态精度要求。因为任何加工方法都不可能没有误差,零件几何要素的误差都会影响其功能要求的实现,而允许误差的大小又与生产经济性和产品的使用寿命密切相关。因此,精度设计是从经济角度考虑允许质量特性值的波动范围,对质量和成本进行综合平衡。

一般地说,零件上任何一个几何要素的误差都会以不同的方式影响其功能。例如,图 1-2 所示的法兰盘,直径 ϕd_1 尺寸的变动受到零件重量、装配空间和直径 ϕD 及螺孔直径 ϕD_1 的制约;螺孔直径 ϕD_1 的变动受螺母直径和螺母压力的制约;孔径 ϕD_2 的变动受相配轴径及配合压紧的制约;圆角半径 r 的变动受螺母尺寸和疲劳强度的制约;等等。此外,法兰盘装配端面的平面度误差、孔轴线对端面的垂直度误差、均布螺孔的位置度误差等也将影响其装配和使用功能。

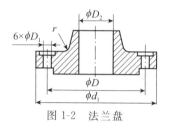

图 1-2 法兰盘

由此可见,对零件每个几何要素的各类误差均应给出公差。正确合理地给定零件几何要素的公差是设计工程技术人员的重要任务。

机器精度的分析与计算是多方面的,但归结起来,设计人员总是要根据给定的整机精度,最终确定出各个组成零件的精度,如尺寸公差、几何公差以及表面粗糙度参数值。但是,根据上述设计精度制造出的零件,装配成机器或机构后,还不一定能达到给定的精度要求。因为机器在运动过程中,其所处的环境条件(如电压、气温、湿度、振动等)及所受的负荷都可能发生变化,造成相关零件的尺寸发生变化;或者相对运动的零件耦合后,其几何精度在运动过程中也会发生改变。为此,除分析、计算机器静态的精度问题之外,还必须分析在运动情况下,零件及机器的精度问题。另外,由于现代机械产品正朝着光机电一体化的方向发展,这样的产品,其精度问题已不再是单纯的尺寸误差、几何误差等几何量精度问题,而是包括光学量、电学量等及其误差在内的多量纲精度问题,其分析与计算与传统的几何量精度分析更为复杂和困难。

1.1.2 加工过程和加工误差

迄今为止,传统的去除材料的制造都是将由铸、锻、轧等工艺方法获得的毛坯,经过各种切削加工实现设计要求的;而增量制造是直接根据产品计算机辅助设计(computer-aided design,CAD)的三维模型数据,经计算机数据处理后,将其转变为许多平面模型的叠加,然后直接通过计算机进行控制,制造这一系列平面模型,并加以联结,形成复杂的三维实体零件。因此,组成切削过程的各环节不完善,会导致零件的实际几何要素偏离其理想状态,形成加工误差;而打印出的实体还要通过打磨、钻孔、电镀等方式的进一步加工,加工工艺的不完善同样会导致加工误差。其主要误差源有机床、工具、夹具、工艺、环境和人员等。

机床为加工过程提供刀具与工件间相对运动和实现切除材料所需的能源。刀具与工件相对运动的不准确,会使工件的几何要素产生形状误差,如平面度误差、圆柱度误差等;刀具与工件相对位置的不准确,会使工件各几何要素间产生位置误差,如孔距误差、分度误差、同轴度误差等,也将使一批工件的尺寸产生变动,即尺寸误差。

作为切除材料的主要工具,刀具的形状与尺寸将直接复现在已加工表面上,它将与各种切削用量(如切削深度、进给量、切削速度等)一起,共同影响工件的表面精度和尺寸,形成表面粗糙度、波纹度、形状误差和尺寸误差。生产过程中刀具的磨损是导致尺寸误差的主要原因。

夹具的作用是确定工件在机床上的位置。夹具的制造和安装误差将直接影响工件的正确定位,从而造成工件与刀具相对运动和相对位置的不准确,形成工件几何要素的方向误差和位置误差,如垂直度误差、同轴度误差和位置度误差等。特别是工艺基准与设计基准的不一致和工艺基准的改变,都将造成显著的位置误差。

工艺因素主要有切削用量、切削力及热处理工艺。它们将直接影响加工表面质量,产生受力变形和热变形,形成表面粗糙度和形状误差。

环境因素主要是切削热导致的工件与刀具的变形和温度变动产生的加工系统的变形。它们主要影响大尺寸工件的尺寸误差和形状误差。

在试切法的加工过程中,操作人员的技术水平和责任心,直接影响工件尺寸误差的大小。采用调整法和自动或半自动加工方法,可以大大减少直至消除操作人员对加工误差的影响。

此外,原材料和毛坯的内应力和尺寸稳定性,也将影响完工工件的几何精度及持久性。分析加工误差的来源,采取减小误差提高精度的措施,是制造工程技术人员的重要任务。

1.1.3 几何精度设计的基本原则

一般说来,几何精度设计的基本原则是经济地满足功能要求。

任何机械产品都是为了满足人们生活、生产或科学研究的某种特定的需要。这种需要表现为机械产品可以实现的某种功能。因此,机械精度设计首先必须满足产品的功能要求。机械产品功能要求的实现,在相当程度上依赖于组成该产品的各零件的几何精度。因此,零件几何精度的设计是实现产品功能要求的基础。

机械零件上的几何要素基本上可以分为结合要素、传动要素、导引要素、支承要素和结构要素等几类。结合要素要求实现一定的配合功能,如轴颈与轴承的圆柱结合、键与键槽的平行平面结合、螺钉与螺母的螺旋结合等,它们都有各自不同松紧的功能要求,或为联结可靠而应较紧,或为装配方便和可以相对运动而应较松。传动要素要求实现一定的传递运动和动力的功能,如齿轮传动、蜗杆传动、丝杠传动等,它们都有传递运动的精度要求,为保证动力传递可靠的传动平稳和承载能力的要求。导引要素要求实现一定的运动功能,如直线导轨、各种凸轮等,它们的工作表面都有形状精度的要求。支承要素多为形成固定联结的表面,如机座底面、机身与箱盖联结的平面、垫圈端面、机床工作台面等,它们都应具有一定的平面度和表面粗糙度要求。结构要素是指构成零件外形的要素。结构要素的尺寸主要取决于强度和毛坯制造工艺,其精度要求一般较低,如机壳外形、倒圆、倒角等。

由此可见,在进行零件的几何精度设计时,首先要对构成零件的几何要素的性质和功能要求进行分析,然后对各要素给出不同类型和大小的公差,保证功能要求的满足。

考虑到绝大多数零件都是由多个几何要素构成的,而机构又是由各种零件组成的,因此在必要时还应对零件各要素的精度和组成机构的有关零件的精度进行综合设计与计算,以确保机械的总体精度的满足。对精度进行综合设计与计算通常采用相关要求的方法。

在满足功能要求的前提下,精度设计还必须充分考虑到经济性的要求。高精度(小公差)固然可以实现高功能的要求,但必须要求高投入,即提高生产成本。实践表明,公差与相对生产成本的关系曲线如图 1-3 所示。由图 1-3 可见,虽然公差减小(精度提高)一定会导致相对生产成本的增加,但是当公差较小时,相对生产成本随公差减小而增加的速度远远高于公差较大时的速度。因此,在对具有重要功能要求的几何要素进行精度设计时,特别要注意生产经济性,应该在满足功能要求的前提下,选用尽可能低的精度(较大的公差),从而提高产品的性价比。

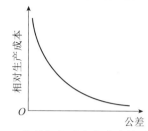

图 1-3 公差与相对生产成本关系曲线

当然,精度要求与生产成本的关系是相对的。随着科学技术和生产水平的提高,以及更为先进的工艺方法的应用,人们可以在不断降低生产成本的条件下提高产品的精度。因此,满足经济性要求的精度设计主要是一个实践问题。

随着工作时间的增加,运动零件的磨损,机械精度将逐渐降低,直至报废。零件的几何精度越低,其工作寿命也相应越短。因此,在评价精度设计的经济性时,必须考虑产品的无故障工作时间。适当提高零件的几何精度,以获得必要的精度储备,往往可以大幅度地增加平均无故障工作时间,从而减少停机时间和维修费用,提高产品的综合经济效益。

1.1.4 几何精度设计的主要方法

几何精度设计的方法主要有类比法、计算法和试验法 3 种。

1.1.4.1 类比法

类比法就是与经过实际使用证明合理的类似产品上的相应要素相比较,确定所设计零件几何要素的精度。

采用类比法进行精度设计时,必须正确选择类比产品,分析它与所设计产品在使用条件和功能要求等方面的异同,并考虑到实际生产条件、制造技术的发展、市场供应信息等多种因素。

采用类比法进行几何精度设计的基础是资料的收集、分析与整理。

类比法是大多数零件要素精度设计采用的方法。类比法亦称经验法。

1.1.4.2 计算法

计算法就是根据由某种理论建立起来的功能要求与几何要素公差之间的定量关系,计算确定零件要素的精度。例如,根据液体润滑理论计算确定滑动轴承的最小间隙;根据弹性变形理论计算确定圆柱结合的过盈;根据机构精度理论和概率设计方法计算确定传动系统中各传动件的精度;等等。

目前,用计算法确定零件几何要素的精度,只适用于某些特定的场合。同时,用计算法得到的公差,往往还需要根据多种因素进行调整。

1.1.4.3 试验法

试验法就是先根据一定条件,初步确定零件要素的精度,并按此进行试制;再将试制产品在规定的使用条件下运转,同时对其各项技术性能指标进行监测,并与预定的功能要求相比较,根据比较结果再对原设计进行确认或修改;经过反复试验和修改,就可以最终确定满足功能要求的合理设计。

试验法的设计周期较长、费用较高,因此主要用于新产品设计中个别关键要素的精度设计。

迄今为止,几何精度设计仍处于以经验设计为主的阶段。大多数要素的几何精度都是采用类比法由设计人员根据实际工作经验确定的。

计算机科学的兴起与发展为机械设计提供了先进的手段和工具。但是,在计算机辅助设计领域中,计算机辅助公差设计的研究才刚刚开始。其中,不仅需要建立和完善精度设计的理论与精确设计的方法,而且要建立具有实用价值和先进水平的数据库以及相应的软件系统。只有这样才可能使计算机辅助公差设计进入实用化阶段。

1.1.5　几何精度的表达

在确定了零件要素的几何精度以后,必须用适当的方法在零件的设计图样上予以表达,即进行公差标注,作为制造、检测和验收的依据。

零件几何精度的表达主要有两种方法:单独标注和采用一般公差。

一般公差就是各种加工设备在正常条件下能够保证的公差,亦称常用精度或经济精度。

由于零件的多数要素采用一般公差就可以满足其功能要求,因此对于采用一般公差的精度要求不需要在零件设计图样上逐一单独标注,只需要在图样或技术文件中以适当的方式做出统一规定。所以,一般公差又通称未注公差。采用一般公差来表示要素的几何精度,具有设计省时、图样简明和重点明确等优点。同时,由于一般公差是在正常情况下可以保证达到的精度,因此只要在供需合同中明确列出,通常不需检验。如果实际要素的误差超出规定的一般公差的要求,那么只有当它对零件的功能要求有不利影响时,才会拒收。所以,采用一般公差还可以减少检验费用和供需双方不必要的争议。当然,采用一般公差的前提是生产部门必须对所有加工设备的正常精度进行实际测定,并定期进行抽样检查和维修,以确保其精度得到维持。我国已对线性尺寸、角度尺寸、几何公差的一般公差制定了相应的国家标准,可供设计时选用。

当要素的功能要求高于一般公差的精度时,应在零件设计图样上以适当的方式逐一进行单独标注,通称注出公差。例如,在基本尺寸后面加注上、下偏差或公差带代号,用框格形式标注几何公差等。

当要素的功能要求低于一般公差的精度时,通常也不需要单独标注,除非其较大的公差对零件的加工具有显著的经济效益,才采用单独标注的方法。由此可见,一般公差的要求不是任何情况下都要满足的。

1.1.6　几何精度的实现

根据经济地满足功能要求的基本原则,给出机械零件各几何要素的公差,并按标准规定的方法在设计图样上进行标注以后,还需要采用相应的制造和检测方法予以实现。

按设计要求规定的材料和毛坯的提供方法,通常都需对毛坯进行有屑加工,才能全面实现设计图样的要求。为此,必须进行工艺设计,包括机床、刀具、卡具和工艺过程的选用与设计,以及检测方式和测量器具的选用、验收和仲裁标准的制订等。工艺设计的依据是设计图样,所以必须正确理解设计图样所表达的精度要求,即所谓"读懂图样"。因为几何精度的表现形式种类繁多,如尺寸精度、表面精度、形状精度、方向精度、位置精度、运动精度等;机械零件的几何要素又多种多样,如直线、平面、圆、圆柱面、圆锥面、螺旋面、渐开线面等;几何精度的表达又主要有评定参数的数值控制和几何区域控制两种不同的方法。因此,必须根据要素的特点,正确理解其精度的表达形式和要求,才能合理地选择制造与检测方法。特别是在一定测量条件下,对测量数据的处理和合格性的判断,与对设计图样精度要求的理解正确与否的关系尤为密切。

制造与检测方法的选择应遵循经济地满足设计要求的原则。所用制造方法应在确保产品精度要求的前提下,尽可能降低生产成本,满足市场需要。这就不仅需要分析零件的精度要求,而且需要考虑生产批量和规模、协作的可能性、工艺装备的折旧与更新,以及技术开发与储备等诸多因素。对于检测方法的选择,特别重要的是分析测量误差及其对检验结果的影响。因为测量误差将导致误判,或将合格品判为不合格而误废,或将不合格品判为合格而误收。误废将增加生产成本,误收则影响产品的功能要求。检测准确度的高低直接影响到误判的概率,又与检测费用密切相关。而验收条件与验收极限将影响误收和误废在误判概率中所占的比重。因此,检测准确度的选择和验收条件的确定,对于保证产品质量和降低生产成本是十分重要的。

1.2 机械制造中的互换性

1.2.1 互换性及其意义

互换性在日常生活中随处可见。组成现代技术装置和日用机电产品的各种零件,如电灯泡、自行车、手表、缝纫机上的零件,一批规格为 M10-6H 螺母与 M10-6g 螺栓的自由旋合。这是因为合格的产品和零部件都具有在材料性能、几何尺寸、使用功能上彼此互相替换的性能,即具有互换性。广义上说,互换性是指一种产品、过程或服务能够代替另一种产品、过程或服务,并且能满足同样要求的能力。

在制造业生产中,经常要求产品的零部件具有互换性,即制造业的产品或者机器由许多零部件组成,而这些零部件是由不同的工厂和车间制成的,在装配时从加工制成的同一规格的零部件中任意取一件,不需要任何挑选或修配,就能与其他零部件安装在一起而组成一台机器,并且达到规定的使用功能要求。因此,零部件的互换性就是指同一规格零部件按规定的技术要求制造,能够彼此相互替换使用而效果相同的性能。

1.2.2 公差的概念

加工零件的过程中,由于各种因素(机床、刀具、温度等)的影响,零件的尺寸、形状和表面粗糙度等几何量难以达到理想状态,总是有或大或小的误差。但从零件的使用功能角度看,不必要求零件几何量绝对准确,只要求零件几何量在某一规定的范围内变动,即保证同一规格零部件(特别是几何量)彼此接近。这个允许几何量变动的范围叫作几何量公差。这也是本书所讲公差的范畴。

为了保证零件的互换性,要用公差来控制误差。设计时要按标准规定公差,而加工时不可避免会产生误差,因此要使零件具有互换性,就应把完工的零件误差控制在规定的公差范围内。设计者的任务就是要正确地确定公差,并把它在图样上明确地表示出来。在满足功能要求的前提下,公差值应尽量规定得大一些,以便获得最佳的经济效益。

1.2.3　互换性的作用

互换性的作用可以从下面 3 个方面理解:

(1)在设计方面。若零部件具有互换性,就能最大限度地使用标准件,便可以简化绘图和计算等工作,使设计周期变短,有利于产品更新换代和计算机辅助设计技术应用。

(2)在制造方面。互换性有利于组织专业化生产,使用专用设备和计算机辅助制造(computer-aided manufacturing,CAM)技术。

(3)在使用和维修方面。零部件具有互换性可以及时更换那些已经磨损或损坏的零部件,对于某些易损件可以提供备用件,则可以提高机器的使用价值。

互换性在提高产品质量、产品可靠性、经济效益等方面均具有重大意义。互换性生产对我国现代化生产具有十分重要的意义。互换性原则已成为现代制造业中一个普遍遵守的原则,但是互换性原则也不是任何情况下都适用的。有时只有采取单个制作才符合经济原则,这时零件虽不能互换,但也有公差和检测的要求。

1.2.4　互换性的种类

从广义上讲,零部件的互换性应包括几何量、力学性能和理化性能等方面的互换性;但本书仅讨论零部件几何量的互换性,即几何量方面的公差和检测。

按不同场合对零部件互换的形式和程度的不同要求,互换性可以分为完全互换性和不完全互换性两类。

完全互换性简称互换性,以零部件装配或更换时不需要挑选或修配为条件。孔和轴加工后只要符合设计的规定要求,就具有完全互换性。

不完全互换性也称有限互换性,在零部件装配时允许有附加条件的选择或调整。对于不完全互换性,可以采用分组装配法、调整法或其他方法来实现。

因特殊原因,只允许零件在一定范围内互换。如机器上某部位精度愈高,相配零件精度要求就愈高,加工困难,制造成本高。为此,生产中往往把零件的精度适当降低,以便于制造,然后根据实测尺寸的大小,将制成的相配零件分成若干组,使每组内的尺寸差别比较小,最后把相应的零件进行装配。除此分组互换法外,还有修配法、调整法,主要适用于小批量和单件生产。

对标准零部件或机构来讲,其互换性又可分为内互换性和外互换性。内互换性是指部件或机构内部组成零件间的互换性。外互换性是指部件或机构与其相配合件间的互换性。例如,滚动轴承内、外圈滚道直径与滚动体(滚珠或滚柱)直径间的配合为内互换性;滚动轴承内圈内径与传动轴的配合、滚动轴承外圈外径与壳体孔的配合为外互换性。

1.3　标准与标准化

1.3.1　标准化及发展历程

正是为适应互换性生产的发展,标准化变得极其重要。1841 年,英国技师惠特沃斯 (J. Whitworth)建议全部的机床生产者都采用统一尺寸的标准螺纹,英国工业标准协会接受 这一建议,以他的工作为基础制定了第一个螺纹标准。这也是机械制造业领域的第一个国 家标准。到了 20 世纪初,一些国家相继成立全国性的标准化组织机构,推进了本国的标准 化事业。后来随着生产的发展,国际交流越来越频繁,因而出现了地区性和国际性的标准化 组织。1926 年成立了国际标准化协会(International Standardization Association,ISA)。 1947 年重建国际标准化协会并改名为国际标准化组织(International Standardization Organization,ISO)。现在,这个世界上最大的标准化组织已成为联合国甲级咨询机构。 ISO 9000 系列标准的颁发,使世界各国的质量管理及质量保证的原则、方法和程序都统一在 国际标准的基础之上。

我国标准化是在 1949 年新中国成立后得到重视并发展。1958 年发布第一批 120 项国 家标准。从 1959 年开始,陆续制定并发布了公差与配合、形状和位置公差、公差原则、表面 粗糙度、光滑极限量规、渐开线圆柱齿轮精度、极限与配合等许多公差标准。我国在 1978 年 恢复为 ISO 成员国,承担 ISO 技术委员会秘书处工作和国际标准草案的起草工作。从 1979 年开始,我国制定并发布了以国际标准为基础的新的公差标准。1988 年全国人大常委会通 过并由国家主席发布了《中华人民共和国标准化法》。从 1992 年开始,我国又发布了以国际 标准为基础进行修订的/T 类新公差标准。1993 年全国人大常委会通过并由国家主席发布 了《中华人民共和国产品质量法》。我国标准化水平在社会主义现代化建设过程中不断得到 发展与提高,并对我国经济发展做出了很大的贡献。2000 年以来,为了适应社会主义市场 经济发展的需要,提出了新的“政府引导、企业主体、市场导向”的标准制定理念,在行政驱动 的基础上鼓励扩大企业的参与;但是从整体来说,表现出来的特点仍然是“自上而下”的标准 制定机制。

标准化是指为了在一定的范围内获得最佳秩序,对现实问题或潜在问题制定共同使用 和重复使用的条款的活动。标准化是社会化生产的重要手段,是联系设计、生产和使用方面 的纽带,是科学管理的重要组成部分。标准化对于改进产品、过程和服务的适用性,防止贸 易壁垒,促进技术合作方面具有特别重要的意义。

标准化工作包括编制、发布和实施标准的过程。这个过程是从探索标准化对象开始,经 调查、实验和分析,进而起草、制定和贯彻标准,而后修订标准。因此,标准化是一个不断循 环又不断提高其水平的过程。

我国正在大力转变经济发展方式,经历从“中国制造”向“中国创造”的战略转变。标准 化工作是国民经济和社会发展的重要技术基础,是推进我国技术进步、产业升级、提高质量 的重要因素。随着经济全球化的日益发展,我国的标准化也必须借鉴发达国家的先进经验, 着重做好标准制定的国际化、标准运作的市场化等方面的工作。政府、企业及质检机构应切实加强对国外标准体系和先进标准的研究,在标准管理和标准制定的过程中采用全球化的视角,使我国标准化工作更加适应世界经济发展的要求,以帮助国内企业更好地参与国际竞争。

1.3.2 标准

现代制造业生产的特点是规模大、分工细、协作单位多、互换性要求高。为了适应生产中各部门的协调和各生产环节的衔接,必须有一种手段,使分散的、局部的生产部门和生产环节保持必要的统一,成为一个有机的整体,以实现互换性生产。标准与标准化正是联系这种关系的主要途径和手段。实行标准化是互换性生产的基础。

标准是指为了在一定的范围内获得最佳秩序,对活动或其结果规定共同的和重复使用的规则、导则或特性的文件。标准对于改进产品质量,缩短产品生产制造周期,开发新产品和协作配套,提高社会经济效益,发展社会主义市场经济和对外贸易等有很重要的意义。

1.3.3 标准分类

1.3.3.1 按标准的使用范围

按标准的使用范围划分,我国将标准分为国家标准、行业标准、地方标准和企业标准。国家标准就是需要在全国范围内有统一的技术要求时,由国家标准化管理委员会颁布的标准。行业标准就是在没有国家标准,而又需要在全国某行业范围内有统一的技术要求时,由该行业的国家授权机构颁布的标准。但在有了国家标准后,该项行业标准即行废止。地方标准就是在没有国家标准和行业标准,而又需要在省、自治区、直辖市范围内有统一的技术安全、卫生等要求时,由地方政府授权机构颁布的标准。但在公布相应的国家标准或行业标准后,该地方标准即行废止。企业标准就是对企业生产的产品,在没有国家标准和行业标准及地方标准的情况下,由企业自行制定的标准,并以此标准作为组织生产的依据。如果已有国家标准或行业标准及地方标准的,企业也可以制定严于国家标准或行业标准的企业标准,在企业内部使用。

1.3.3.2 按标准的作用范围

按标准的作用范围划分,标准分为国际标准、区域标准、国家标准、地方标准和试行标准。

国际标准、区域标准、国家标准、地方标准分别是由国际标准化组织、区域标准化组织、国家标准机构、在国家的某个区域一级所通过并发布的标准。试行标准是由某个标准化机构临时采用并公开发布的标准。

1.3.3.3 按标准化对象的特征

按标准化对象的特征划分,标准分为基础标准,产品标准,方法标准和安全、卫生与环境保护标准等。基础标准是指在一定范围内作为标准的基础并普遍使用,具有广泛指导意义的标准,如极限与配合标准、几何公差标准、渐开线圆柱齿轮精度标准等。基础标准是以标准化共性要求和前提条件为对象的标准,是为了保证产品的结构功能和制造质量而制定的、一般工程技术人员必须采用的通用性标准,也是制定其他标准时可依据的标准。本书所涉及的标准就是基础标准。

1.3.3.4 按标准的性质

按标准的性质划分,标准可分为技术标准、工作标准和管理标准。技术标准是指根据生产技术活动的经验和总结,作为技术上共同遵守的法规而制定的标准。

1.4 优先数和优先数系

1.4.1 优先数系及其公比

国家标准 GB/T 321—2005《优先数和优先数系》规定十进等比数列为优先数系,并规定了 5 个系列,分别用系列符号 R5、R10、R20、R40 和 R80 表示,称为 Rr 系列。其中前 4 个系列是常用的基本系列,而 R80 则作为补充系列,仅用于分级很细的特殊场合。

优先数系是工程设计和工业生产中常用的一种数值制度。优先数与优先数系是 19 世纪末(1877 年),由法国人查尔斯·雷诺(Charles Renard)首先提出的。当时载人升空的气球所使用的绳索尺寸由设计者随意规定,多达 425 种。雷诺根据单位长度不同直径绳索的重量级数来确定绳索的尺寸,按几何公比递增,每进 5 项使项值增大 10 倍,把绳索规格减少到 17 种,并在此基础上产生了优先数系的系列。后人为了纪念雷诺将优先数系称为 Rr 数系。

基本系列 R5、R10、R20、R40 的 1~10 常用值见表 1-1。

表 1-1　优先数系基本系列的常用值(GB/T 321—2005)

基本系列	常用值														
R5	1.00	1.60	2.50	4.00	6.30	10.00									
R10	1.00	1.25	1.60	2.00	2.50	3.15	4.00	5.00	6.30	8.00	10.00				
R20	1.00	1.12	1.25	1.40	1.60	1.80	2.00	2.24	2.50	2.80	3.15	3.55	4.00	4.50	5.00
	5.60	6.30	7.10	8.00	9.00	10.00									
R40	1.00	1.06	1.12	1.18	1.25	1.32	1.40	1.50	1.60	1.70	1.80	1.90	2.00	2.12	2.24
	2.36	2.50	2.65	2.80	3.00	3.15	3.35	3.55	3.75	4.00	4.25	4.50	4.75	5.00	5.30
	5.60	6.00	6.30	6.70	7.10	7.50	8.00	8.50	9.00	9.50	10.00				

优先数系是十进等比数列,其中包含 10 的所有整数幂(…,0.01,0.1,1,10,100,…)。只要知道一个十进段内的优先数值,其他十进段内的数值就可由小数点的前后移位得到。优先数系中的数值可方便地向两端延伸,由表 1-1 中的数值,使小数点前后移位,便可以得到所有小于 1 和大于 10 的任意优先数。

优先数系的公比为 $q_r = \sqrt[r]{10}$。由表 1-1 可以看出,基本系列 R5、R10、R20、R40 的公比分别为 $q_5 = \sqrt[5]{10} \approx 1.60$,$q_{10} = \sqrt[10]{10} \approx 1.25$,$q_{20} = \sqrt[20]{10} \approx 1.12$,$q_{40} = \sqrt[40]{10} \approx 1.06$。另外,补充系列 R80 的公比为 $q_{80} = \sqrt[80]{10} \approx 1.03$。

1.4.2　优先数与优先数系的特点

优先数系中的任何一个项值均称为优先数。优先数的理论值为$(\sqrt[r]{10})^N$,其中 N 是任意整数。按照此式计算得到的优先数的理论值,除 10 的整数幂外,大多为无理数,工程技术中不宜直接使用。而实际应用的数值都是经过化整处理后的近似值,根据取值的有效数字位数,优先数的近似值可以分为计算值(取 5 位有效数字,供精确计算用)、常用值(即优先值,取 3 位有效数字,是经常使用的)和化整值(是将常用值进行化整处理后所得的数值,一般取 2 位有效数字)。

优先数系主要有以下特点:

(1)任意相邻两项间的相对差近似不变(按理论值,则相对差为恒定值)。如 R5 系列约为 60%,R10 系列约为 25%,R20 系列约为 12%,R40 系列约为 6%,R80 系列约为 3%。由表 1-1 可以明显地看出这一点。

(2)任意两项的理论值经计算后仍为一个优先数的理论值。计算包括任意两项理论值的积或商,任意一项理论值的正、负整数乘方等。

(3)优先数系具有相关性。优先数系的相关性表现:在上一级优先数系中隔项取值,就得到下一系列的优先数系;反之,在下一系列中插入比例中项,就得到上一系列。如在 R40 系列中隔项取值,就得到 R20 系列,在 R10 系列中隔项取值,就得到 R5 系列;又如在 R5 系列中插入比例中项,就得到 R10 系列,在 R20 系列中插入比例中项,就得到 R40 系列。这种相关性也可以说成:R5 系列中的项值包含在 R10 系列中,R10 系列中的项值包含在 R20 系列中,R20 系列中的项值包含在 R40 系列中,R40 系列中的项值包含在 R80 系列中。

1.4.3　优先数系的派生系列

为使优先数系具有更宽广的适应性,可以从基本系列中,每逢 p 项留取一个优先数,生成新的派生系列,以符号 Rr/p 表示。派生系列的公比为

$$q_{r/p} = q_r^p = (\sqrt[r]{10})^p = 10^{p/r}$$

如派生系列 R10/3,就是从基本系列 R10 中,自 1 以后每逢 3 项留取一个优先数而组成的,即 1.00,2.00,4.00,8.00,16.0,32.0,64.0,…

1.4.4　优先数系的选用规则

优先数系的应用很广泛,它适用于各种尺寸、参数的系列化和质量指标的分级,对保证各种工业产品的品种、规格、系列的合理化分档和协调配套具有十分重要的意义。

本系列不能满足要求时,可选用派生系列,注意应优先采用公比较大和延伸项含有项值 1 的派生系列;根据经济性和需要量等不同条件,还可分段选用最合适的系列,以复合系列的形式来组成最佳系列。

由于优先数系中包含有各种不同公比的系列,因而可以满足各种较密和较疏的分级要求。优先数系以其广泛的适用性,成为国际上通用的标准化数系。工程技术人员应在一切标准化领域中尽可能地采用优先数系,以达到对各种技术参数协调、简化和统一的目的,促

进国民经济更快、更稳地发展。

现代化工业生产的特点是规模大,协作单位多,互换性要求高,为了正确协调各生产部门和准确衔接各生产环节,必须有一种协调手段,使分散的局部的生产部门和生产环节保持必要的技术统一,成为一个有机的整体,以实现互换性生产。

标准与标准化正是联结这种关系的主要途径和手段,是实现互换性的基础。

思考题

1. 机械精度设计是什么? 在机械设计过程中的地位和作用是什么?
2. 叙述互换性与几何量公差的概念,说明互换性有什么作用? 互换性的分类如何?
3. 什么是标准和标准化? 标准化在现代化生产过程有什么作用? 对于零部件的互换性又有什么意义?
4. 优先数系是一种什么数列? 它有何特点? 有哪些优先数的基本系列? 什么是优先数的派生系列?

2 极限与配合

（1）理解并掌握孔与轴的概念。

（2）理解并掌握有关尺寸的术语和定义（基本尺寸、实际尺寸、极限尺寸、实体尺寸、体外作用尺寸）以及尺寸合格条件（实际尺寸在极限尺寸的范围内）。

（3）理解并掌握实际偏差、极限偏差和公差的定义及相互间的区别与联系。

（4）理解并掌握有关配合的术语和定义：间隙、过盈、间隙配合、过渡配合、过盈配合、配合公差。

（5）理解并掌握尺寸公差带的定义，熟练掌握尺寸公差带图的画法。

（6）理解并掌握现行国家标准的构成。

（7）了解配合公差带的定义及配合公差带图的画法。

（8）掌握基准制的概念。

（9）掌握尺寸公差、配合的标注以及线性尺寸一般公差的规定和在图样上的表示方法。

（10）了解公差与配合的选择，主要包括确定基准制、公差等级以及配合的种类。

2.1 概 述

机械行业在国民经济中占有举足轻重的地位，而孔、轴配合是机械制造中最广泛的配合。它对机械产品的使用性能和寿命有很大的影响，所以说孔、轴配合是机械工程当中重要的基础标准。它不仅适用于圆柱形孔、轴的配合，也适用于由单一尺寸确定的配合表面的配合。为了保证互换性，统一设计、制造、检验、使用和维修，特制定孔、轴的极限与配合的国家标准。

2.1.1 现行标准

为便于国际交流和统一国家标准的需要，我国颁布了一系列的国家标准，并对旧标准不断修订。新修订的孔、轴极限与配合标准主要包括：

GB/T 1800.1—2020《产品几何技术规范（GPS）　线性尺寸公差 ISO 代号体系　第 1 部分：公差、偏差和配合的基础》。

GB/T 1800.2—2020《产品几何技术规范（GPS）　线性尺寸公差 ISO 代号体系　第 2 部分：标准公差带代号和孔、轴的极限偏差表》。

GB/T 1803—2003《极限与配合　尺寸至 18 mm 孔、轴公差带》。

GB/T 1804—2000《一般公差　未注公差的线性和角度尺寸的公差》。

GB/T 38762.1—2020《产品几何技术规范(GPS)　尺寸公差　第 1 部分:线性尺寸》。

GB/T 38762.2—2020《产品几何技术规范(GPS)　尺寸公差　第 2 部分:除线性、角度尺寸外的尺寸》。

GB/T 38762.3—2020《产品几何技术规范(GPS)　尺寸公差　第 3 部分:角度尺寸》。

JB/ZQ 4006—2006《极限与配合　尺寸大于 3150 至 10000 mm 孔、轴公差与配合》。

GB/T 5371—2004《极限与配合　过盈配合的计算和选用》。

2.1.2　圆柱体结合

光滑圆柱体结合是机械制造中应用最广泛的一种结合形式,由结合直径和结合长度两个参数确定,长径比规定后,仅考虑直径。

圆柱体结合有以下使用要求,当用作相对运动副时,如滑动轴承与轴颈的结合,导轨与滑块的结合,需要有一定的配合间隙;当用作固定联结时,整体零件拆成两件,如齿轮轴齿轮与轴、蜗轮轮缘与轮毂的结合,必须保证一定的过盈,以在传递足够的扭矩或轴向力时不打滑;当用作定位可拆联结时,主要用于保证有较高的同轴度和在不同修理周期下能拆卸的一种结构,如一般齿轮与轴、定位销和销孔的结合等,必须保证一定的过盈,但也不能太大。

2.1.3　极限与配合

为使零件具有互换性,必须保证零件的尺寸、几何形状和相互位置以及表面粗糙度等的一致性。就尺寸而言,互换性要求尺寸的一致性,是指要求尺寸在某一合理的范围之内。这个范围既要保证相互结合的尺寸之间形成一定的关系,以满足不同的使用要求,又要在制造上是经济合理的,因此就形成了"极限与配合"的概念。"极限"用于协调机器零件使用要求与制造经济性之间的矛盾,而"配合"则反映零件组合时相互之间的关系。

2.2　极限与配合的基本术语及定义

2.2.1　有关孔和轴的定义

2.2.1.1　孔

孔通常指工件的圆柱形内表面,也包括非圆柱形内表面(由两平行平面或切平面形成的包容面)。孔由单一尺寸确定。孔的内部没有材料,从装配关系上看孔是包容面。孔的直径用大写字母"D"表示。

基准孔:在基孔制配合中选作基准的孔。

2.2.1.2　轴

轴通常指工件的圆柱形外表面,也包括非圆柱形外表面(由两平行平面或切面形成的被包容面)。轴由单一尺寸确定。轴的内部有材料,从装配关系上看轴是被包容面。轴的直径用小写字母"d"表示。

基准轴:在基轴制配合中选作基准的轴。

从装配关系看,孔和轴的关系表现为包容和被包容的关系;从加工过程看,随着余量的切除,孔的尺寸由小变大,轴的尺寸由大变小。

在极限与配合制中,孔、轴的概念是广义的,且都是由单一尺寸构成的,它包括圆柱形的和非圆柱形的孔和轴。例如,图 2-1 中标注的 D、D_1、D_2、D_3 皆为孔,d、d_1、d_2 皆为轴。

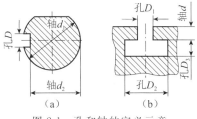

图 2-1　孔和轴的定义示意

2.2.2　有关尺寸的术语及定义

2.2.2.1　线性尺寸要素

线性尺寸要素是指拥有一个或多个本质特征的几何要素,其本质特征中只有一个可作为变量参数,其余的则是"单一参数族"的一部分,且遵守此参数的单一约束属性。例如,一个单一的圆柱孔或轴是线性尺寸要素,其线性尺寸是直径;两个相互平行的平表面是线性尺寸要素,其线性尺寸是这两个平行平面间的距离。

2.2.2.2　基本尺寸

基本尺寸是指设计者根据使用要求,考虑零件的强度、刚度和结构后,经过计算、圆整的尺寸。基本尺寸一般都尽量选取标准值,以减少定值刀具、夹具和量具的规格和数量。孔的基本尺寸用大写字母"D"表示,轴的基本尺寸用小写字母"d"表示。

2.2.2.3　实际尺寸

实际尺寸是指经过测量得到的尺寸。在测量过程中总是存在测量误差,而且测量位置不同所得的测量值也不相同,所以真值虽然客观存在但是测量不出来。我们只能用一个近似真值的测量值代替真值,换句话说就是实际尺寸具有不确定性。孔的实际尺寸用"D_a"表示,轴的基本尺寸用"d_a"表示。

2.2.2.4　极限尺寸

极限尺寸就是工件合格范围的两个边界尺寸。最大的边界尺寸叫上极限尺寸,孔和轴的上极限尺寸分别用"D_{max}"和"d_{max}"表示;最小的边界尺寸叫下极限尺寸,孔和轴的下极限尺寸分别用"D_{min}"和"d_{min}"表示。极限尺寸是用来限制实际尺寸的,实际尺寸在极限尺寸范围内,表明工件合格;否则,不合格。

注意:基本尺寸、极限尺寸为设计时给定。极限尺寸是以基本尺寸为基数来确定的。

尺寸合格条件:$D_{min} \leqslant D_a \leqslant D_{max}$,$d_{min} \leqslant d_a \leqslant d_{max}$。

2.2.2.5 最大实体尺寸

最大实体尺寸是指孔或轴具有允许材料量为最多时状态(最大实体状态,maximum material condition,MMC)下的极限尺寸。孔和轴的最大实体尺寸分别用 D_{MMS} 和 d_{MMS} 表示。

最大实体极限(maximum material limit,MML):对应于孔或轴最大实体尺寸的那个极限尺寸,即孔的最小极限尺寸 D_{min} 和轴的最大极限尺寸 d_{max}。

2.2.2.6 最小实体尺寸

最小实体尺寸是指孔或轴具有允许材料量为最少时状态(最小实体状态,least material condition,LMC)下的极限尺寸。孔和轴的最小实体尺寸分别用 D_{LMS} 和 d_{LMS} 表示。

最小实体极限(least material limit,LML):对应于孔或轴最小实体尺寸的那个极限尺寸,即孔的最大极限尺寸 D_{max} 和轴的最小极限尺寸 d_{min}。

最大实体极限和最小实体极限统称为实体极限。

极限尺寸与实体尺寸有如下关系:$D_{MMS}=D_{min}$,$D_{LMS}=D_{max}$;$d_{MMS}=d_{max}$,$d_{LMS}=d_{min}$。

2.2.3 有关尺寸偏差和公差的术语及定义

2.2.3.1 极限制

极限制是指经标准化的公差和偏差制度。

2.2.3.2 尺寸偏差

某一尺寸减其基本尺寸所得的代数差称为尺寸偏差,简称偏差。

2.2.3.3 极限偏差

用极限尺寸减其基本尺寸所得的代数差叫极限偏差。极限偏差有上偏差和下偏差两种。上偏差是上极限尺寸减其基本尺寸所得的代数差,下偏差是下极限尺寸减其基本尺寸所得的代数差。偏差值是代数值,可以为正值、负值或零,计算或标注时除零以外都必须带正、负号。孔和轴的上偏差分别用"ES"和"es"表示,孔和轴的下偏差分别用"EI"和"ei"表示。

极限偏差可用下列公式计算:

孔:上极限偏差 $ES=D_{max}-D$,下极限偏差 $EI=D_{min}-D$。

轴:上极限偏差 $es=d_{max}-d$,下极限偏差 $ei=d_{min}-d$。

偏差的标注:上偏差标在基本尺寸右上角,下偏差标在基本尺寸右下角。例如,$\phi 25^{-0.020}_{-0.033}$ 表示基本尺寸为 $\phi 25$ mm,上偏差为 -0.020 mm,下偏差为 -0.033 mm。

2.2.3.4 实际偏差

实际尺寸减其基本尺寸所得的代数差叫实际偏差,其应位于极限偏差范围之内。孔和轴的实际偏差分别用"E_a"和"e_a"表示。零件同一表面上不同位置的实际尺寸往往不同。

2.2.3.5 尺寸公差

尺寸公差(公差)是允许尺寸的变动量。尺寸公差等于上极限尺寸与下极限尺寸相减所得代数差的绝对值,也等于上极限偏差与下极限偏差相减所得代数差的绝对值。公差是绝对值,不能为负值,也不能为零(公差为零,零件将无法加工)。孔和轴的尺寸公差分别用"T_h"和"T_s"表示。

尺寸公差、极限尺寸和极限偏差的关系如下：

孔的公差 $T_h = D_{max} - D_{min} = ES - EI$，轴的公差 $T_s = d_{max} - d_{min} = es - ei$。

零件的制造精度要求越高，给定的公差越小，制造愈难；反之，零件的制造精度要求越低，给定的公差越大，制造愈容易。

注意：偏差是以基本尺寸为基数，从偏离基本尺寸的角度来表述有关尺寸的术语，从数值上看，偏差可为正值、负值或零值，故在偏差值的前面除零值外，应标上相应的"＋"号或"－"号；而公差是允许尺寸的变化量，无正负含义，不应出现"＋""－"号，代表加工精度的要求，由于加工误差不可避免，故 $T \neq 0$。从作用上看，极限偏差用于限制实际偏差，它代表公差带的位置，影响配合松紧；而公差用于限制尺寸误差，它代表公差带的大小，影响配合精度。从工艺上看，偏差取决于加工时机床的调整，而公差反映尺寸制造精度。对于单个零件，只能测出尺寸的实际偏差，而对于数量足够多的一批零件，才能确定尺寸误差。

2.2.3.6　公差带图

为了能更直观地分析说明基本尺寸、偏差和公差三者的关系，提出了公差带图。公差带图由零线和尺寸公差带组成。

(1)零线：在公差带图中，表示基本尺寸的一条直线，它是用来确定极限偏差的基准线。极限偏差位于零线上方为正值，位于零线下方为负值，位于零线上为零。在绘制公差带图时，应注意绘制零线，标注零线的基本尺寸线，标注基本尺寸值和符号"0、＋、－"，如图 2-2 所示。

(2)尺寸公差带：在公差带图中，表示上、下偏差的两条直线之间的区域叫尺寸公差带（公差带）。公差带有两个参数：公差带的位置和公差带的大小。公差带的位置由基本偏差决定，公差带的大小（指公差带的纵向距离）由标准公差决定。在绘制公差带图时，应该用不同的方式来区分孔、轴公差带（如在图 2-2 中，孔、轴公差带用不同方向的剖面线区分）；公差带的位置和大小应按比例绘制；公差带的横向宽度没有实际意义，可在图中适当选取。

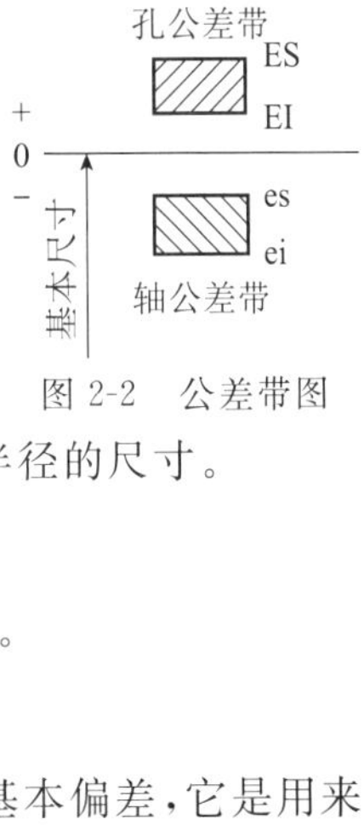

在公差带图中，基本尺寸和上、下偏差的量纲可省略不写，基本尺寸的量纲默认为 mm，上、下偏差的量纲默认为 μm。基本尺寸应书写在标注零线的基本尺寸线左方，字体方向与图 2-2 中基本尺寸一致。上、下偏差书写（零可以不写）必须带正、负号。

图 2-2　公差带图

注意：对光滑圆柱形来讲，这个区域所控制的是直径的尺寸，而不是半径的尺寸。

2.2.3.7　标准公差

在国家极限与配合标准中表所列的用以确定公差带大小的任一公差。

2.2.3.8　基本偏差

在国家极限与配合标准中，把离零线最近的那个上偏差或下偏差叫基本偏差，它是用来确定公差带与零线相对位置的偏差。

注意：对跨在零线上的（对称分布）ES(es)或 EI(ei)均可作为基本偏差。

例 2-1　基本尺寸为 $\phi 30$ mm 的孔和轴。孔的上极限尺寸为 $\phi 30.21$ mm，孔的下极限尺寸为 $\phi 30.05$ mm。轴的上极限尺寸为 $\phi 29.90$ mm，轴的下极限尺寸为 $\phi 29.75$ mm。

(1)求 ES、EI、es、ei；(2)求 T_h、T_s；(3)作公差带图，写出基本偏差；(4)标注出孔、轴基本

尺寸和上、下偏差。

解:(1)孔:ES=30.21-30=+0.210   轴:es=29.90-30=-0.100
        EI=30.05-30=+0.050   ei=29.75-30=-0.250

(2)T_h=ES-EI=0.21-0.05=0.16 T_s=es-ei=-0.1-(-0.25)=0.15

(3)尺寸公差带图如图 2-3 所示。

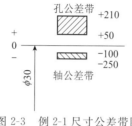

图 2-3　例 2-1 尺寸公差带图

(4)$\phi 30^{+0.210}_{+0.050}$　$\phi 30^{-0.100}_{-0.250}$

2.2.4　有关配合的术语及定义

如图 2-4 至图 2-10 所示,起重机吊钩的铰链、带榫槽的法兰盘、内燃机的排气阀和导管、车床尾座的顶尖套筒与顶尖、刚性联轴节蜗轮青铜轮缘与轮辐、连杆小头与衬套、联轴器与轴之间都形成了不同类别的配合。根据功能要求,起重机吊钩的铰链、带榫槽的法兰盘、内燃机的排气阀和导管采用间隙配合,车床尾座的顶尖套筒与顶尖、刚性联轴节蜗轮青铜轮缘与轮辐采用过渡配合,连杆小头与衬套、联轴器与轴采用过盈配合。这 3 种配合的使用场合分别是什么? 其配合性质又如何描述呢?

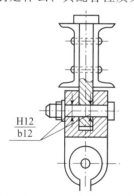

图 2-4　起重机吊钩的铰链

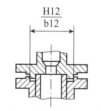

图 2-5　带榫槽的法兰盘

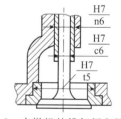

图 2-6　内燃机的排气阀和导管

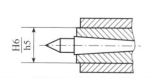

图 2-7　车床尾座的顶尖套筒与顶尖

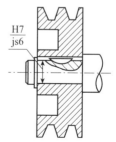

图 2-8　刚性联轴节蜗轮青铜轮缘与轮辐

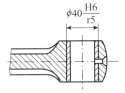

图 2-9　连杆小头与衬套　　　　　图 2-10　联轴器与轴

2.2.4.1　配合（fit）

配合是指基本尺寸相同的相互结合的轴与孔公差带之间的关系。

配合条件：一孔一轴相结合；孔、轴基本尺寸相同，对同一批零件而言。

配合的性质：反映装配后松紧程度，以相互结合的孔和轴公差带之间的关系来确定。

2.2.4.2　间隙（clearance）

孔的尺寸减去相结合的轴的尺寸所得的代数差为正时，称为间隙。间隙用大写字母"X"表示。

2.2.4.3　过盈（interference）

孔的尺寸减去相结合的轴的尺寸所得的代数差为负时，称为过盈。过盈用大写字母"Y"表示。

注意：间隙数值前必标"＋"号，如＋0.025 mm。过盈数值前必标"－"号，如－0.020 mm。特殊情况下，间隙和过盈可能为0。

2.2.4.4　配合种类

（1）间隙配合：指具有间隙的配合（包括间隙为零）。当配合为间隙配合时，孔的公差带在轴的公差带上方，如图 2-11 所示。

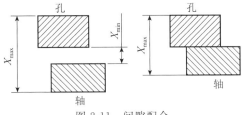

图 2-11　间隙配合

孔的上极限尺寸（或孔的上偏差）减去轴的下极限尺寸（或轴的下偏差）所得的代数差称为最大间隙，用 X_{max} 表示，可用公式表示为

$$X_{max}=D_{max}-d_{min}=\text{ES}-\text{ei}$$

孔的下极限尺寸（或孔的下偏差）减去轴的上极限尺寸（或轴的上偏差）所得的代数差称为最小间隙，用 X_{min} 表示，可用公式表示为

$$X_{min}=D_{min}-d_{max}=\text{EI}-\text{es}$$

X_{max}、X_{min} 表示间隙配合中间隙变动的两个界限值。$X_{min}=0$ 时，标准规定仍属间隙配合。

$$\text{平均间隙 } X_{av}=(X_{max}+X_{min})/2$$

配合公差是间隙的变动量，用 T_f 表示，它等于最大间隙与最小间隙的差，也等于孔的公

差与轴的公差之和,可用公式表示为

$$T_f = X_{max} - X_{min} = T_h + T_s$$

最大间隙表示间隙配合中的最松状态。最小间隙表示间隙配合中的最紧状态。

间隙配合主要用于结合件有相对运动(包括旋转运动和轴向滑动)的场合,也可用于一般的定位配合。

(2)过盈配合:指具有过盈的配合(包括过盈为零)。当配合为过盈配合时,孔的公差带在轴的公差带下方,如图 2-12 所示。

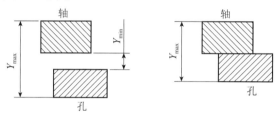

图 2-12   过盈配合

孔的上极限尺寸(或孔的上偏差)减去轴的下极限尺寸(或轴的下偏差)所得的代数差称为最小过盈,用 Y_{min} 表示,可用公式表示为

$$Y_{min} = D_{max} - d_{min} = ES - ei$$

孔的下极限尺寸(或孔的下偏差)减去轴的上极限尺寸(或轴的上偏差)所得的代数差称为最大过盈,用 Y_{max} 表示,可用公式表示为

$$Y_{max} = D_{min} - d_{max} = EI - es$$

Y_{max}、Y_{min} 表示过盈配合中过盈变动的两个界限值。$Y_{min} = 0$ 时,标准规定仍属过盈配合。

$$平均过盈 Y_{av} = (Y_{max} + Y_{min})/2$$

配合公差是过盈的变动量,用 T_f 表示,它等于最小过盈与最大过盈的差,也等于孔的公差与轴的公差之和,可用公式表示为

$$T_f = Y_{min} - Y_{max} = T_h + T_s$$

最大过盈表示过盈配合中的最紧状态。最小过盈表示过盈配合中的最松状态。

注意:$Y_{min} = 0$、$X_{min} = 0$ 两者概念不同。

$X_{min} = D_{min} - d_{max} = 0$ 是间隙配合的最紧状态,孔公差带在轴之上;

$Y_{min} = D_{max} - d_{min} = 0$ 是过盈配合的最松状态,轴公差带在孔之上。

过盈配合主要用于结合件没有相对运动的场合,小过盈,用键联结传递转矩,可以拆卸;大过盈,靠轴孔结合力传递转矩,不能拆卸。

(3)过渡配合:指可能具有间隙,可能具有过盈(针对大批零件而言)的配合。

当配合为过渡配合时,孔的公差带和轴的公差带相互交叉,如图 2-13 所示。

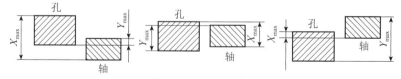

图 2-13   过渡配合

孔的上极限尺寸(或孔的上偏差)减去轴的下极限尺寸(或轴的下偏差)所得的代数差称为最大间隙,用 X_{max} 表示,可用公式表示为

$$X_{max} = D_{max} - d_{min} = ES - ei$$

孔的下极限尺寸(或孔的下偏差)减去轴的上极限尺寸(或轴的上偏差)所得的代数差称为最大过盈,用 Y_{max} 表示,可用公式表示为

$$Y_{max} = D_{min} - d_{max} = EI - es$$

X_{max}、Y_{max} 表示过渡配合中允许间隙和过盈变动的两个界限值。最大间隙表示过渡配合中最松的状态。最大过盈表示过渡配合中最紧的状态。

$$平均间隙或过盈 X_{av}(或 Y_{av}) = (X_{max} + Y_{max})/2$$

若所得的值为正时是平均间隙,表示偏松的过渡配合;若所得的值为负时是平均过盈,表示偏紧的过渡配合。

配合公差是间隙或过盈的变动量,用 T_f 表示,它等于最大间隙与最大过盈的差,也等于孔的公差与轴的公差之和,可用公式表示为

$$T_f = X_{max} - Y_{max} = T_h + T_s$$

过渡配合主要用于孔、轴间的定位联结(既要求装拆方便,又要求对中性好)。

例 2-2 求下列 3 种配合的基本尺寸,上、下偏差,公差,上、下极限尺寸,最大、最小间隙或过盈,属何种配合,并画出尺寸公差带图。

(1)孔 $\phi25_0^{+0.021}$ 与轴 $\phi25_{-0.033}^{-0.020}$ 相配合。

(2)孔 $\phi25_0^{+0.021}$ 与轴 $\phi25_{+0.028}^{+0.041}$ 相配合。

(3)孔 $\phi25_0^{+0.021}$ 与轴 $\phi25_{+0.002}^{+0.015}$ 相配合。

解:(1)孔 $\phi25_0^{+0.021}$ 与轴 $\phi25_{-0.033}^{-0.020}$

$D = d = \phi25$

孔:ES $= +0.021$　　　　　　　　轴:es $= -0.020$

　　EI $= 0$　　　　　　　　　　　　ei $= -0.033$

$T_h = ES - EI = (+0.021) - 0 = 0.021$　$T_s = es - ei = (-0.020) - (-0.033) = 0.013$

$D_{max} = D + ES = 25 + (0.021) = 25.021$　$d_{max} = d + es = 25 + (-0.020) = 24.980$

$D_{min} = D + EI = 25 + 0 = 25$　$d_{min} = d + ei = 25 + (-0.033) = 24.967$

$X_{max} = ES - ei = (+0.021) - (-0.033) = +0.054$

$X_{min} = EI - es = 0 - (-0.020) = +0.020$

孔与轴为间隙配合。

(2)孔 $\phi25_0^{+0.021}$ 与轴 $\phi25_{+0.028}^{+0.041}$

$D = d = \phi25$

孔:ES $= +0.021$　　　　　　　　轴:es $= +0.041$

　　EI $= 0$　　　　　　　　　　　　ei $= +0.028$

$T_h = ES - EI = (+0.021) - 0 = 0.021$　$T_s = es - ei = (+0.041) - (+0.028) = 0.013$

$D_{max} = D + ES = 25 + (0.021) = 25.021$　$d_{max} = d + es = 25 + (+0.041) = 25.041$

$D_{min} = D + EI = 25 + 0 = 25$　$d_{min} = d + ei = 25 + (+0.028) = 25.028$

$Y_{min} = ES - ei = (+0.021) - (+0.028) = -0.007$

$$Y_{\max}=\mathrm{EI}-\mathrm{es}=0-(+0.041)=-0.041$$

孔与轴为过盈配合。

(3)孔 $\phi 25_0^{+0.021}$ 与轴 $\phi 25_{+0.002}^{+0.015}$

$$D=d=\phi 25$$

孔:$\mathrm{ES}=+0.021$ 轴:$\mathrm{es}=+0.015$

  $\mathrm{EI}=0$ $\mathrm{ei}=+0.002$

$T_{\mathrm{h}}=\mathrm{ES}-\mathrm{EI}=(+0.021)-0=0.021$ $T_{\mathrm{s}}=\mathrm{es}-\mathrm{ei}=(+0.015)-(+0.002)=0.013$

$D_{\max}=D+\mathrm{ES}=25+(0.021)=25.021$ $d_{\max}=d+\mathrm{es}=25+(+0.015)=25.015$

$D_{\min}=D+\mathrm{EI}=25+0=25$ $d_{\min}=d+\mathrm{ei}=25+(+0.002)=25.002$

$$X_{\max}=\mathrm{ES}-\mathrm{ei}=(+0.021)-(+0.002)=+0.019$$

$$Y_{\max}=\mathrm{EI}-\mathrm{es}=0-(+0.015)=-0.015$$

孔与轴为过渡配合。

尺寸公差图如图 2-14 所示。

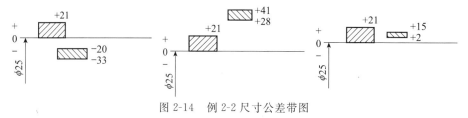

图 2-14　例 2-2 尺寸公差带图

2.2.4.5　配合公差

标准将允许间隙或过盈的变动量称为配合公差。它是设计人员根据机器配合部位使用性能的要求对配合松紧变动的程度给定的允许值。

对于某一具体的配合,配合公差增大,间隙或过盈可能出现的差别增大,其松紧差别的程度增大,配合精度降低;反之配合公差减小,间隙或过盈可能出现的差别减小,其松紧差别的程度减小,配合精度提高。

在数量方面,标准以处于最松状态的极限间隙或极限过盈与处于最紧状态的极限间隙或极限过盈的代数差的绝对值为配合公差值。配合公差没有正负含义。

各类配合的配合公差数值:

间隙配合:$T_{\mathrm{f}}=X_{\max}-X_{\min}=(\mathrm{ES}-\mathrm{ei})-(\mathrm{EI}-\mathrm{es})=(\mathrm{ES}-\mathrm{EI})+(\mathrm{es}-\mathrm{ei})=T_{\mathrm{h}}+T_{\mathrm{s}}$

过渡配合:$T_{\mathrm{f}}=X_{\max}-Y_{\max}=(\mathrm{ES}-\mathrm{ei})-(\mathrm{EI}-\mathrm{es})=(\mathrm{ES}-\mathrm{EI})+(\mathrm{es}-\mathrm{ei})=T_{\mathrm{h}}+T_{\mathrm{s}}$

过盈配合:$T_{\mathrm{f}}=Y_{\min}-Y_{\max}=(\mathrm{ES}-\mathrm{ei})-(\mathrm{EI}-\mathrm{es})=(\mathrm{ES}-\mathrm{EI})+(\mathrm{es}-\mathrm{ei})=T_{\mathrm{h}}+T_{\mathrm{s}}$

注意:对于各类配合,其配合公差等于相互配合的孔公差和轴公差之和。这说明配合精度的高低是由相互配合的孔和轴精度所决定的。

若要提高配合精度,则可减小相配合的孔、轴尺寸公差,即提高相配合的孔、轴加工精度。设计时,应使 $T_{\mathrm{h}}+T_{\mathrm{s}}\leqslant T_{\mathrm{f}}$。

配合公差反映配合精度,配合种类反映配合性质。

2.2.4.6　配合公差带图

配合公差的特性也可用配合公差带来表示。配合公差带的图示方法,称为配合公差带图。

配合公差带图有以下特点：

(1)零线以上的纵坐标为正值，代表间隙；零线以下的纵坐标为负值，代表过盈。

(2)符号Ⅱ代表配合公差带。当配合公差带Ⅱ完全处在零线上方时，是间隙配合；当配合公差带Ⅱ完全处在零线下方时，是过盈配合；当配合公差带Ⅱ完全跨在零线上时，是过渡配合。

(3)配合公差带的上下两端的纵坐标值，代表孔、轴配合的极限间隙或极限过盈值。

(4)配合公差带图能直观反映配合的特性。

注意：配合公差带图与公差带图不同！

例 2-3 计算孔 $\phi50_0^{+0.025}$ 与轴 $\phi50_{-0.041}^{-0.025}$ 配合、孔 $\phi50_0^{+0.025}$ 与轴 $\phi50_{+0.043}^{+0.059}$ 配合、孔 $\phi50_0^{+0.025}$ 与轴 $\phi50_{+0.002}^{+0.018}$ 配合的极限间隙、配合公差并画出配合公差带图。

解： (1) $X_{\max} = ES - ei = (+0.025) - (-0.041) = +0.066$

$\qquad X_{\min} = EI - es = 0 - (-0.025) = +0.025$

$\qquad T_f = X_{\max} - X_{\min} = (+0.066) - (+0.025) = 0.041$

(2) $Y_{\min} = ES - ei = (+0.025) - (+0.043) = -0.018$

$\qquad Y_{\max} = EI - es = 0 - (+0.059) = -0.059$

$\qquad T_f = Y_{\min} - Y_{\max} = (-0.018) - (-0.059) = 0.041$

(3) $X_{\max} = ES - ei = (+0.025) - (+0.002) = +0.023$

$\qquad Y_{\max} = EI - es = 0 - (+0.018) = -0.018$

$\qquad T_f = X_{\max} - Y_{\max} = (+0.023) - (-0.018) = 0.041$

配合公差带图如图 2-15 所示。

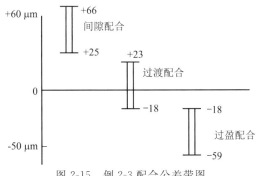

图 2-15　例 2-3 配合公差带图

2.2.4.7　配合制

配合制是指同一极限制的孔和轴组成配合的一种制度。

极限制指经标准化的公差与偏差制度，它是一系列标准的孔、轴公差数值和极限偏差数值。

2.2.4.8　基准制

基准制是指以两个相配合的零件中的一个零件为基准件，并确定其公差带位置，而改变另一个零件(非基准件)的公差带位置，从而形成各种配合的一种制度。国标规定有以下两种：

（1）基孔制配合是基本偏差一定的孔的公差带,与不同基本偏差的轴的公差带形成各种配合的一种制度。基孔制配合的孔为基准孔,是配合中的基准件。国标规定其基本偏差即EI=0,上偏差为正值,基准孔代号为 H,而轴是非基准件。

（2）基轴制配合是基本偏差一定的轴的公差带,与不同基本偏差的孔的公差带形成各种配合的一种制度。基轴制配合的轴为基准轴,是配合中的基准件。国标规定其基本偏差即es=0,下偏差为负值,基准轴代号为 h,而孔是非基准件。

基孔制配合和基轴制配合是规定配合系列的基础。按照孔、轴公差带相对位置的不同,基孔制和基轴制都有间隙配合、过渡配合和过盈配合 3 类配合(图 2-16)。

各种配合是由孔、轴公差带之间的关系决定的,而公差带的大小和位置分别由标准公差和基本偏差所决定。

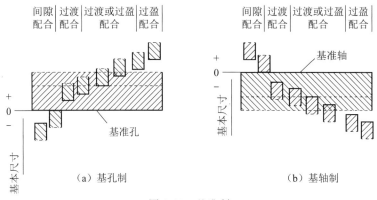

图 2-16　基准制

2.3　极限与配合国家标准的构成

2.3.1　标准公差系列

标准公差系列是以国家标准制定的一系列由不同的基本尺寸和不同的公差等级组成的标准公差值。标准公差值是用来确定任一标准公差值的大小,也就是确定公差带的大小(宽度)。

2.3.1.1　公差单位

公差单位也叫公差因子,是计算标准公差值的基本单位,是制定标准公差数值系列的基础。利用统计法在生产中可发现,在相同的加工条件下,基本尺寸不同的孔或轴加工后产生的加工误差不相同,而且误差的大小无法比较;在尺寸较小时加工误差与基本尺寸呈立方抛物线关系,在尺寸较大时接近线性关系。由于误差是由公差控制的,因此利用这个规律可反映公差与基本尺寸之间的关系。

当基本尺寸≤500 mm 时,公差单位(以 i 表示)按式(2-1)计算:

$$i=0.45\sqrt[3]{D}+0.001D \qquad (2-1)$$

式中,D 为基本尺寸的计算尺寸,mm。

在式(2-1)中,前面一项主要反映加工误差,第二项用来补偿测量时温度变化引起的与基本尺寸成正比的测量误差。但是随着基本尺寸逐渐增大,第二项的影响越来越显著。对大尺寸而言,温度变化引起的误差随直径的增大呈线性关系。

当基本尺寸>500~3150 mm 时,公差单位(以 I 表示)按式(2-2)计算:

$$I = 0.004D + 2.1 \qquad (2-2)$$

当基本尺寸>3150 mm 时,用式(2-2)来计算标准公差,也不能完全反映误差出现的规律,但目前没有发现更加合理的公式,仍然用式(2-2)来计算。

2.3.1.2 公差等级

同一公差等级在基本尺寸至 500 mm 内,国家标准将标准公差等级规定为 20 个等级,用 IT 加阿拉伯数字表示,即 IT01,IT0,IT1,IT2,…,IT18。在基本尺寸>500~3150 mm内规定了 IT1 至 IT18 共 18 个标准公差等级。公差等级逐渐降低,而相应的公差值逐渐增大。

标准公差由公差等级系数和公差单位的乘积决定。在基本尺寸≤500 mm 的常用尺寸范围内,各公差等级的标准公差计算公式见表 2-1;基本尺寸>500~3150 mm 的各级标准公差计算公式见表 2-2。

公差等级相同,尺寸的精确程度相同,有利于设计和制造。

表 2-1 基本尺寸≤500 mm 的标准公差数值计算公式

标准公差等级	计算公式	标准公差等级	计算公式	标准公差等级	计算公式
IT01	$0.3 + 0.008D$	IT6	$10i$	IT13	$250i$
IT0	$0.5 + 0.012D$	IT7	$16i$	IT14	$400i$
IT1	$0.8 + 0.02D$	IT8	$25i$	IT15	$640i$
IT2	$(IT1)(IT5/IT1)^{1/4}$	IT9	$40i$	IT16	$1000i$
IT3	$(IT1)(IT5/IT1)^{1/2}$	IT10	$64i$	IT17	$1600i$
IT4	$(IT1)(IT5/IT1)^{3/4}$	IT11	$100i$	IT18	$2500i$
IT5	$7i$	IT12	$160i$		

表 2-2 基本尺寸>500~3150 mm 的标准公差数值计算公式

标准公差等级	计算公式	标准公差等级	计算公式	标准公差等级	计算公式
IT1	$2I$	IT7	$16I$	IT13	$250I$
IT2	$2.7I$	IT8	$25I$	IT14	$400I$
IT3	$3.7I$	IT9	$40I$	IT15	$640I$
IT4	$5I$	IT10	$64I$	IT16	$1000I$
IT5	$7I$	IT11	$100I$	IT17	$1600I$
IT6	$10I$	IT12	$160I$	IT18	$2500I$

2.3.1.3 基本尺寸分段

根据基本尺寸和公差因子的计算公式可知,每个基本尺寸都对应一个标准公差值,基本尺寸数目很多,相应的公差值也很多。这将使标准公差数值表相当庞大,使用起来很不方便,而且相近的基本尺寸,其标准公差值相差很小。为了简化标准公差数值表,国家标准将基本尺寸分成若干段,具体分段见表2-3。分段后的基本尺寸 D 按其计算尺寸代入公式计算标准公差值,计算尺寸即为每个尺寸段内首尾两个尺寸的几何平均值,如 30~50 mm 尺寸段的计算尺寸 $D=\sqrt{30\times50}\approx38.73$ mm。对于 ≤3 mm 的尺寸段用 $D=\sqrt{1\times3}\approx1.73$ mm 来计算。按几何平均值计算出公差数值,把尾数化整,就得出标准公差数值,见表2-4。实践证明:这样计算公差值差别很小,对生产影响也不大,但是对公差值的标准化很有利。

2.3.1.4 标准公差数值

在基本尺寸和公差等级已定的情况下,按国标规定的标准公差计算式算出相应的标准公差值。基本尺寸越大,公差值也越大。在实际应用中,标准公差数值可直接查表2-4。

表 2-3 基本尺寸分段

单位:mm

主段落		中间段落		主段落		中间段落	
大于	至	大于	至	大于	至	大于	至
—	3			315	400	315	355
3	6	无细分段				355	400
6	10			400	500	400	450
						450	500
10	18	10	14	500	630	500	560
		14	18			560	630
18	30	18	24	630	800	630	710
		24	30			710	800
30	50	30	40	800	1000	800	900
		40	50			900	1000
50	80	50	65	1000	1250	1000	1120
		65	80			1120	1250
80	120	80	100	1250	1600	1250	1400
		100	120			1400	1600
120	180	120	140	1600	2000	1600	1800
		140	160			1800	2000
		160	180	2000	2500	2000	2240
180	250	180	200			2240	2500
		200	225	2500	3150	2500	2800
		225	250			2800	3150
250	315	250	280				
		280	315				

表 2-4 标准公差数值

基本尺寸/mm	公差等级																			
	IT01	IT0	IT1	IT2	IT3	IT4	IT5	IT6	IT7	IT8	IT9	IT10	IT11	IT12	IT13	IT14	IT15	IT16	IT17	IT18
	μm														mm					
≤3	0.3	0.5	0.8	1.2	2	3	4	6	10	14	25	40	60	100	0.14	0.25	0.40	0.60	1.0	1.4
>3~6	0.4	0.6	1	1.5	2.5	4	5	8	12	18	30	48	75	120	0.18	0.30	0.48	0.75	1.2	1.8
>6~10	0.4	0.6	1	1.5	2.5	4	6	9	15	22	36	58	90	150	0.22	0.36	0.58	0.90	1.5	2.2
>10~18	0.5	0.8	1.2	2	3	5	8	11	18	27	43	70	110	180	0.27	0.43	0.70	1.10	1.8	2.7
>18~30	0.6	1	1.5	2.5	4	6	9	13	21	33	52	84	130	210	0.33	0.52	0.84	1.30	2.1	3.3
>30~50	0.6	1	1.5	2.5	4	7	11	16	25	39	62	100	160	250	0.39	0.62	1.00	1.60	2.5	3.9
>50~80	0.8	1.2	2	3	5	8	13	19	30	46	74	120	190	300	0.46	0.74	1.20	1.90	3.0	4.6
>80~120	1	1.5	2.5	4	6	10	15	22	35	54	87	140	220	350	0.54	0.87	1.40	2.20	3.5	5.4
>120~180	1.2	2	3.5	5	8	12	18	25	40	63	100	160	250	400	0.63	1.00	1.60	2.50	4.0	6.3
>180~250	2	3	4.5	7	10	14	20	29	46	72	115	185	290	460	0.72	1.15	1.85	2.90	4.6	7.2
>250~315	2.5	4	6	8	12	16	23	32	52	81	130	210	320	520	0.81	1.30	2.10	3.20	5.2	8.1
>315~400	3	5	7	9	13	18	25	36	57	89	140	230	360	570	0.89	1.40	2.30	3.60	5.7	8.9
>400~500	4	6	8	10	15	20	27	40	63	97	155	250	400	630	0.97	1.55	2.50	4.00	6.3	9.7
>500~630	—	—	9	11	16	22	32	44	70	110	175	280	440	700	1.10	1.75	2.8	4.4	7.0	11.0
>630~800	—	—	10	13	18	25	36	50	80	125	200	320	500	800	1.25	2.0	3.2	5.0	8.0	12.5
>800~1000	—	—	11	15	21	29	40	56	90	140	230	360	560	900	1.40	2.3	3.6	5.6	9.0	14.0
>1000~1250	—	—	13	18	24	33	47	66	105	165	260	420	660	1050	1.65	2.6	4.2	6.6	10.5	16.5
>1250~1600	—	—	15	21	29	39	55	78	125	195	310	500	780	1250	1.95	3.1	5.0	7.8	12.5	19.5
>1600~2000	—	—	18	25	35	46	65	92	150	230	370	600	920	1500	2.30	3.7	6.0	9.2	15.0	23.0
>2000~2500	—	—	22	30	41	55	78	110	175	280	440	700	1100	1750	2.80	4.4	7.0	11.0	17.5	28.0
>2500~3150	—	—	26	36	50	68	96	135	210	330	540	860	1350	2100	3.30	5.4	8.6	13.5	21.0	33.0
>3150~4000	—	—	33	45	60	84	115	165	260	410	660	1050	1650	2600	4.10	6.6	10.5	16.5	26.0	41.0
>4000~5000	—	—	40	55	74	100	140	200	320	500	800	1300	2000	3200	5.00	8.0	13.0	20.0	32.0	50.0
>5000~6300	—	—	49	67	92	125	170	250	400	620	980	1550	2500	4000	6.20	9.8	15.5	25.0	40.0	62.0
>6300~8000	—	—	62	84	115	155	215	310	490	760	1200	1950	3100	4900	7.60	12.0	19.5	31.0	49.0	76.0
>8000~10000	—	—	76	105	140	195	270	380	600	940	1500	2400	3800	6000	9.40	15.0	24.0	38.0	60.0	94.0

注:基本尺寸小于 1 mm,无 IT14~IT18。

例 2-4 基本尺寸为 20 mm,求公差等级为 IT6、IT7 的公差数值。

解:基本尺寸为 20 mm,在尺寸段 18～30 mm 范围内,则

$$D = \sqrt{18 \times 30} \approx 23.24 \text{ mm}$$

公差单位 $i = 0.45\sqrt[3]{D} + 0.001D = 0.45 \times \sqrt[3]{23.24} + 0.001 \times 23.24 = 1.31 \ \mu m$,查表 2-1 可得

$$IT6 = 10i = 10 \times 1.31 \approx 13 \ \mu m$$
$$IT7 = 16i = 16 \times 1.31 \approx 21 \ \mu m$$

2.3.2 基本偏差系列

基本偏差是用于确定公差带相对零线位置的那个极限偏差。它可以是上偏差或下偏差,一般为靠近零线的那个偏差。基本偏差是公差带位置标准化的唯一指标。

2.3.2.1 基本偏差代号及其特点

GB/T 1800.2—2020 对孔和轴分别规定了 28 种基本偏差,其代号用拉丁字母表示,大写表示孔,小写表示轴。28 种基本偏差代号由 26 个拉丁字母中去掉 5 个容易与其他含义混淆的字母 I、L、O、Q、W(i、l、o、q、w),再加上 7 个双写字母 CD、EF、FG、JS、ZA、ZB、ZC(cd、ef、fg、js、za、zb、zc)组成,见表 2-5。

表 2-5 基本偏差代号

孔或轴		基本偏差	备注
孔	下偏差	A、B、C、CD、D、E、EF、F、FG、G、H	H 为基准孔,它的下偏差为零
	上偏差或下偏差	JS=±IT/2	
	上偏差	J、K、M、N、P、R、S、T、U、V、X、Y、Z、ZA、ZB、ZC	
轴	下偏差	a、b、c、cd、d、e、ef、f、fg、g、h	h 为基准轴,它的上偏差为零
	上偏差或下偏差	js=±IT/2	
	上偏差	j、k、m、n、p、r、s、t、u、v、x、y、z、za、zb、zc	

在 28 个基本偏差代号中,JS 和 js 的公差带是关于零线对称的,并且逐渐代替近似对称的基本偏差 J 和 j,它的基本偏差和公差等级有关,而其他基本偏差和公差等级无关。国标中,孔仅保留 J6、J7 和 J8,轴仅保留 j5、j6、j7 和 j8。

从图 2-17 看出,对于孔:A～H 基本偏差为下偏差 EI,绝对值依次减小,H 的基本偏差为零;J～ZC 基本偏差为上偏差 ES,绝对值依次增大。对于轴:a～h 基本偏差为上偏差 es,绝对值依次减小,h 的基本偏差为零;j～zc 基本偏差为下偏差 ei,绝对值依次增大。

2.3.2.2 轴的基本偏差

在基孔制的基础上,根据大量科学试验和生产实践,总结出了轴的基本偏差的计算公式,见表 2-6。a～h 的基本偏差是上偏差,与基准孔配合是间隙配合,最小间隙正好等于基本偏差的绝对值;js、j、k、m、n 的基本偏差是下偏差,与基准孔配合是过渡配合;p～zc 的基本偏差是下偏差,与基准孔配合是过盈配合。

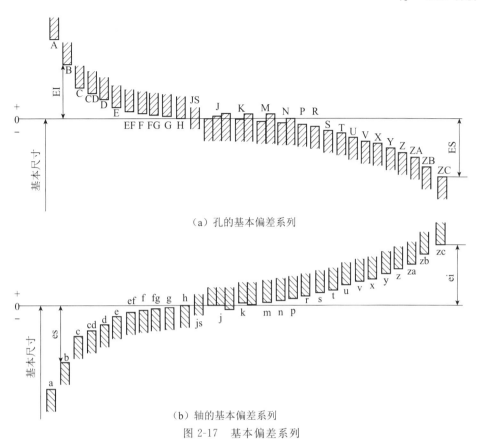

（a）孔的基本偏差系列

（b）轴的基本偏差系列

图 2-17 基本偏差系列

表 2-6 基本尺寸≤500 mm 轴的基本偏差计算公式

基本偏差代号	适用范围	基本偏差 计算公式	基本偏差代号	适用范围	基本偏差 计算公式
a	$D{\leqslant}120$ mm	$-(265+1.3D)$	j	IT5~IT8	没有公式
	$D{>}120$ mm	$-3.5D$	k	${\leqslant}$IT3	0
b	$D{\leqslant}160$ mm	$-(140+0.85D)$		IT4~IT7	$+0.6D^{1/3}$
	$D{>}160$ mm	$-1.8D$		${\geqslant}$IT8	0
c	$D{\leqslant}40$ mm	$-52D^{0.2}$	m		$+(IT7-IT6)$
	$D{>}40$ mm	$-(95+0.8D)$	n		$+5D^{0.34}$
cd		$-(cd)^{1/2}$	p		$+IT7+(0{\sim}5)$
d		$-16D^{0.44}$	r		$+ps^{1/2}$
e		$-11D^{0.41}$	s	$D{\leqslant}50$ mm	$+IT8+(1{\sim}4)$
ef		$-(ef)^{1/2}$		$D{>}50$ mm	$+IT7+0.4D$
f		$-5.5D^{0.41}$	t	$D{>}24$ mm	$+IT7+0.63D$
fg		$-(fg)^{1/2}$	u		$+IT7+D$
g		$-2.5D^{0.34}$	v	$D{>}14$ mm	$+IT7+1.25D$
h		0	x		$+IT7+1.6D$
js		$\pm IT_n/2,n$ 为标准公差等级数	y	$D{>}18$mm	$+IT7+2D$
			z		$+IT7+2.5D$
			za		$+IT8+3.15D$
			zb		$+IT9+4D$
			zc		$+IT10+5D$

注:D 为基本尺寸的计算尺寸。

间隙配合可根据生产实践或试验得知间隙 X 的大小,然后以基孔制计算出 a～g 轴的基本偏差 es($h=0$,不要计算),如图 2-18 所示。

基本尺寸≤500 mm 轴的基本偏差数值见表 2-7 和表 2-8,而轴的另一个偏差是根据基本偏差和标准公差的关系,按照 es＝ei＋IT 或 ei＝es－IT 计算得出。

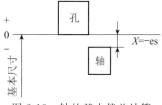

图 2-18 轴的基本偏差计算

表 2-7 轴 a～j 的基本偏差数值

基本偏差单位:μm

公称尺寸 mm		基本偏差数值														
		上极限偏差,es											下极限偏差,ei			
		所有公差等级											IT5 和 IT6	IT7	IT8	
大于	至	A[a]	B[a]	c	cd	d	e	ef	f	fg	g	h	js	j		
—	3	−270	−140	−60	−34	−20	−14	−10	−6	−4	−2	0		−2	−4	−6
3	6	−270	−140	−70	−46	−30	−20	−14	−10	−6	−4	0		−2	−4	
6	10	−280	−150	−80	−56	−40	−25	−18	−13	−8	−5	0		−2	−5	
10	14	−290	−150	−95		−50	−32		−16		−6	0		−3	−6	
14	18															
18	24	−300	−160	−110		−65	−40		−20		−7	0		−4	−8	
24	30															
30	40	−310	−170	−120		−80	−50		−25		−9	0		−5	−10	
40	50	−320	−180	−130												
50	65	−340	−190	−140		−100	−60		−30		−10	0	偏差＝±IT$_n$/2,式中,n 是标准公差等级数	−7	−12	
65	80	−360	−200	−150												
80	100	−380	−220	−170		−120	−72		−36		−12	0		−9	−15	
100	120	−410	−240	−180												
120	140	−460	−260	−200		−145	−85		−43		−14	0		−11	−18	
140	160	−520	−280	−210												
160	180	−580	−310	−230												
180	200	−660	−340	−240		−170	−100		−50		−15	0		−13	−21	
200	225	−740	−380	−260												
225	250	−820	−420	−280												
250	280	−920	−480	−300		−190	−110		−56		−17	0		−16	−26	
280	315	−1050	−540	−330												
315	355	−1200	−600	−360		−210	−125		−62		−18	0		−18	−28	
355	400	−1350	−680	−400												
400	450	−1500	−760	−440		−230	−135		−68		−20	0		−20	−32	
450	500	−1650	−840	−480												

注:[a]公称尺寸≤1 mm 时,不使用基本偏差 a 和 b。

表 2-8　轴 k～zc 的基本偏差数值

基本偏差单位：μm

公称尺寸 mm		k (IT4至IT7)	k (≤IT3,>IT7)	m	n	p	r	s	t	u	v	x	y	z	za	zb	zc
大于	至	所有公差等级															
—	3	0	0	+2	+4	+6	+10	+14		+18		+20		+26	+32	+40	+60
3	6	+1	0	+4	+8	+12	+15	+19		+23		+28		+35	+42	+50	+80
6	10	+1	0	+6	+10	+15	+19	+23		+28		+34		+42	+52	+67	+97
10	14	+1	0	+7	+12	+18	+23	+28		+33		+40		+50	+64	+90	+130
14	18	+1	0	+7	+12	+18	+23	+28		+33	+39	+45		+60	+77	+108	+150
18	24	+2	0	+8	+15	+22	+28	+35		+41	+47	+54	+63	+73	+90	+136	+188
24	30	+2	0	+8	+15	+22	+28	+35	+41	+48	+55	+64	+75	+88	+118	+160	+218
30	40	+2	0	+9	+17	+26	+34	+43	+48	+60	+68	+80	+94	+112	+148	+200	+274
40	50	+2	0	+9	+17	+26	+34	+43	+54	+70	+81	+97	+114	+136	+180	+242	+325
50	65	+2	0	+11	+20	+32	+41	+53	+66	+87	+102	+122	+144	+172	+226	+300	+405
65	80	+2	0	+11	+20	+32	+43	+59	+75	+102	+120	+146	+174	+210	+274	+360	+480
80	100	+3	0	+13	+23	+37	+51	+71	+91	+124	+146	+178	+214	+258	+335	+445	+585
100	120	+3	0	+13	+23	+37	+54	+79	+104	+144	+172	+210	+254	+310	+400	+525	+690
120	140	+3	0	+15	+27	+43	+63	+92	+122	+170	+202	+248	+300	+365	+470	+620	+800
140	160	+3	0	+15	+27	+43	+65	+100	+134	+190	+228	+280	+340	+415	+535	+700	+900
160	180	+3	0	+15	+27	+43	+68	+108	+146	+210	+252	+310	+380	+465	+600	+780	+1000
180	200	+4	0	+17	+31	+50	+77	+122	+166	+236	+284	+350	+425	+520	+670	+880	+1150
200	225	+4	0	+17	+31	+50	+80	+130	+180	+258	+310	+385	+470	+575	+740	+960	+1250
225	250	+4	0	+17	+31	+50	+84	+140	+196	+284	+340	+425	+520	+640	+820	+1050	+1350
250	280	+4	0	+20	+34	+56	+94	+158	+218	+315	+385	+475	+580	+710	+920	+1200	+1550
280	315	+4	0	+20	+34	+56	+98	+170	+240	+350	+425	+525	+650	+790	+1000	+1300	+1700
315	355	+4	0	+21	+37	+62	+108	+190	+268	+390	+475	+590	+730	+900	+1150	+1500	+1900
355	400	+4	0	+21	+37	+62	+114	+208	+294	+435	+530	+660	+820	+1000	+1300	+1650	+2100
400	450	+5	0	+23	+40	+68	+126	+232	+330	+490	+595	+740	+920	+1100	+1450	+1850	+2400
450	500	+5	0	+23	+40	+68	+132	+252	+360	+540	+660	+820	+1000	+1250	+1600	+2100	+2600

2.3.2.3　孔的基本偏差

由于构成基本偏差公式所考虑的因素是一致的,因此孔的基本偏差不需要另外制定一套计算公式,而是根据相同字母代号轴的基本偏差,在相应的公差等级的基础上按一定的规则换算而来。

换算的原则是:基本偏差字母代号同名的孔和轴,分别构成的基轴制与基孔制的配合(这样的配合称为同名配合),在孔、轴为同一公差等级或孔比轴低一级的条件下(如 H9/f9 与 F9/h9、H7/p6 与 P7/h6),其配合的性质必须相同(即具有相同的极限间隙或极限过盈)。

换算过程及换算规则如下:

(1)基本偏差的换算过程:

①基本偏差 A~H 的换算过程:

基轴制:孔的基本偏差从 A~H 用于间隙配合,基本偏差为下偏差 EI,孔、轴配合的最小间隙 $X_{\min}=\text{EI}-\text{es}=\text{EI}-0=\text{EI}$。

基孔制:轴的基本偏差从 a~h 用于间隙配合,基本偏差为上偏差 es,孔、轴配合的最小间隙 $X_{\min}=\text{EI}-\text{es}=0-\text{es}=-\text{es}$。

即 EI=−es,与孔、轴公差等级是否相同无关。

按图 2-19 读者自行证明。

②基本偏差 J~ZC 的换算过程(以 K、M、N 的过渡配合为例):

基轴制:孔的基本偏差从 J~ZC 用于过渡配合或过盈配合,基本偏差为上偏差 ES,孔、轴配合的最大间隙 $X'_{\max}=\text{ES}-\text{ei}=(0+T_\text{h})-\text{ei}$。

基孔制:轴的基本偏差从 j~zc 用于过渡配合或过盈配合,基本偏差为下偏差 ei,孔、轴配合的最大间隙 $X_{\max}=\text{ES}-\text{ei}=\text{ES}-(0-T_\text{s})$。

即 $\text{ES}=-\text{ei}+(T_\text{h}-T_\text{s})$,ES 不仅与同名代号 ei 有关,而且与相配合孔、轴的公差等级有关。

按图 2-20 读者自行证明。

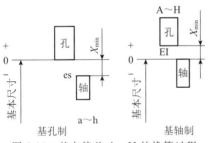 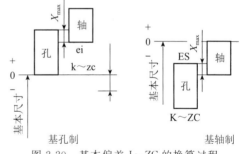

图 2-19　基本偏差 A~H 的换算过程　　　图 2-20　基本偏差 J~ZC 的换算过程

(2)基本偏差的换算规则:

①通用规则:同名字母代号的孔和轴的基本偏差的绝对值相等,而符号相反,即从公差带图解看,孔的基本偏差是轴的基本偏差相对于零线的倒影。

②特殊规则:同名代号的孔和轴的基本偏差的符号相反,而绝对值相差一个 △ 值。即用上述公式计算出孔的基本偏差按一定规则化整,编制出孔的基本偏差表,见表 2-9。实际使用时,可直接查此表,不必计算。孔的另一个极限偏差可根据下列公式计算:

$$\text{ES}=\text{EI}+\text{IT}\qquad\text{EI}=\text{ES}-\text{IT}$$

表 2-9 孔 A～M 的基本偏差数值

基本偏差单位：μm

说明：下极限偏差 EI 适用于 A～JS（所有公差等级）；上极限偏差 ES 适用于 J、K、M。

公称尺寸 mm 大于	至	A[a]	B[a]	C	CD	D	E	EF	F	FG	G	H	JS	J (IT6)	J (IT7)	J (IT8)	K (≤IT8)[c,d]	K (>IT8)[c,d]	M (≤IT8)[b,c,d]	M (>IT8)[b,c,d]
—	3	+270	+140	+60	+34	+20	+14	+10	+6	+4	+2	0	偏差 = ±$IT_n/2$，式中 n 为标准公差等级数	+2	+4	+6	0	0	−2	−2
3	6	+270	+140	+70	+46	+30	+20	+14	+10	+6	+4	0		+5	+6	+10	−1+Δ	—	−4+Δ	−4
6	10	+280	+150	+80	+56	+40	+25	+18	+13	+8	+5	0		+5	+8	+12	−1+Δ	—	−6+Δ	−6
10	14	+290	+150	+95	—	+50	+32	—	+16	—	+6	0		+6	+10	+15	−1+Δ	—	−7+Δ	−7
14	18	+290	+150	+95	—	+50	+32	—	+16	—	+6	0		+6	+10	+15	−1+Δ	—	−7+Δ	−7
18	24	+300	+160	+110	—	+65	+40	—	+20	—	+7	0		+8	+12	+20	−2+Δ	—	−8+Δ	−8
24	30	+300	+160	+110	—	+65	+40	—	+20	—	+7	0		+8	+12	+20	−2+Δ	—	−8+Δ	−8
30	40	+310	+170	+120	—	+80	+50	—	+25	—	+9	0		+10	+14	+24	−2+Δ	—	−9+Δ	−9
40	50	+320	+180	+130	—	+80	+50	—	+25	—	+9	0		+10	+14	+24	−2+Δ	—	−9+Δ	−9
50	65	+340	+190	+140	—	+100	+60	—	+30	—	+10	0		+13	+18	+28	−2+Δ	—	−11+Δ	−11
65	80	+360	+200	+150	—	+100	+60	—	+30	—	+10	0		+13	+18	+28	−2+Δ	—	−11+Δ	−11
80	100	+380	+220	+170	—	+120	+72	—	+36	—	+12	0		+16	+22	+34	−3+Δ	—	−13+Δ	−13
100	120	+410	+240	+180	—	+120	+72	—	+36	—	+12	0		+16	+22	+34	−3+Δ	—	−13+Δ	−13
120	140	+460	+260	+200	—	+145	+85	—	+43	—	+14	0		+18	+26	+41	−3+Δ	—	−15+Δ	−15
140	160	+520	+280	+210	—	+145	+85	—	+43	—	+14	0		+18	+26	+41	−3+Δ	—	−15+Δ	−15
160	180	+580	+310	+230	—	+145	+85	—	+43	—	+14	0		+18	+26	+41	−3+Δ	—	−15+Δ	−15
180	200	+660	+340	+240	—	+170	+100	—	+50	—	+15	0		+22	+30	+47	−4+Δ	—	−17+Δ	−17
200	225	+740	+380	+260	—	+170	+100	—	+50	—	+15	0		+22	+30	+47	−4+Δ	—	−17+Δ	−17
225	250	+820	+420	+280	—	+170	+100	—	+50	—	+15	0		+22	+30	+47	−4+Δ	—	−17+Δ	−17
250	280	+920	+480	+300	—	+190	+110	—	+56	—	+17	0		+25	+36	+55	−4+Δ	—	−20+Δ	−20
280	315	+1050	+540	+330	—	+190	+110	—	+56	—	+17	0		+25	+36	+55	−4+Δ	—	−20+Δ	−20
315	355	+1200	+600	+360	—	+210	+125	—	+62	—	+18	0		+29	+39	+60	−4+Δ	—	−21+Δ	−21
355	400	+1350	+680	+400	—	+210	+125	—	+62	—	+18	0		+29	+39	+60	−4+Δ	—	−21+Δ	−21
400	450	+1500	+760	+440	—	+230	+135	—	+68	—	+20	0		+33	+43	+66	−5+Δ	—	−23+Δ	−23
450	500	+1650	+840	+480	—	+230	+135	—	+68	—	+20	0		+33	+43	+66	−5+Δ	—	−23+Δ	−23

注：a 公称尺寸≤1mm，不适用基本偏差 A 和 B。

b 特例，对于公称尺寸大于 250mm～315mm 的公差带代号 M6，ES＝−9μm（计算结果不是−11μm）。

c 为确定 K 和 M 的值，方法如下，18～30 段的 K7：Δ＝8μm，所以，ES＝−2+8＝+6μm。

d 对于 Δ 值，见表 2-10。

表 2-10　孔 N～ZC 的基本偏差数值

基本偏差单位：μm

公称尺寸/mm 大于	至	基本偏差数值 上极限偏差，ES N ≤IT8 [a,b]	N >IT8 [a,b]	P～ZC[a] ≤IT7	P	R	S	T	U	V	X	Y	Z	ZA	ZB	ZC	Δ值 标准公差等级 IT3	IT4	IT5	IT6	IT7	IT8
—	3	-4	-4		-6	-10	-14	—	-18	—	-20	—	-26	-32	-40	-60	0	0	0	0	0	0
3	6	-8+Δ	0		-12	-15	-19	—	-23	—	-28	—	-35	-42	-50	-80	1	1.5	1	3	4	6
6	10	-10+Δ	0		-15	-19	-23	—	-28	—	-34	—	-42	-52	-67	-97	1	1.5	2	3	6	7
10	14	-12+Δ	0		-18	-23	-28	—	-33	—	-40	—	-50	-64	-90	-130	1	2	3	3	7	9
14	18	-12+Δ	0		-18	-23	-28	—	-33	-39	-45	—	-60	-77	-108	-150	1	2	3	3	7	9
18	24	-15+Δ	0		-22	-28	-35	—	-41	-47	-54	-63	-73	-98	-136	-188	1.5	2	3	4	8	12
24	30	-15+Δ	0	在>IT7 的标准公差等级的基本偏差数值上增加一个Δ值	-22	-28	-35	-41	-48	-55	-64	-75	-88	-118	-160	-218	1.5	2	3	4	8	12
30	40	-17+Δ	0		-26	-34	-43	-48	-60	-68	-80	-94	-112	-148	-200	-274	1.5	3	4	5	9	14
40	50	-17+Δ	0		-26	-34	-43	-54	-70	-81	-97	-114	-136	-180	-242	-325	1.5	3	4	5	9	14
50	65	-20+Δ	0		-32	-41	-53	-66	-87	-102	-122	-144	-172	-226	-300	-405	2	3	5	6	11	16
65	80	-20+Δ	0		-32	-43	-59	-75	-102	-120	-146	-174	-210	-274	-360	-480	2	3	5	6	11	16
80	100	-23+Δ	0		-37	-51	-71	-91	-124	-146	-178	-214	-258	-335	-445	-585	2	4	5	7	13	19
100	120	-23+Δ	0		-37	-54	-79	-104	-144	-172	-210	-254	-310	-400	-525	-690	2	4	5	7	13	19
120	140	-27+Δ	0		-43	-63	-92	-122	-170	-202	-248	-300	-365	-470	-620	-800	3	4	6	7	15	23
140	160	-27+Δ	0		-43	-65	-100	-134	-190	-228	-280	-340	-415	-535	-700	-900	3	4	6	7	15	23
160	180	-27+Δ	0		-43	-68	-108	-146	-210	-252	-310	-380	-465	-600	-780	-1000	3	4	6	7	15	23
180	200	-31+Δ	0		-50	-77	-122	-166	-236	-284	-350	-425	-520	-670	-880	-1150	3	4	6	9	17	26
200	225	-31+Δ	0		-50	-80	-130	-180	-258	-310	-385	-470	-575	-740	-960	-1250	3	4	6	9	17	26
225	250	-31+Δ	0		-50	-84	-140	-196	-284	-340	-425	-520	-640	-820	-1050	-1350	3	4	6	9	17	26
250	280	-34+Δ	0		-56	-94	-158	-218	-315	-385	-475	-580	-710	-920	-1200	-1550	4	4	7	9	20	29
280	315	-34+Δ	0		-56	-98	-170	-240	-350	-425	-525	-650	-790	-1000	-1300	-1700	4	4	7	9	20	29
315	355	-37+Δ	0		-62	-108	-190	-268	-390	-475	-590	-730	-900	-1150	-1500	-1900	4	5	7	11	21	32
355	400	-37+Δ	0		-62	-114	-208	-294	-435	-530	-660	-820	-1000	-1300	-1650	-2100	4	5	7	11	21	32
400	450	-40+Δ	0		-68	-126	-232	-330	-490	-595	-740	-920	-1100	-1450	-1850	-2400	5	5	7	13	23	34
450	500	-40+Δ	0		-68	-132	-252	-360	-540	-660	-820	-1000	-1250	-1600	-2100	-2600	5	5	7	13	23	34

注：[a] 为确定 N 和 P～ZC 的值，方法如下：18～30 段取 S6 的值：Δ=4 μm，所以，ES=-35+4=-31 μm。

[b] 公称尺寸≤1mm 时，不使用标准公差等级>IT8 的基本偏差 N。

注意:基本尺寸≤500mm,公差等级≤IT7 的 P~ZC;≤IT8 的 J、K、M、N 查表时,要加 Δ 值。

证明过程:在过盈配合中,基孔制和基轴制的最小过盈与轴和孔的基本偏差有关,所以取最小过盈为计算孔基本偏差的依据。

在图 2-20 中,最大间隙等于孔的上偏差减去轴的下偏差所得的代数差,即

$$基孔制 \ X_{max} = T_h - ei$$
$$基轴制 \ X'_{max} = ES + T_s$$

根据换算原则可知:$X_{max} = X'_{max}$,即

$$T_h - ei = ES + T_s$$
$$ES = -ei + T_h - T_s$$

一般 T_h 和 T_s 公差等级相差一级,即 $T_h = IT_n$,$T_s = IT_{n-1}$,令 $T_h - T_s = IT_n - IT_{n-1} = \Delta$,所以 $ES = -ei + \Delta$。

③基孔制、基轴制同名配合的配合性质:

间隙配合:只要是同名配合,配合性质一定相同。

过渡配合、过盈配合:高精度时,孔的基本偏差用特殊规则换算,孔比轴低一级,同名配合的配合性质才相同。低精度时,孔的基本偏差用通用规则换算,孔、轴必须同级,同名配合的配合性质才相同。

在基孔或基轴制中,基本偏差代号相当,孔、轴公差等级同级或孔比轴低一级的配合称同名配合。

所有基孔或基轴制同名的间隙配合的配合性质相同。

基孔或基轴制同名的过渡和过盈配合只有公差等级组合符合国标在换算孔的基本偏差时的规定,配合性质才能相同。即 $D \leq 500$ mm 的 >IT8 的 K、M、N 以及 >IT7 的 P~ZC,还有 $D > 500$ mm、$D < 3$ mm 的所有 J~ZC 形成配合时,必须采用孔、轴同级。$D \leq 500$ mm 的 ≤IT8 的 J、K、M、N 以及 ≤IT7 的 P~ZC 形成配合时,必须采用孔比轴低一级。

例 2-5 用查表法确定 $\phi 25H8/p8$ 和 $\phi 25P8/h8$ 的极限偏差。

解:查表 2-4 得,IT8 = 33 μm

轴的基本偏差为下偏差,查表 2-8 得,ei = +22 μm

轴 p8 的上偏差为 es = ei + IT8 = +22 + 33 = +55 μm

孔 H8 的下偏差为 0,上偏差为 ES = EI + IT8 = 0 + 33 = +33 μm

由上可得,$\phi 25H8 = \phi 25^{+0.033}_{0}$ $\phi 25p8 = \phi 25^{+0.055}_{+0.022}$

孔 P8 的基本偏差为上偏差,查表 2-10 得 ES = -22 μm

孔 P8 的下偏差为 EI = ES - IT8 = -22 - 33 = -55 μm

轴 h8 的上偏差为 0,下偏差为 ei = es - IT8 = 0 - 33 = -33 μm

由上可得 $\phi 25P8 = \phi 25^{-0.022}_{-0.055}$ $\phi 25h8 = \phi 25^{0}_{-0.033}$

孔、轴配合的公差带图如图 2-21 所示。

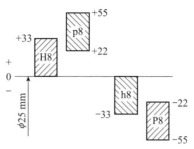

图 2-21 例 2-5 孔、轴配合的公差带图

例 2-6 确定 $\phi25H7/p6$ 和 $\phi25P7/h6$ 的极限偏差,其中轴的极限偏差用查表法确定,孔的极限偏差用公式计算确定。

解: 查表 2-4 得,IT6=13 μm IT7=21 μm

轴 p6 的基本偏差为下偏差,查表 2-7 得,ei=+22 μm

轴 p6 的上偏差:es=ei+IT6=+22+13=+35 μm

基准孔 H7 的下偏差:EI=0,H7 的上偏差:ES=EI+IT7=0+21=+21 μm

由上可得,$\phi25H7=\phi 25_{0}^{+0.021}$ $\phi25p6=\phi 25_{+0.022}^{+0.035}$

孔 P7 的基本偏差为上偏差 ES,应该按照特殊规则进行计算:

ES=−ei+Δ

Δ=IT7−IT6=21−13=8 μm

所以 ES=−ei+Δ=−22+8=−14 μm

孔 P7 的下偏差:

EI=ES−IT7=−14−21=−35 μm

轴 h6 的上偏差:es=0,下偏差:ei=es−IT6=0−13=−13 μm

由上可得,$\phi25P7=\phi 25_{-0.035}^{-0.014}$ $\phi25h6=\phi 25_{-0.013}^{0}$

孔、轴配合的公差带图如图 2-22 所示。

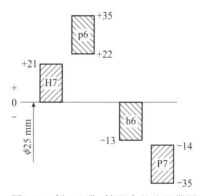

图2-22 例 2-6 孔、轴配合的公差带图

基本尺寸大于 500 mm 时,孔、轴一般都采用同级配合,只要孔、轴基本偏差代号相当,它们的基本偏差数值相等,符号相反。基本尺寸>500~3150 mm 范围时,轴、孔的基本偏差计算公式见表 2-11,轴、孔的基本偏差数值表见表 2-12。

表 2-11　基本尺寸>500～3150 mm 轴的基本偏差计算公式

轴	基本偏差/μm				孔		轴	基本偏差/μm			孔	
d	es	−	$16D^{0.44}$	+	EI	D	m	ei	+	$0.024D+12.6$	−	ES	M
e	es	−	$11D^{0.41}$	+	EI	E	n	ei	+	$0.04D+21$	−	ES	N
f	es	−	$5.5D^{0.41}$	+	EI	F	p	ei	+	$0.072D+37.8$	−	ES	P
(g)	es	−	$2.5D^{0.34}$	+	EI	(G)	r	ei	+	$(ps)^{1/2}$ 或 $(PS)^{1/2}$	−	ES	R
h	es	−	0	+	EI	H	s	ei	+	$IT7+0.4D$	−	ES	S
js	ei	−	$0.5IT_n$	+	ES	JS	t	ei	+	$IT7+0.63D$	−	ES	T
k	ei	+	0	−	ES	K	u	ei	+	$IT7+D$	−	ES	U

注:D 为基本尺寸的计算尺寸。

表 2-12　基本尺寸>500～3150 mm 孔与轴的基本偏差数值

单位:μm

		d	e	f	(g)	h	js	k	m	n	p	r	s	t	u
轴 代号	基本偏差代号	d	e	f	(g)	h	js	k	m	n	p	r	s	t	u
	公差等级	6～18													
偏差	表中偏差	es						ei							
	另一偏差	ei=es−IT						es=ei+IT							
	偏差正负号	−	−	−	−			+	+	+	+	+	+	+	+
直径分段/mm	>500～560	260	145	76	22	0		0	26	44	78	150	280	400	600
	>560～630											155	310	450	660
	>630～710	290	160	80	24	0		0	30	50	88	175	340	500	740
	>710～800											185	380	560	840
	>800～900	320	170	86	26	0		0	34	56	100	210	430	620	940
	>900～1000						偏差为 $\pm IT_n/2$					220	470	680	1050
	>1000～1120	350	195	98	28	0		0	40	60	120	250	520	780	1150
	>1120～1250											260	580	840	1300
	>1250～1400	390	220	110	30	0		0	48	78	140	300	640	960	1450
	>1400～1600											330	720	1050	1600
	>1600～1800	430	240	120	32	0		0	58	92	170	370	820	1200	1850
	>1800～2000											400	920	1350	2000
	>2000～2240	480	260	130	34	0		0	68	110	195	440	1000	1500	2300
	>2240～2500											460	1100	1650	2500
	>2500～2800	520	290	145	38	0		0	76	135	240	550	1250	1900	2900
	>2800～3150											580	1400	2100	3200
孔 偏差	偏差正负号	+						−							
	另一偏差	ES=EI+IT						EI=ES−IT							
	表中偏差	EI						ES							
代号	公差等级	6～18													
	基本偏差代号	D	E	F	(G)	H	JS	K	M	N	P	R	S	T	U

2.3.3 公差带与配合代号

零件图上,在基本尺寸后标注所要求的公差带代号(由基本偏差代号及公差等级代号组成)或用数字(mm)表示(或两者结合),如图2-23所示。

装配图上,在基本尺寸后标注孔、轴公差带代号,国标规定孔、轴公差带写成分数形式,分子为孔公差带,分母为轴公差带,如图2-4~图2-10所示。

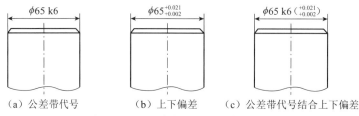

（a）公差带代号　　　（b）上下偏差　　　（c）公差带代号结合上下偏差

图 2-23　注尺寸公差的公差带表示法

2.4 国家标准规定的公差带与配合

2.4.1 常用和优先的公差带

国家标准提供了 20 种公差等级和 28 种基本偏差代号,其中基本偏差 j 限用于 4 个公差等级,基本偏差 J 限用于 3 个公差等级,由此可组成孔的公差带有 543 种、轴的公差带有 544 种。孔和轴又可以组成大量的配合,为减少定值刀具、量具和设备等的数目,对公差带和配合应该加以限制。

国标规定了基本尺寸≤500 mm 的常用轴的公差带 50 个和孔的公差带 45 个,并进一步挑选出孔和轴的优先用途公差带各 17 个,见表 2-13(常用和优先轴的公差带)和表 2-14(常用和优先孔的公差带),表中方框中的为优先公差带。

表 2-13　基本尺寸≤500 mm 轴的常用和优先公差带

					g5	h5	js5	k5	m5	n5	p5	r5	s5	t5		
				f6	g6	h6	js6	k6	m6	n6	p6	r6	s6	t6	u6	x6
			e7	f7		h7	js7	k7	m7	n7	p7	r7	s7	t7	u7	
		d8	e8	f8		h8										
	b9	c9	d9	e9		h9										
			d10			h10										
a11	b11	c11				h11										

表 2-14　基本尺寸≤500 mm 孔的常用和优先公差带

				G6	H6	JS6	K6	M6	N6	P6	R6	S6	T6		
			F7	G7	H7	JS7	K7	M7	N7	P7	R7	S7	T7	U7	X7
		E8	F8		H8	JS8	K8	M8	N8	P8	R8				
		D9	E9	F9		H9									
	C10	D10	E10			H10									
A11	B11	C11	D11			H11									

2.4.2　常用和优先的配合

在此基础上,选用公差带或配合时应按优先、常用、任一孔、轴公差带或配合为顺序选取。在基本尺寸≤500 mm 的常用尺寸段范围内,国家标准推荐了孔、轴的常用和优先配合。国家标准规定基孔制常用和优先配合(方框标示)见表 2-15,基轴制常用和优先配合(方框标示)见表 2-16。

表 2-15　基孔制常用和优先配合

基准孔	轴公差带代号																
	间隙配合							过渡配合				过盈配合					
	b	c	d	e	f	g	h	js	k	m	n	p	r	s	t	u	x
H6						g5	h5	js5	k5	m5	n5	p5					
H7					f6	g6	h6	js6	k6	m6	n6	p6	r6	s6	t6	u6	x6
H8				e7	f7		h7	js7	k7	m7				s7		u7	
H8			d8	e8	f8		h8										
H9			d8	e8	f8		h8										
H10	b9	c9	d9	e9			h9										
H11	b11	c11	d10				h10										

表 2-16　基轴制常用和优先配合

基准轴	孔公差带代号																
	间隙配合							过渡配合				过盈配合					
	B	C	D	E	F	G	H	JS	K	M	N	P	R	S	T	U	X
h5						G6	H6	JS6	K6	M6	N6	P6					
h6					F7	G7	H7	JS7	K7	M7	N7	P7	R7	S7	T7	U7	X7
h7				E8	F8		H8										
h8			D9	E9	F9		H9										
h9				E8	F8		H8										
h9			D9	E9	F9		H9										
h9	B11	C10	D10				H10										

2.5 未注公差

国家标准 GB/T 1804—2000《一般公差　未注公差的线性和角度尺寸的公差》规定，一般公差是指在车间一般加工条件下可以保证的公差。它是机床在正常维护和操作下，可达到的经济加工精度，主要用于低精度的非配合尺寸及工艺方法可保证的尺寸（铸、模锻），可简化制图，节约设计、检验时间，突出重要尺寸。简单地说，一般公差就是只标注基本尺寸，未标注公差，如 $\phi30$、$\phi100$ 即通常所说的"自由尺寸"。正常情况下，一般公差一般不测量。

一般公差规定 4 个等级：f（精密级）、m（中等级）、c（粗糙级）、v（最粗级）。这 4 个公差等级相当于 IT12、IT14、IT16 和 IT17。

在基本尺寸 0.5～4000 mm 范围内分为 8 个尺寸段，极限偏差均对称分布，具体值见表 2-17。标准同时也对倒圆半径与倒角高度尺寸的极限偏差的数值做了规定，见表 2-18。角度尺寸的极限偏差数值见表 2-19。

当采用一般公差时，在图样上只注基本尺寸，不注极限偏差，但应在图样的技术要求或有关技术文件中，用标准号和公差等级代号做出总的说明。例如，当选用中等级 m 时，则表示为 GB/T 1804-m。如用比一般公差还大的公差，则应在尺寸后标注相应的极限偏差（如盲孔深度尺寸）。

表 2-17　线性尺寸的极限偏差数值

单位：mm

公差等级	尺寸分段							
	0.5～3	>3～6	>6～30	>30～120	>120～400	>400～1000	>1000～2000	>2000～4000
f（精密级）	±0.05	±0.05	±0.1	±0.15	±0.2	±0.3	±0.5	—
m（中等级）	±0.1	±0.1	±0.2	±0.3	±0.5	±0.8	±1.2	±2
c（粗糙级）	±0.2	±0.3	±0.5	±0.8	±1.2	±2	±3	±4
v（最粗级）	—	±0.5	±1	±1.5	±2.5	±4	±6	±8

表 2-18　倒圆半径与倒角高度尺寸的极限偏差数值

单位：mm

公差等级	尺寸分段			
	0.5～3	>3～6	>6～30	>30
f（精密级）	±0.2	±0.5	±1	±2
m（中等级）				
c（粗糙级）	±0.4	±1	±2	±4
v（最粗级）				

注：倒圆半径与倒角高度的含义参见国家标准 GB/T 6403.4—1986《零件倒圆与倒角》。

表 2-19 角度尺寸的极限偏差数值

公差等级	长度分段/mm				
	～10	>10～50	>50～120	>120～400	>400
f(精密级)	±1°	±30′	±20′	±10′	±5′
m(中等级)					
c(粗糙级)	±1°30′	±1°	±30′	±15′	±10′
v(最粗级)	±3°	±2°	±1°	±30′	±20′

2.6 常用尺寸极限与配合的选用

尺寸极限与配合的选用是机械设计和制造的一个很重要的环节,公差与配合选用的是否合适,直接影响到机器的使用性能、寿命、互换性和经济性。公差与配合的选用主要包括:基准制的选用、公差等级的选用和配合的选用。

2.6.1 基准制的选用

设计时,为了减少定值刀具和量具的规格和种类,应该优先选用基孔制;但是有些情况下采用基轴制比较经济合理。

(1)在农业机械、纺织机械、建筑机械中经常使用具有一定公差等级(IT8～IT11)的冷拉钢材直接做轴,不需要再进行加工,这种情况下应该选用基轴制。若需要各种不同的配合时,可选择不同的孔公差带位置来实现。

(2)加工尺寸小于 1 mm 的精密轴比同级孔要困难,因此在仪器制造、钟表生产、无线电工程中,常使用经过光轧成形的钢丝直接做轴,这时采用基轴制较经济。

(3)同一基本尺寸的轴上装配几个零件而且配合性质不同时,应该选用基轴制。比如,内燃机中活塞销与活塞孔、连杆套筒的配合,如图 2-24(a)所示,根据使用要求,活塞销与活塞孔的配合为过渡配合,活塞销与连杆套筒的配合为间隙配合。如果选用基孔制配合,3 处配合分别为 H6/m5、H6/h5 和 H6/m5,公差带如图 2-24(b)所示;如果选用基轴制配合,3 处配合分别为 M6/h5、H6/h5 和 M6/h5,公差带如图 2-24(c)所示。选用基孔制时,必须把轴做成台阶形式才能满足各部分的配合要求,而且不利于加工和装配;如果选用基轴制,就可把轴做成光轴,这样有利于加工和装配。

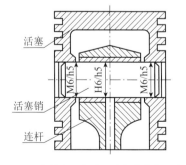

(a)活塞销与活塞孔、连杆套筒的配合

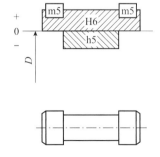

(b)基孔制配合的孔、轴公差带

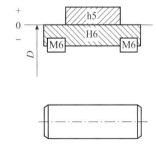

(c)基轴制配合的孔、轴公差带

图 2-24 活塞销与活塞、连杆机构的配合及孔、轴公差带

（4）与标准件配合的基准制选用。与标准件或标准部件配合的孔或轴，必须以标准件为基准件来选用配合制。比如，平键、半圆键等键联结，由于键是标准件，键与键槽的配合应采用基轴制；滚动轴承内圈和轴颈的配合必须采用基孔制，外圈和壳体的配合必须采用基轴制。

（5）非基准制配合的采用。为满足配合的特殊需要，允许采用任一孔、轴公差带组成的非基准制配合，这些地方往往经常拆卸且精度要求不高。比如滚动轴承端盖凸缘与箱体孔的配合，由于箱体孔已根据和滚动轴承配合的要求选用 $\phi100J7$，而端盖的作用是轴承外圈的轴向定位、防尘和密封，为了方便装配，它只要松套在箱体孔中即可，公差等级也可以选得更低，因此它的公差带选用 $\phi100e9$。同样，轴上用来轴向定位的隔套与轴的配合选用 $\phi55G9/j6$。这类配合采用的就是非基准制，由不同公差等级的非基准孔、轴公差带组成，如图 2-25 所示。

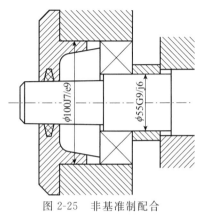

图 2-25 非基准制配合

2.6.2 公差等级的选用

公差等级的选用原则是，在能够满足使用要求的前提下，应尽量选用低的公差等级。公差等级的选用除遵循上述基本原则外，还应考虑以下问题。

2.6.2.1 工艺等价性

在确定有配合的孔、轴公差等级时，还应该考虑到孔、轴的工艺等价性，基本尺寸≤500 mm 且标准公差≤IT8 的孔比同级的轴加工困难，国家标准推荐孔与比它高一级的轴配合；而基本尺寸≤500 mm 且标准公差＞IT8 的孔以及基本尺寸＞500 mm 的孔，测量精度容易保证，国家标准推荐孔、轴采用同级配合。

2.6.2.2 各公差等级的应用范围

具体的公差等级的选用可参考国家标准推荐的公差等级的应用范围，见表 2-20。

表 2-20 各公差等级的应用范围

公差等级	应用范围
IT01～IT1	高精度量块和其他精密尺寸标准块的公差
IT2～IT5	用于特别精密零件的配合
IT5～IT12	用于配合尺寸公差。IT5 的轴和 IT6 的孔用于高精度和重要的配合处
IT6	用于要求精密配合的情况
IT7～IT8	用于一般精度要求的配合
IT9～IT10	用于一般要求的配合或精度要求较高的键宽与键槽宽的配合
IT11～IT12	用于不重要的配合
IT12～IT18	用于未注尺寸公差的尺寸精度

2.6.2.3 熟悉各加工方法的加工精度

具体的各种加工方法所能达到的加工精度见表 2-21。

表 2-21 各种加工方法的加工精度

加工方法	公差等级																			
	IT01	IT0	IT1	IT2	IT3	IT4	IT5	IT6	IT7	IT8	IT9	IT10	IT11	IT12	IT13	IT14	IT15	IT16	IT17	IT18
研磨	—	—	—	—	—	—	—													
珩磨						—	—	—												
圆磨							—	—	—	—										
平磨							—	—	—	—										
金刚石车							—	—	—											
金刚石镗							—	—	—											
拉削							—	—	—	—										
铰孔								—	—	—	—									
车									—	—	—	—	—							
镗									—	—	—	—	—							
铣										—	—	—	—							
刨、插										—	—	—	—							
钻												—	—	—	—					
液压、挤压										—	—	—	—							
冲压												—	—	—	—	—				
压铸													—	—	—	—				
粉末冶金成型							—	—	—											
粉末冶金烧结									—	—	—	—								
砂型铸造																	—	—	—	—
锻造																	—	—		

2.6.2.4 相关件和相配件的精度

例如,齿轮孔与轴的配合,它们的公差等级决定于相关件齿轮的精度等级,与标准件滚动轴承相配合的外壳孔和轴颈的公差等级决定于相配件滚动轴承的公差等级。

2.6.2.5 配合性质

过盈、过渡配合的公差等级不能太低,一般孔的标准公差≤IT8,轴的标准公差≤IT7。间隙配合则不受此限制。但间隙小的配合,公差等级应较高;而间隙大的配合,公差等级可以低些。例如,选用 H6/g5 和 H11/a11 是可以的,而选用 H11/g11 和 H6/a5 则不合适。

2.6.2.6 加工成本

为了降低成本,对于一些精度要求不高的配合,孔、轴的公差等级可以相差 2～3 级,如图 2-25 所示,轴承端盖凸缘与箱体孔的配合为 $\phi100J7/e9$,轴上隔套与轴的配合为 $\phi55G9/j6$,它们的公差等级相差分别为 2 级和 3 级。

2.6.3 配合的选用

配合的选用主要是根据使用要求确定配合种类和配合代号。

2.6.3.1 配合类别的选用

配合类别的选用主要是根据使用要求选用间隙配合、过盈配合和过渡配合 3 种配合类型之一。当相配合的孔、轴间有相对运动(转动或移动)时,选用间隙配合;当相配合的孔、轴间无相对运动时,不经常拆卸,而需要传递一定的扭矩,选用过盈配合;当相配合的孔、轴间无相对运动,而需要经常拆卸时,选用过渡配合(表 2-22)。

表 2-22　配合类别的大体方向

无相对运动	要传递扭矩	永久结合		较大过盈的过盈配合
		可拆结合	要精确同轴	轻型过盈配合、过渡配合或基本偏差为 H(h) 的间隙配合加紧固件
			不要精确同轴	间隙配合加紧固件
	不需要传递扭矩,要精确同轴			过渡配合或轻型过盈配合
有相对运动	只有移动			基本偏差为 H(h)、G(g) 等的间隙配合
	转动或转动和移动的复合运动			基本偏差为 A～F(a～f) 等的间隙配合

2.6.3.2 配合代号的选用

配合代号的选用是指在确定了配合制度和标准公差等级后,确定与基准件配合的孔或轴的基本偏差代号。

(1)配合种类选用的基本方法:计算法、试验法和类比法。

计算法是根据一定的理论和公式,经过计算得出所需的间隙或过盈,计算结果也是一个近似值,实际中还需要经过试验来确定;试验法是对产品性能影响很大的一些配合,常用试验法来确定最佳的间隙或过盈,这种方法要进行大量试验,成本比较高;类比法是参照类似的经过生产实践验证的机械,分析零件的工作条件及使用要求,以它们为样本来选用配合种类,类比法是机械设计中最常用的方法。使用类比法设计时,各种基本偏差的选用可参考表 2-23。

(2)标准规定的公差带的优先和常用配合。

在选用配合时应尽量选择国家标准中规定的公差带和配合。在实际设计中,应该首先采用优先配合(优先配合的选用说明见表 2-24),当优先配合不能满足要求时,再从常用配合中选用。在特殊情况下,可根据国家标准的规定,用标准公差系列和基本偏差系列组成配合,以满足特殊的要求。

(3)用类比法选用配合时还必须考虑如下一些因素:①受载情况;②拆装情况;③配合件的结合长度和几何误差;④配合件的材料;⑤温度的影响;⑥装配变形的影响;⑦生产类型;等等。根据具体条件不同,结合件配合的间隙或过盈量必须相应地改变。表 2-25 可供不同情况下选用配合时参考。

表 2-23　各种基本偏差选用说明

配合	基本偏差	特性及应用
间隙配合	a(A)b(B)	可得到特大的间隙,应用很少。主要用于工作温度高、热变形大的零件之间的配合
	c(C)	可得到很大的间隙,一般用于缓慢、松弛的动配合。用于工作条件差(如农用机械),受力易变形,或方便装配而需有较大的间隙时,推荐使用配合 H11/c11。其较高等级的配合 H8/c7 适用较高温度的动配合,比如内燃机排气阀和导管的配合
	d(D)	对应于 IT7~IT11,用于较松的转动配合,比如密封盖、滑轮、空转带轮与轴的配合,也用于大直径的滑动轴承配合
	e(E)	对应于 IT7~IT9,用于要求有明显的间隙、易于转动的轴承配合,比如大跨距轴承和多支点轴承等处的配合。e 轴适用于高等级的、大的、高速、重载支承,比如内燃机主要轴承、大型电动机、涡轮发动机、凸轮轴承等的配合为 H8/e7
	f(F)	对应于 IT6~IT8 的普通转动配合。广泛用于温度影响小,普通润滑油和润滑脂润滑的支承,如小电动机,主轴箱、泵等的转轴和滑动轴承的配合
	g(G)	多与 IT5~IT7 对应,形成很小间隙的配合,用于轻载装置的转动配合,其他场合不推荐使用转动配合,也用于插销的定位配合,如滑阀、连杆销精密连杆轴承等
	h(H)	对应于 IT4~IT7,作为普通定位配合,多用于没有相对运动的零件。在温度、变形影响小的场合也用于精密滑动配合
过渡配合	js(JS)	对应于 IT4~IT7,用于平均间隙小的过渡配合和略有过盈的定位配合,比如联轴节、齿圈和轮毂的配合。用木锤装配
	k(K)	对应于 IT4~IT7,用于平均间隙接近零的配合和稍有过盈的定位配合。用木锤装配
	m(M)	对应于 IT4~IT7,用于平均间隙较小的配合和精密定位的定位配合。用木锤装配
	n(N)	对应于 IT4~IT7,用于平均过盈较大和紧密组件的配合,一般得不到间隙。用木锤和压力机装配
过盈配合	p(P)	用于小的过盈配合,p 轴与 H6 和 H7 形成过盈配合,与 H8 形成过渡配合,对非铁零件为较轻的压入配合。当要求容易拆卸时,对于钢、铸铁或铜、钢组件装配时为标准压入装配
	r(R)	对钢铁类零件是中等打入配合,对于非钢铁类零件是轻打入配合,可以较方便地进行拆卸。与 H8 配合时,直径大于 100 mm 为过盈配合,小于 100 mm 为过渡配合
	s(S)	用于钢和铁制零件的永久性和半永久性装配,能产生相当大的结合力。当用轻合金等弹性材料时,配合性质相当于钢铁类零件的 p 轴。为保护配合表面,需用热胀冷缩法进行装配
	t(T)	用于过盈量较大的配合,对钢铁类零件适合做永久性结合,不需要键可传递力矩。用热胀冷缩法装配
	u(U)	过盈量很大,需验算在最大过盈量时工件是否损坏。用热胀冷缩法装配
	v(V)、x(X)、y(Y)、z(Z)	一般不推荐使用

表 2-24　优先配合选用

优先配合		说明
基孔制	基轴制	
$\dfrac{H11}{c11}$	$\dfrac{C11}{h11}$	间隙很大,常用于很松、转速低的动配合,也用于装配方便的松配合
$\dfrac{H9}{d9}$	$\dfrac{D9}{h9}$	用于间隙很大的自由转动配合,也用于非主要精度要求时,或者温度变化大、转速高和轴颈压力很大的时候
$\dfrac{H8}{f7}$	$\dfrac{F8}{h7}$	用于间隙不大的转动配合,也用于中等转速与中等轴颈压力的精确传动和较容易的中等定位配合
$\dfrac{H7}{g6}$	$\dfrac{G7}{h6}$	用于小间隙的滑动配合,也用于不能转动但可自由移动和滑动并能精密定位的场合
$\dfrac{H7}{h6}、\dfrac{H8}{h7}、\dfrac{H9}{h9}、\dfrac{H11}{h11}$	$\dfrac{H7}{h6}、\dfrac{H8}{h7}、\dfrac{H9}{h9}、\dfrac{H11}{h11}$	用于在工作时没有相对运动,但装拆很方便的间隙定位配合
$\dfrac{H7}{k6}$	$\dfrac{K7}{h6}$	用于精密定位的过渡配合
$\dfrac{H7}{n6}$	$\dfrac{N7}{h6}$	用于有较大过盈的更精密定位的过盈配合
$\dfrac{H7}{p6}$	$\dfrac{P7}{h6}$	用于定位精度很重要的小过盈配合,并且能以最好的定位精度达到部件的刚性和对中性要求
$\dfrac{H7}{s6}$	$\dfrac{S7}{h6}$	用于普通钢件压入配合和薄壁件的冷缩配合
$\dfrac{H7}{u6}$	$\dfrac{U7}{h6}$	用于可承受高压入力零件的压入配合和不适宜承受大压入力的冷缩配合

表 2-25　工作情况对间隙和过盈的影响

具体情况	间隙	过盈	具体情况	间隙	过盈
材料许用应力减小	—	减小	装配时可能歪斜	增大	减小
经常拆卸	—	减小	旋转速度高	增大	增大
工作时孔温高于轴温	减小	增大	有轴向运动	增大	—
工作时孔温低于轴温	增大	减小	润滑油黏度增大	增大	—
有冲击载荷	减小	增大	装配精度高	减小	减小
配合长度较长	增大	减小	表面粗糙度参数值大	减小	增大
配合面几何误差较大	增大	减小			

2.6.4　尺寸精度与配合设计

2.6.4.1　计算查表法尺寸精度设计示例

例 2-7　某减速器机构中的一对孔、轴配合,基本尺寸为 $\phi100$ mm,要求配合的过盈或间隙在 $-0.048\sim+0.041$ mm 范围内。试确定此配合的孔、轴公差等级,孔、轴公差带和配合代号。

解:(1)基准制的选择:

由于没有特殊的要求,优先选用基孔制,即孔的基本偏差代号为 H。

(2)公差等级的选择:

由给定条件可知,此孔、轴结合为过渡配合,其允许的配合公差为

$$T_f = X_{max} - X_{min} = +0.041 - (-0.048) = 0.089 \text{ mm}$$

假设孔与轴为同级配合,则 $T_h = T_s = 0.0445 \text{ mm} = 44.5 \text{ μm}$。

查表 2-4 可知,44.5 μm 介于 IT7=35 μm 和 IT8=54 μm 之间,而在这个公差等级范围内,国标要求孔比轴低一级,于是取孔公差等级为 IT8,轴公差等级为 IT7。

$$IT7 + IT8 = 0.035 + 0.054 = 0.089 = T_f$$

符合公差等级选择条件 $T_H + T_h \leqslant T_f$,则孔的公差带代号为 $\phi100H8$,EI=0,ES=EI+IT8=0+0.054=+0.054 mm。

(3)配合的选择:

根据已有条件绘制尺寸公差带图,如图 2-26 所示,又知基孔制为过渡配合时,轴的基本偏差是下偏差,故列出不等式 $ES - ei \leqslant X_{max}$,代入已知数据,得 +0.054-ei≤+0.041,则-ei≤-0.013,即 ei≥+0.013。

查轴的基本偏差数值表 2-8 得,基本偏差代号的下偏差 ei=+0.013 mm,符合条件,即轴的公差带代号 $\phi100m7$,es=ei+IT7=+0.013+0.035=+0.048 mm。

(4)结果:

孔、轴的配合代号为 $\phi100 \dfrac{H8(^{+0.054}_{0})}{m7(^{+0.048}_{+0.013})}$。

(5)验算:

$$X_{max} = ES - ei = +0.054 - (+0.013) = +0.041 \text{ mm}$$

$$Y_{max} = EI - es = 0 - (+0.048) = -0.048 \text{ mm}$$

均符合题目要求,最终的公差带图如图 2-27 所示。

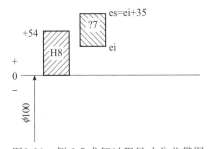 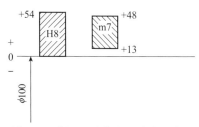

图2-26 例 2-7 求解过程尺寸公差带图　　　图 2-27 例 2-7 最终的尺寸公差带图

2.6.4.2 类比法尺寸精度设计示例

例 2-8 图 2-28 所示为某减速器传动轴的局部装配图。其中,轴通过键带动齿轮传动;轴套和端盖主要起保证轴承轴向定位的作用,要求装卸方便,加工容易。已根据有关标准确定:滚动轴承精度等级为 0 级;齿轮精度等级为 7 级。试分析确定图示各处的配合。

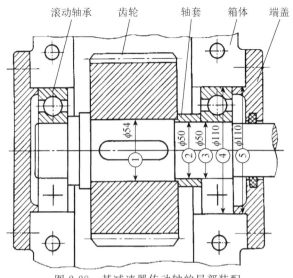

图 2-28　某减速器传动轴的局部装配

解：(1)分析确定齿轮孔与轴的配合代号。

齿轮孔与轴的配合一般采用基孔制，根据齿轮的精度等级为 7 级，确定齿轮孔的公差带为 $\phi 54$H7；根据工艺等价原则，与其配合的轴的公差等级为 IT6。该处配合要求通过键传递运动，还要求有一定的定心精度，故该处应选择小过盈配合，选用优先配合，即轴公差带选用 $\phi 54$p6。即①处的配合代号为 $\phi 54$H7/p6，公差带图如图 2-29(a)所示。

(2)分析确定与滚动轴承相配合的轴颈及箱体孔的配合代号。

基准制：因为滚动轴承为标准件，与滚动轴承相配合的轴颈及箱体孔的基准制选择应以轴承为准，即滚动轴承内圈与轴的配合采用基孔制，外圈与箱体孔的配合采用基轴制。

公差带及配合：与滚动轴承相配合的轴颈及箱体孔公差等级的确定，要考虑与滚动轴承的精度(0 级)匹配，根据轴承的工作条件及工作要求分别确定轴颈的等级为 IT6，箱体孔的精度等级为 IT7；基本偏差代号分别为 k 和 J，即图中③轴颈配合处应标注"$\phi 50$k6"，④箱体孔配合处应标注"$\phi 110$J7"，其公差带图分别如图 2-29(c)和(d)所示。

(3)分析确定转轴与轴套的配合代号。

图 2-28 中②与③处结构为典型的一轴配两孔，且配合性质又不相同，其中轴承内圈与轴的配合要求较紧，而轴套与轴的配合要求较松，若按基准制选用原则，②处的配合应选用基轴制。但是需要注意的是，轴承内圈与轴的配合只能选用基孔制，而且前面已确定轴的公差带代号为 $\phi 50$k6。如果轴套与轴的配合选用基轴制，则势必造成同一轴不同段按不同的公差等级进行加工，既不经济，也不利于装配。如果按基孔制使之形成 $\phi 50$H7/k6 的配合，则满足轴套与轴配合应有间隙的要求。故从满足轴套工作要求出发，兼顾考虑加工的便利及经济性，选用轴套孔公差带为 $\phi 50$F8，使之与 $\phi 50$k6 轴形成间隙配合。故②处的配合代号为 $\phi 50$F8/k6。如图 2-29(b)所示，其极限间隙为＋0.007～＋0.062 mm，满足了设计要求。

(4)分析确定端盖与箱体孔的配合代号。

与轴套配合分析类似，由于与滚动轴承相配合，箱体孔的公差带已经确定，端盖与箱体孔之间为间隙配合，且配合精度要求不高，为避免箱体孔制成阶梯形，可选端盖公差带为

$\phi110e9$，其公差带图如图 2-29(e)所示，即⑤处的配合代号为 $\phi110J7/e9$。

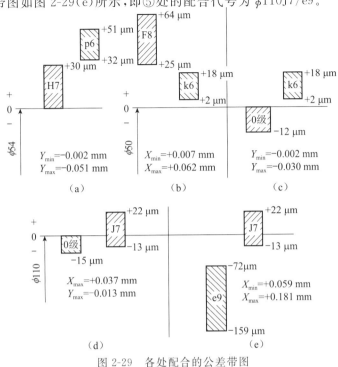

图 2-29　各处配合的公差带图

2.6.4.3　尺寸精度与配合数字化设计

随着新一代 GPS 以及制造业信息化、数字化的发展，实现产品结构形状与精度特征设计的数字化统一，进而实现 CAD/CAPP(computer aided process planning，计算机辅助工艺设计)/CAM 的集成显得越来越必要。为此需要基于新一代 GPS 理论体系、二次开发的平台软件以及几何精度数字化设计的关键技术，开发尺寸精度与配合的数字化、智能化设计工具系统，对促进标准的推广、产品精度设计与计量的数字化具有重要的意义。

郑州大学精度设计与测控技术研发团队应用新一代 GPS 标准理论、人工智能技术、优化技术、信息技术等研制了基于新一代 GPS 的智能化精度设计系统，该系统的设计对象包括尺寸精度、形状与位置精度、表面粗糙度、典型零部件精度等。基于新一代 CPS 的智能化精度设计系统基于嵌入式开发环境 WinCE，并采用 SOLite 建立几何精度信息的数据库。该系统在进行精度设计的同时充分考虑加工、检测及认证等整体方案的制订，包括装配方法、热变形、装配变形等对设计结果的影响。详情见参考文献[3]。

2.7　实训一　用游标卡尺和千分尺测外径

2.7.1　实训目的

(1)了解游标卡尺和千分尺的测量原理。

(2)熟悉游标卡尺和千分尺测量外径的方法。

(3)理解计量器具与测量方法的常用术语。

2.7.2 实训内容

(1)用游标卡尺测量工件。

(2)用千分尺测量工件。

2.7.3 计量器具的测量原理

2.7.3.1 游标卡尺

如图 2-30 所示,游标卡尺是一种测量长度、内外径、深度的量具。游标卡尺由主尺和附在主尺上能滑动的游标两部分组成。若从背面看,游标是一个整体。深度尺与游标尺连在一起,可以测槽和筒的深度。在形形色色的计量器具家族中,游标卡尺作为一种被广泛使用的高精度测量工具,它是刻线直尺的延伸和拓展。

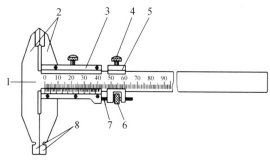

1—尺身;2—上量爪;3—尺框;4—锁紧螺钉;5—微动装置

6—微动螺母;7—游标刻度尺;8—下量爪。

图 2-30 游标卡尺

游标卡尺按其精度可分为 0.1 mm、0.05 mm、0.02 mm 3 种,如图 2-31 所示。游标测尺身上的刻度每格为 1 mm,滑动的游标上的刻度每格为 0.02 mm[图 2-31(c)]。一般情况下主尺的读数单位为 mm,即主尺一格为 1 mm。

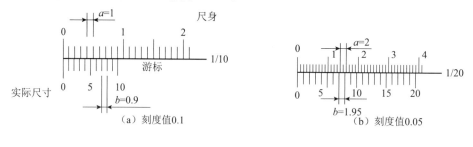

(a)刻度值0.1 （b)刻度值0.05

(c)刻度值0.02

图 2-31 游标读数原理

2.7.3.2 千分尺

千分尺在机械制造加工中有着广泛的应用,它是应用螺旋测微原理制成的,测量精度比游标卡尺高,是测量加工精度较高零件的一种重要量具。

规格为 0~25 mm 的普通外径千分尺如图 2-32 所示。固定套筒上有一条水平横线,这条水平横线的上、下各有一列间距为 1 mm 的刻度线。下面的刻度线恰好在上面两相邻刻度线中间,称为 0.5 mm 的下刻度线(文中外径千分尺的 0.5 mm 的刻度线都在下面)。微分筒(活动套筒)的刻度线是将圆周分为 50 等分的水平刻度线。根据螺旋运动原理,当微分筒旋转一周时,测微螺杆前进或后退一个螺距 0.5 mm,这样当微分筒旋转一个刻度线时,它转过了 1/50 周,此时测微螺杆就沿轴线移动了 0.5×1/50=0.01 mm。因此,外径千分尺可以准确读出 0.01 mm 的数值。

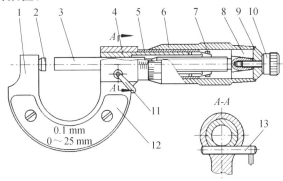

1—尺架;2—测砧;3—测微螺杆;4—螺纹轴套;5—固定套筒;6—微分筒;7—调节螺母;
8—接头;9—垫片;10—测力装置;11—锁紧机构;12—绝热板;13—锁紧轴。

图 2-32　外径千分尺

2.7.4　实训步骤

2.7.4.1　游标卡尺的测量方法

(1)使用前,必须将工件被测表面和量爪接触表面擦干净。

(2)测量工件外径时,将量爪向外移动,使两外量爪间距大于工件外径,然后再慢慢地移动游标,使两外量爪与工件接触。切忌硬卡硬拉,以免影响游标卡尺的精度和读数的准确性。

(3)测量工件内径时,将量爪向内移动,使两外量爪间距小于工件内径,然后再慢慢地移动游标,使两内量爪与工件接触。

(4)测量时,应使游标卡尺与工件垂直,固定锁紧螺钉。测外径时,记下最小尺寸;测内径时,记下最大尺寸。

(5)用深度游标卡尺测量工件深度时,将固定量爪与工件被测表面平整接触,然后缓慢地移动游标,使量爪与工件接触。移动力不宜过大,以免硬压游标而影响精度和读数的准确性。

(6)用毕,将游标卡尺擦拭干净,并涂一薄层工业凡士林,放入盒内存放,切忌拆卸、重压。

2.7.4.2　千分尺的测量方法

(1)将被测物擦干净,千分尺使用时轻拿轻放。

(2)松开千分尺锁紧装置,校准零位,转动旋钮,使测砧与测微螺杆之间的距离略大于被测物体。

(3)一只手拿千分尺的尺架,将待测物置于测砧与测微螺杆的端面之间,另一只手转动旋钮,当螺杆接近物体时,改旋测力装置直至听到喀喀声后再轻轻转动0.5~1圈。

(4)旋紧锁紧装置(防止移动千分尺时螺杆转动),即可读数。

2.7.5 读数方法

2.7.5.1 游标卡尺的读数方法

(1)读出游标卡尺刻线所指示尺身上左边刻线的毫米数。

(2)观察游标卡尺上零刻线右边第几条刻线与主尺某一刻线对准,将读数乘以游标上的格数,即为毫米小数值

(3)将主尺上整数和游标上的小数值相加即得被测工件的尺寸,如图2-33所示。

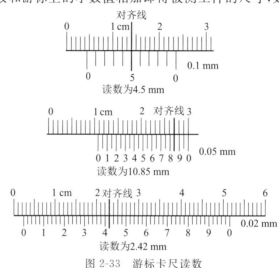

图 2-33 游标卡尺读数

2.7.5.2 外径千分尺的读数方法

(1)以微分筒的端面为准线,读出固定套管下刻度线的分度值。

(2)以固定套管上的水平横线作为读数准线,读出可动刻度上的分度值,读数时应估读到最小度的1/10,即0.001 mm。

(3)如微分筒的端面与固定刻度的下刻度线之间无上刻度线,则测量结果即为下刻度线的数值加可动刻度的值。

(4)如微分筒的端面与下刻度线之间有一条上刻度线,则测量结果应为下刻度线的数值加上0.5 mm,再加上可动刻度的值,如图2-34所示。

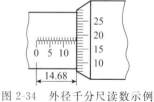

图 2-34 外径千分尺读数示例

2.7.6 外径千分尺零误差的判定

校准好的千分尺,当测微螺杆与测砧接触后,可动刻度上的零线与固定刻度上的水平横线应该是对齐的,如图2-35(a)所示;如果没有对齐,测量时就会产生系统误差——零误差。如无法消除零误差,则应考虑它对读数的影响。

(1)可动刻度的零线在水平横线上方,且第 x 条刻度线与横线对齐,即说明测量时的读数要比真实值小($x/100$)mm,这种零误差叫负零误差,如图 2-35(b)所示。

(2)可动刻度的零线在水平横线下方,且第 y 条刻度与横线对齐,则说明测量时的读数要比真实值大($y/100$)mm,这种误差叫正零误差,如图 2-35(c)所示。

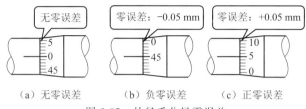

（a）无零误差　　　　（b）负零误差　　　　（c）正零误差

图 2-35　外径千分尺零误差

对于存在零误差的千分尺,测量结果应等于读数减去零误差,即物体直径＝固定刻度读数＋可动刻度读数－零误差。

2.7.7　游标卡尺和外径千分尺的保养及保管

在使用游标卡尺和外径千分尺时,应注意:

(1)轻拿轻放。

(2)将测砧、微分筒擦拭干净,避免切屑粉末、灰尘影响。

(3)将测砧分开,拧紧固定螺丝,以免长时间接触而造成生锈。

(4)不得放在潮湿、温度变化大的地方。

(5)禁止用千分尺测量运转或高温物件。

(6)严禁用千分尺当卡钳用或当锤子用敲击他物。

2.7.8　使用千分尺的注意事项

在使用千分尺测量零件尺寸时,必须注意以下几点:

(1)调整零位:0～25 mm 的,直接用后面的棘轮转动对零;25 mm 以上的,用调节棒调节零位。

(2)测量外径时,在最后应该活动一下千分尺,不要偏斜。

(3)在对零位和测量时,都要使用棘轮,这样才能保持千分尺使用的拧紧力(0.5 kg)。

(4)测量前应把千分尺擦干净,检查千分尺的测杆是否有磨损,测杆紧密贴合时,应无明显的间隙。

(5)测量时,零件必须在千分尺的测量面中心测量。

(6)测量时,用力要均匀,轻轻旋转棘轮,以响 3 声为旋转限度,零件保持要掉不掉的状态。

(7)用千分尺测量零件时,最好在零件上进行读数,放松后取出千分尺,这样可以减少对砧面的磨损;如果必须取下读数时,应用制动器锁紧测微螺杆后,再轻轻滑出零件。把千分尺当卡规使用是错误的,因这样做会使测量面过早磨损,甚至会使测微螺杆或尺架发生变形而失去精度。

(8)为了获得正确的测量结果,可在同一位置上再测量一次,尤其是测量圆柱形工件时,应在同一圆周的不同方向测量几次,检查工件有没有圆度公、误差,再在全长的各个部位测量几次,检查工件有没有圆柱度的误差等。

(9)测量零件时,零件上不能有异物,在常温下测量。

(10)使用时,必须轻拿轻放,不可掉到地上。

2.8 实训二 用百分表测内径

2.8.1 实训目的

(1)了解百分表的测量原理。

(2)熟悉百分表测量内径的方法。

2.8.2 实训内容

用内径百分表测量工件。

2.8.3 计量器具的测量原理

内径百分表,实质是一种安装着百分表的专门测量内尺寸的表架。它是一种常用比较法测量孔径、槽宽及其他几何形状误差的机械式量仪。它有一个用来保证测量线位于通过被测孔轴线平面的装置,这一装置常被称为定位装置或护桥。有了定位装置,只需要在通过轴线的平面内摆动内径表,求出尺寸的最小值,即可得到被测直径。

图 2-36 所示为配备杠杆传动系统的内径百分表,它的上部是百分表(图 2-37),下部是量杆装置,上、下部有联动关系。测量时,被测孔的尺寸偏差借活动测头的位移,通过杠杆和传动杆传递给百分表。因传动系统的传动比为 1,因此测头所移动的距离与百分表的指示值相等。为了测量不同直径的内孔,备有长短不同的固定量杆,并在各量杆上标有测量范围,以便于选用。量杆表的规格是按测量直径的范围来划分的,如 18~35 mm、35~50 mm、50~160 mm 等。

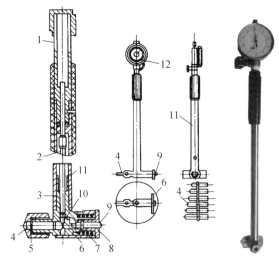

1—插口;2—活动杆;3—三通管;4—固定量杆;5、8—锁紧螺母;6—活动套;

7—弹簧;9—活动量杆;10—杠杆;11—表管;12—百分表。

图 2-36 内径百分表的外观和结构

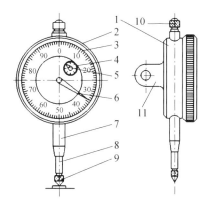

1—表体；2—表圈；3—表盘；4—转数指示盘；5—转数指针；6—指针；
7—套筒；8—测量杆；9—测量头；10—挡帽；11—耳环。

图 2-37　百分表

2.8.4　实训步骤

(1)使用前方法：

①检查表头的相互作用和稳定性。

②检查活动测头和可换测头表面光洁,联结稳固。

(2)读数方法：测量孔径,孔轴向的最小尺寸为其直径。测量平面间的尺寸,任意方向内均最小的尺寸为平面间的测量尺寸。百分表测量读数加上零位尺寸即为测量数据。

(3)调零方法：根据要求改变测量范围,不同测量范围的内径量表有不同的测头,根据被测尺寸公差的情况,选择一个百分表或千分表(百分表的分度值为 0.01,千分表的分度值可以是 0.001、0.002或0.005)。

①把千分尺调整到被测值名义尺寸并锁紧。

②一手握内径百分表,一手握千分尺,将表的测头放在千分尺内进行校准,注意要使百分表的测杆尽量垂直于千分尺。

③调整百分表使压表量在 0.2~0.3 mm,并将表针置零。

(4)使用方法：

①把百分表插入量表直管轴孔中,压缩百分表一圈,紧固。

②选取并安装可换测头,紧固。

③测量时手握隔热装置。

④根据被测尺寸调整零位。

用已知尺寸的环规或平行平面(千分尺)调整零位,以孔轴向的最小尺寸或平面间任意方向内均最小的尺寸对零位,然后反复测量同一位置 2~3 次后检查指针是否仍与零线对齐,如不齐则重调。为读数方便,可用整数来定零位位置。

⑤测量时,摆动内径百分表,找到轴向平面的最小尺寸(转折点)来读数。

⑥测杆、测头、百分表等配套使用,不要与其他表混用。

当指针正好在零刻线处,说明被测孔径与标准孔径相等;若指针顺时针方向离开零位,则表示被测孔径小于标准环规的孔径;若指针逆时针方向离开零位时,则表示被测孔径大于标准环规的孔径。

2.8.5　维护与保养

(1)远离液体,不使冷却液、切削液、水或油与内径表接触。

(2)在不使用时,要取下百分表,解除其所有负荷,让测量杆处于自由状态。

(3)成套保存于盒内,避免丢失与混用。

思考题

1.试述标准公差、基本偏差与公差等级的区别与联系。

2.国家标准对所选用的公差带与配合做必要限制的原因是什么? 选用的顺序是什么?

3.什么是基孔制和基轴制配合? 优先选用基孔制配合的原因是什么?

4.什么情况下应选用基轴制配合?

5.间隙配合、过盈配合和过渡配合各适用于何种场合? 每类配合在选定松紧程度时应考虑哪些因素?

6.以轴的基本偏差为依据,计算孔的基本偏差为何有通用规则和特殊规则之分?

7.什么是线性尺寸的未注公差? 其分为几个公差等级? 其极限偏差如何确定? 其表示方法是怎样的?

3 几何公差及其检测

(1)掌握几何公差的基本概念。

(2)掌握几何公差项目的符号及标注方法。

(3)理解并掌握几何公差带定义、特点。

(4)掌握几何误差的确定方法。

(5)理解并掌握两种公差原则:独立原则、相关要求的基本概念,并会分析应用。

(6)掌握几何公差的选用原则。

(7)掌握常见的几何误差检测方法。

3.1 概　述

零件在加工过程中不仅有尺寸误差,而且还会产生或大或小的形状误差和位置误差(简称几何误差),它们会影响机器、仪器、仪表、刀具、量具等各种机械产品的工作精度、联结强度、运动平稳性、密封性、耐磨性和使用寿命等,甚至还与机器在工作时的噪声大小有关。例如,圆柱形零件的圆度、圆柱度误差会使配合间隙不均,加剧磨损,或各部分过盈不一致,影响联结强度;机床导轨的直线度误差会使移动部件运动精度降低,影响加工质量;齿轮箱上各轴承孔的位置误差,将影响齿轮传动的齿面接触精度和齿侧间隙;轴承盖上各螺钉孔的位置不正确,会影响其自由装配等。

如图 3-1 所示,轴套加工后外圆可能产生以下误差:若外圆在垂直于轴线的正截面上不圆,即存在圆度误差,则会影响与相配合零件的配合性质稳定性;若外圆柱面上任一素线(是外圆柱面与圆柱轴向截面的交线)不直,即存在直线度误差,则同样影响与相配合零件的配合性质稳定性;而若外圆柱面的轴心线与孔的轴心线不重合,即存在同轴度误差,则会影响配合性质。

因此,为了保证机械产品的质量,保证零部件的互换性,应给定形状公差和位置公差,以限制几何误差。

现行国家标准主要有:

GB/T 1182—2018《产品几何技术规范(GPS)　几何公差　形状、方向、位置和跳动公差标注》。

GB/T 1184—1996《形状和位置公差　未注公差值》。

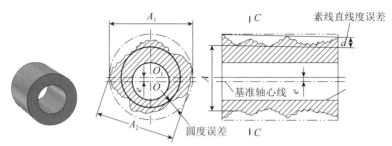

图 3-1　轴套加工后外圆的形状和位置误差

GB/T 4249—2018《产品几何技术规范(GPS)　基础　概念、原则和规则》。

GB/T 16671—2018《产品几何技术规范(GPS)　几何公差　最大实体要求(MMR)、最小实体要求(LMR)和可逆要求(RPR)》。

GB/T 13319—2020《产品几何技术规范(GPS)　几何公差　成组(要素)与组合几何规范》。

GB/T 1958—2017《产品几何技术规范(GPS)　几何公差　检测与验证》。

GB/T 17851—2010《产品几何技术规范(GPS)　几何公差　基准和基准体系》。

GB/T 17852—2018《产品几何技术规范(GPS)　几何公差　轮廓度公差标注》。

还有一系列的误差评定检测标准:

GB/T 11336—2004《直线度误差检测》。

GB/T 11337—2004《平面度误差检测》。

GB/T 4380—2004《圆度误差的评定　两点、三点法》。

GB/T 7234—2004《产品几何量技术规范(GPS)　圆度测量　术语、定义及参数》。

GB/T 7235—2004《产品几何量技术规范(GPS)　评定圆度误差的方法　半径变化量测量》。

GB/T 40742.1—2021《产品几何技术规范(GPS)　几何精度的检测与验证　第1部分:基本概念和测量基础　符号、术语、测量条件和程序》。

GB/T 40742.2—2021《产品几何技术规范(GPS)　几何精度的检测与验证　第2部分:形状、方向、位置、跳动和轮廓度特征的检测与验证》。

GB/T 40742.3—2021《产品几何技术规范(GPS)　几何精度的检测与验证　第3部分:功能量规与夹具　应用最大实体要求和最小实体要求时的检测与验证》。

GB/T 40742.4—2021《产品几何技术规范(GPS)　几何精度的检测与验证　第4部分:尺寸和几何误差评定、最小区域的判别模式》。

GB/T 40742.5—2021《产品几何技术规范(GPS)　几何精度的检测与验证　第5部分:几何特征检测与验证中测量不确定度的评估》。

3.1.1　形状公差和位置公差的研究对象

各种零件尽管几何特征不同,但都是由称为几何要素的点、线、面所组成。几何公差的研究对象是构成零件几何特征的点、线、面等几何要素,如图 3-2 所示。

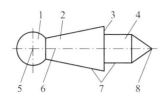

1—球面;2—圆锥面;3—端面;4—圆柱面;5—球心;6—轴线;7—素线;8—锥顶。

图 3-2 零件的几何要素

零件的几何要素可按不同的方式来分类。

3.1.1.1 按几何特征分

(1)组成要素(轮廓要素):面和面上的线,如球面、圆锥面、圆柱面、端面,以及圆柱面、圆锥面的素线。

(2)导出要素(中心要素):由一个或几个组成要素得到的中心点、中心线或中心面,如球心、轴线等。

(3)拟合组成要素:按规定的方法由提取组成要素形成的并具有理想形状的组成要素。

(4)拟合导出要素:由一个或几个拟合组成要素导出的中心点、轴线或中心平面。

3.1.1.2 按存在的状态分

(1)实际要素:零件上实际存在的要素。通常用测量得到的要素来代替实际要素。

(2)理想要素:具有几何学意义的要素,它们不存在任何误差。图样上表示的要素均为理想要素。

3.1.1.3 按在几何公差中所处的地位分

(1)被测要素:图样上给出形状或(和)位置公差的要素,是检测的要素。如图 3-3(a)中 $\phi16H7$ 孔的轴线、(b)中上平面。

(2)基准要素:用来确定被测要素方向或(和)位置的要素。理想基准要素简称为基准。基准要素在图样上都标有基准符号或基准代号,如图 3-3(a)中 $\phi30h6$ 的轴线、(b)中下平面 B。

3.1.1.4 按功能关系分

(1)单一要素:仅对被测要素本身给出形状公差要求的要素。

(2)关联要素:与零件上基准要素有功能关系并给出位置公差要求的要素。如图 3-3(a)中 $\phi16H7$ 孔的轴线,相对于 $\phi30h6$ 圆柱面轴线有同轴度公差要求,此时 $\phi16H7$ 的轴线属关联要素。同理,图 3-3(b)中上平面相对于下平面有平行度要求,故上平面属关联要素。

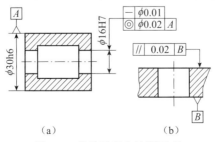

（a）　　　　　　　（b）

图 3-3 基准要素和被测要素

3.1.2 几何公差的特征项目及其符号

GB/T 1182—2018 规定公差框格内公差项目所使用的符号定义见表 3-1,公差带、要素与特征部分所使用的符号定义见表 3-2。

表 3-1 几何特征符号

公差	特征项目	符号	有或无基准要求	公差	特征项目	符号	有或无基准要求
形状公差	直线度	—	无	方向公差	线轮廓度	⌒	有
	平面度	▱	无		面轮廓度	⌓	有
	圆度	○	无	位置公差	位置度	⊕	有
	圆柱度	⌭	无		同轴(同心)度	◎	有或无
	线轮廓度	⌒	无		对称度	═	有
	面轮廓度	⌓	无		线轮廓度	⌒	有
方向公差	平行度	∥	有		面轮廓度	⌓	有
	垂直度	⊥	有	跳动公差	圆跳动	↗	有
	倾斜度	∠	有		全跳动	↗↗	有

表 3-2 附加符号

描述	符号	描述	符号
组合规范元素		公差框格	
组合公差带	CZ	无基准的几何规范标注	
独立公差带	SZ	有基准的几何规范标注	D
不对称公差带		状态的规范元素	
(规定偏置量的)偏置公差带	UZ	自由状态(非刚性零件)	Ⓕ
公差带约束		基准相关符号	
(未规定偏置量的)线性偏置公差带	OZ	基准要素标识	E
(未规定偏置量的)角度偏置公差带	VA	基准目标标识	⌀4/A1
导出要素		接触要素	CF
中心要素	Ⓐ	仅方向	><
延伸公差带	Ⓟ	实体状态	
被测要素标识符		最大实体要求	Ⓜ
区间	↔	最小实体要求	Ⓛ
联合要素	UF	可逆要求	Ⓡ
小径	LD	辅助要素标识符或框格	
大径	MD	任意横截面	ACS
中径/节径	PD	相交平面框格	◁ ∥ B
全周(轮廓)		定向平面框格	◁ ∥ B ▷
全表面(轮廓)		方向要素框格	← ∥ B
尺寸公差相关符号		组合平面框格	○ ∥ B
		理论正确尺寸符号	
包容要求	Ⓔ	理论正确尺寸(TED)	50

3.1.3 术语与定义

(1)几何公差带:由一个或两个理想的几何线要素或面要素所限定的,由一个或多个线性尺寸表示公差值的区域。

(2)相交平面:由工件的提取要素建立的平面,用于标识提取面上的线要素(组成要素或中心要素)或标识提取线上的点要素。

(3)定向平面:由工件的提取要素建立的平面,用于标识公差带的方向。

(4)方向要素:由工件的提取要素建立的理想要素,用于标识公差带宽度(局部偏差)的方向。

(5)组合连续要素:由多个单一要素无缝组合在一起的单一要素。

(6)组合平面:由工件上的要素建立的平面,用于定义封闭的组合连续要素。

(7)理论正确尺寸(theoretically exact dimension,TED):在 GPS 操作中用于定义要素理论正确几何形状、范围、位置与方向的线性或角度尺寸。TED 可以明确标注,或是缺省的。标注时,明确的 TED 可使用包含数值,还可用矩形框标注。缺省的 TED 可不标注。缺省的 TED 可以包括 0 mm,0°,90°,180°,270°以及在完整的图上均匀分布的要素之间的角度距离。

(8)理论正确要素(theoretically exact feature,TEF):具有理想形状,以及理想尺寸、方向与位置的公称要素。

(9)联合要素:由连续的或不连续的组成要素组合而成的要素,并将其视为一个单一要素。

TED 也用于确定基准体系中各基准之间的方向、位置关系。

TED 没有公差,并标注在一个方框中,如图 3-4(a)和(b)所示。

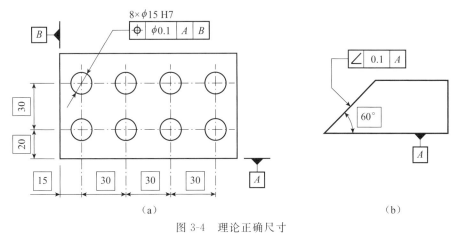

图 3-4 理论正确尺寸

3.1.4 几何公差的公差带

应按照功能要求规定几何公差,同时制造与检测的要求也会影响几何公差的标注。几何公差是图样中对几何要素的形状、位置提出精度要求时做出的表示。一旦有了这一标注,也就明确了被控制的对象(要素)是哪个,允许它有何种误差,允许的变动量(即公差值)有多大,范围在哪里,实际要素只要做到在这个范围之内就为合格。在此前提下,被测要素可以具有任意形状,也可以占有任何位置。这使几何要素(点、线、面)在整个被测范围内均受其控制。这一用来限制实际要素变动的区域就是几何公差带。该公差带是相对于参照要素构建的。该被测要素应限定在公差带范围之内,就表示该要素的形状和位置符合设计要求。既然是一个区域,则一定具有形状、大小、方向和位置4个特征要素。

为讨论方便,可以用图形来描绘允许实际要素变动的区域,这就是公差带图,它必须表明形状、大小、方向和位置关系。

3.1.4.1 公差带的形状

根据所规定的特征项目及其规范要求不同,公差带的主要形状如下:

(1)一个圆内区域。

(2)两同心圆间的区域。

(3)在一个圆锥面上的两平行圆之间的区域。

(4)两个直径相同的平行圆之间的区域。

(5)两条等距曲线或两条平行直线之间的区域。

(6)两条不等距曲线或两条不平行直线之间的区域。

(7)一个圆柱面内的区域。

(8)两同轴圆柱面之间的区域。

(9)一个圆锥面内的区域。

(10)一个单一曲面内的区域。

(11)两个等距曲面或两个平行平面之间的区域。

(12)一个圆球面内的区域。

(13)两个不等距曲面或两个不平行平面之间的区域。

公差带呈何种形状,取决于被测要素的形状特征、公差项目和设计时表达的要求。

在某些情况下,被测要素的形状特征就确定了公差带形状。例如,被测要素是平面,其公差带只能是两平行平面;被测要素是非圆曲面或曲线,其公差带只能是两等距曲面或两等距曲线。必须指出,被测要素要由所检测的公差项目确定,如在平面、圆柱面上要求的是直线度公差项目,则要做一截面得到被测要素,被测要素此时呈平面(截面)内的直线。

在多数情况下,除被测要素的特征外,设计要求对公差带形状起着重要的决定作用。如对于轴线,其公差带可以是两平行直线、两平行平面或圆柱面,视设计给出的是给定平面内、给定方向上或是任意方向上的要求而定。

有时,几何公差的项目就已决定了几何公差带的形状。如同轴度,由于零件孔或轴的轴线是空间直线,同轴要求必是指任意方向的,其公差带只有圆柱形一种。圆度公差带只可能是两同心圆,而圆柱度公差带则只有两同轴圆柱面一种。

3.1.4.2 公差带的大小

公差带的大小是指公差标注中公差值的大小,它是指允许实际要素变动的全量。它的大小表明形状位置精度的高低,按上述公差带的形状不同,可以是指公差带的宽度或直径,这取决于被测要素的形状和设计的要求,设计时可在公差值前加或不加符号 ϕ 加以区别。

对于同轴度和任意方向上的轴线直线度、平行度、垂直度、倾斜度和位置度要求,所给出的公差值应是直径值,公差值前必须加符号 ϕ。对于空间点的位置控制,有时要求任意方向控制,则用到球状公差带,则符号为 $S\phi$。

对于圆度、圆柱度、轮廓度(包括线和面)、平面度、对称度和跳动等公差项目,公差值只可能是宽度值。对于在一个方向上、两个方向上或一个给定平面内的直线度、平行度、垂直度、倾斜度和位置度所给出的一个或两个互相垂直方向的公差值,也均为宽度值。公差带的宽度或直径值是控制零件几何精度的重要指标。一般情况下,应根据 GB/T 1184—1996 来选择标准数值,如有特殊需要,也可另行规定。

3.1.4.3 公差带的方向

在评定几何误差时,形状公差带和位置公差带的放置方向直接影响到误差评定的正确性。对于形状公差带,其放置方向应符合最小条件(见几何误差评定)。对于方向、位置公差带,由于控制的是正方向,故其放置方向要与基准要素成绝对理想的方向关系,即平行、垂直或理论准确的其他角度关系。对于位置公差,除点的位置度公差外,其他控制位置的公差带都有方向问题,其放置方向由相对于基准的理论正确尺寸来确定。

3.1.4.4 公差带的位置

对于形状公差带,只是用来限制被测要素的形状误差,本身不做位置要求,如圆度公差带限制被测的截面圆实际轮廓圆度误差,至于该圆轮廓在哪个位置上、直径多大都不属于圆度公差控制之列,它们是由相应的尺寸公差控制的。实际上,只要求形状公差带在尺寸公差带内便可,允许在此范围内任意浮动。

对于方向公差带,强调的是相对于基准的方向关系,其对实际要素的位置是不做控制的,而是由相对于基准的尺寸公差或理论正确尺寸控制。如机床导轨面对床脚底面的平行度要求,它只控制实际导轨面对床脚底面的平行性方向是否合格,至于导轨面离地面的高度,由其对床脚底面的尺寸公差控制,被测导轨面只要位于尺寸公差内,且不超过给定的平行度公差带,就视为合格。因此,导轨面平行度公差带可移到尺寸公差带的上部位置,依被测要素离基准的距离不同,平行度公差带在尺寸公差带内可以上或下浮动变化。

对于位置公差带,强调的是相对于基准的位置(其必包含方向)关系,公差带的位置由相对于基准的理论正确尺寸确定,公差带是完全固定位置的。其中同轴度、对称度的公差带位置与基准(或其延伸线)位置重合,即理论正确尺寸为 0,而位置度则应在 x、y、z 坐标上分别给出理论正确尺寸。

形状公差(未标基准)的公差带的方向和位置一般是浮动的。方向公差带的方向固定,位置浮动。位置公差带的方向和位置都是固定的。

3.2 几何公差规范标注

3.2.1 概述

几何公差规范标注的组成包括公差框格,可选的辅助平面和要素框格以及可选的相邻标注(补充标注),如图 3-5 所示。

几何公差规范应使用参照线或指引线相连。如果没有可选的辅助平面或要素框格,参照线应与公差框格的左侧或右侧中点相连。此标注同时适用于二维和三维标注。

国家标准规定,在技术图样中几何公差应采用框格代号标注。无法采用框格代号标注时,才允许在技术要求中用文字加以说明,但应做到内容完整,用词严谨。

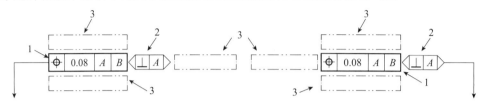

1—公差框格;2—辅助平面和要素框格;3—相邻标注。

图 3-5 几何公差规范标注的元素

3.2.1.1 公差框格

几何公差要求应标注在划分为两个或 3 个部分的矩形框格内。第三个部分可选的基准部分可包含 1~3 格,如图 3-6 所示,这些部分自左向右顺序排列。

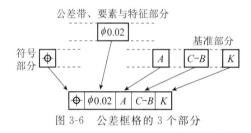

图 3-6 公差框格的 3 个部分

形状公差一般为两格,方向、位置、跳动公差一般为 3~5 格,框格中的内容从左到右顺序填写:几何特征符号;公差值(以 mm 为单位)和有关符号;基准字母及有关符号,如图 3-7 所示。若几何公差值的数字前加注有 ϕ 或 $S\phi$,则表示其公差带为圆形、圆柱形或球形。对于基准,用一个字母表示单个基准或用几个字母表示基准体系或公共基准。如果要求在几何公差带内进一步限定被测要素的形状,则应在公差值后加注相应的符号。

图 3-7 公差框格的 3 个部分

当某项公差应用于几个相同要素时,应在公差框格的上方被测要素的尺寸之前注明要素的个数,并在两者之间加上符号"×",如图 3-8(a)和(b)所示。

如果需要限制被测要素在公差带内的形状,则应在公差框格的下方注明,图 3-8(c)所示。

如果需要就某个要素给出几种几何特征的公差,则可将一个公差框格放在另一个的下面,如图 3-8(d)所示。

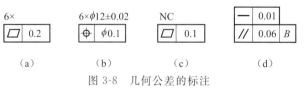

（a） （b） （c） （d）

图 3-8 几何公差的标注

3.2.1.2 指引线

公差框格用指引线与被测要素联系起来。指引线由细实线和箭头构成,它从公差框格的一端引出,并保持与公差框格端线垂直,引向被测要素时允许弯折,但不得多于两次。指引线的箭头应指向公差带的宽度方向或径向,如图3-9所示。

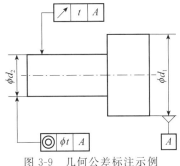

图3-9 几何公差标注示例

3.2.1.3 基准符号与基准代号

(1)基准符号:它为一个涂黑的或空白的三角形。涂黑的和空白的基准三角形含义相同。

(2)基准代号:由基准符号、方框、连线和字母组成。无论基准符号的方向如何,字母都应水平书写。基准在图样上的表达方式:是在基准部位标注基准代号,再将代号中代表基准名称的字母填在公差框格中,如图3-10所示。

图3-10 基准

单一基准要素的名称用大写英文字母 A、B、C……表示。为不致引起误解,字母 E、F、I、J、M、O、P、R 不得采用。公共基准名称由组成公共基准的两基准名称字母,在中间加一横线组成。在位置度公差中常采用三基面体系来确定要素间的相对位置,应将3个基准按第一基准、第二基准和第三基准的顺序从左至右分别标注在各小格中,而不一定是按 A、B、C……字母的顺序排列。3个基准面的先后顺序是根据零件的实际使用情况,按一定的工艺要求确定的。通常第一基准选取最重要的表面,加工或安装时由三点定位,其余依次为第二基准(两点定位)和第三基准(一点定位),基准的多少取决于对被测要素的功能要求。

3.2.2 被测要素的标注方法

设计要求给出几何公差的要素用带指示箭头的指引线与公差框格相连。框格可水平或垂直放置,从左到右或从下到上依次为公差项目符号、公差值、基准。指引线引出时必须与框格垂直,指向被测要素时必须注意:

(1)当几何公差规范指向组成要素时,该几何公差规范标注应当通过指引线与被测要素联结,并以下列方式之一终止:

①在二维标注中,指引线终止在要素的轮廓上或轮廓的延长线上(但与尺寸线明显分

离），如图 3-11(a)与 3-12(a)所示；若指引线终止在要素的轮廓或其延长线上，则以箭头终止。当标注要素是组成要素且指引线终止在要素的界限以内，则以圆点终止，如图 3-11(b)所示。当该面要素可见时，此圆点是实心的，指引线为实线；当该面要素不可见时，该点是空心的，指引线为虚线。该箭头可放在指引横线上，并指向该面要素，如图 3-13 所示。

②在三维标注中，指引线终止在组成要素上（但应与尺寸线明显分开），如图 3-11(b)与图 3-12(b)所示，指引线的终点为指向延长线的箭头以及组成要素上的点。当该面要素可见时，此点是实心的，指引线为实线；当该面要素不可见时，该点是空心的，指引线为虚线。指引线的终点可以是放在使用指引横线上的箭头，并指向该面要素，如图 3-12(b)所示。此时指引线终点为圆点的上述规则也可适用。

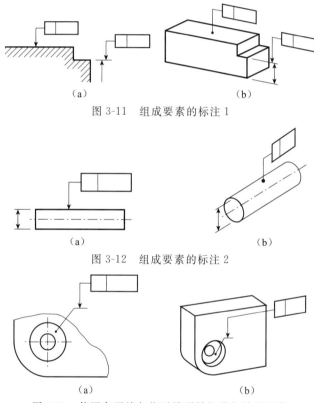

图 3-11　组成要素的标注 1

图 3-12　组成要素的标注 2

图 3-13　使用参照线与指引线联结规范与被测要素

（2）当几何公差规范适用于导出要素（中心线、中心面或中心点）时，应按如下方式之一进行标注：使用参照线，与指引线进行标注，并用箭头终止在尺寸要素的尺寸延长线上，如图 3-14 至图 3-16 所示；可将修饰符Ⓐ（中心要素）放置在回转体的公差框格内公差带、要素与特征部分。此时，指引线应与尺寸线对齐，可在组成要素上用圆点或箭头终止，如图 3-17 所示。

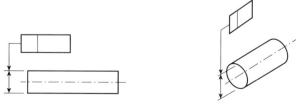

图 3-14　导出要素的标注 1

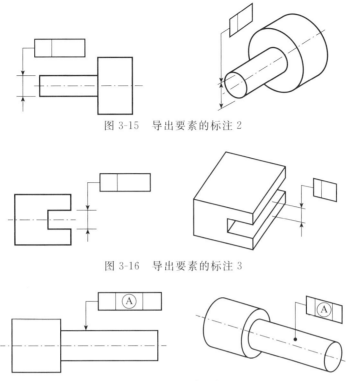

图 3-15　导出要素的标注 2

图 3-16　导出要素的标注 3

图 3-17　中心要素的标注

（3）需要对整个被测要素上任意限定范围标注同样几何特征的公差时，可在公差值的后面加限定范围的线性尺寸值，并在两者间用斜线隔开，如图 3-18（a）所法。如果标注的是两项或两项以上同样几何特征的公差，可直接在整个要素公差框格的下方放置另一个公差框格，如图 3-18（b）所示。

（a）　　　　　　　（b）

图 3-18　限定性规定的标注

（4）如果给出的公差仅适用于要素的某一指定局部，应采用粗点画线示出该局部的范围，并加注尺寸，如图 3-19 所示。

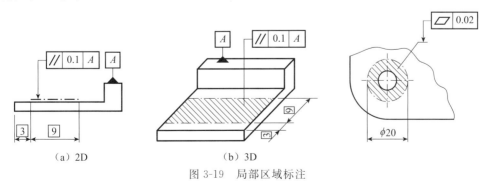

（a）2D　　　　　　　（b）3D

图 3-19　局部区域标注

(5)一个公差框格可以用于具有相同几何特征和公差值的若干个分离要素,如图 3-20 所示。若干个分离要素给出单一公差带时,可按图 3-20 在公差框格多的上方使用"$n\times$"的标注方式。如图 3-21 所示,组合公差带应用于多个独立的要素时,要求为组合公差带标注符号 CZ。

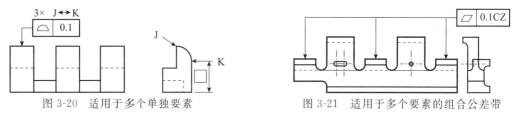

图 3-20 适用于多个单独要素   图 3-21 适用于多个要素的组合公差带

3.2.3 基准要素的标注方法

对关联被测要素的位置公差要求必须标明基准。

当以轮廓要素作为基准时,基准符号应靠近基准要素的轮廓线或其延长线上,且与轮廓的尺寸线明显错开,如图 3-22 所示;当以中心要素为基准时,基准连线应与相应的轮廓要素的尺寸线对齐,如图 3-23 所示。

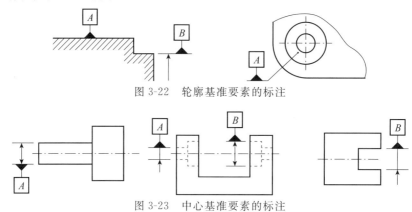

图 3-22 轮廓基准要素的标注

图 3-23 中心基准要素的标注

3.2.4 附加标记

如果轮廓度特征适用于横截面的整周轮廓或由该轮廓所示的整周表面时,应采用"全周"符号表示,如图 3-24 所示。图 3-24 中,"全周"符号并不包括整个工件的所有表面,图样上所标注的要求作为组合公差带,适用于在所有截面中的线 a、b、c 和 d。图 3-25 所标注的要求作为单独要求适用于 4 个面要素 a、b、c 和 d。图 3-26 所标注的要求适用于所有的面要素。

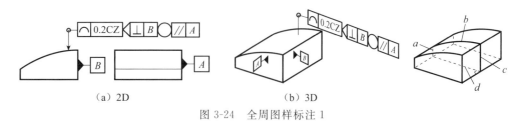

（a）2D   （b）3D

图 3-24 全周图样标注 1

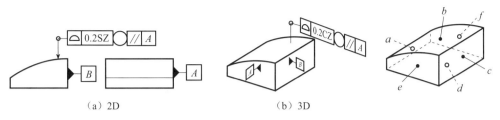

（a）2D　　　　　　　　　　　　　（b）3D

图 3-25　全周图样标注 2

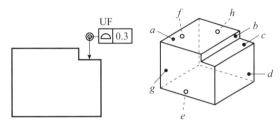

图 3-26　全周图样标注 3

以螺纹轴线为被测要素或基准要素时，默认为螺纹中径圆柱的轴线，否则应另有说明，如用"MD"表示大径，用"LD"表示小径，如图 3-27 所示。以齿轮、花键轴为被测要素或基准要素时，需说明所指的要素，如用"PD"表示节径，"MD"表示大径，"LD"表示小径。

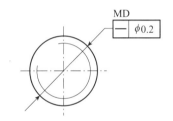

图 3-27　螺纹大径的规范标注

3.2.5　公差带

公差带的宽度方向为被测要素的方向，如图 3-28 所示，另有说明时除外，如图 3-29 所示。注意：指引线箭头的方向不影响对公差的定义。图 3-29 中，α 角应注出（即使它等于 90°）。圆度公差带的宽度应由垂直于公称轴线的平面内确定。

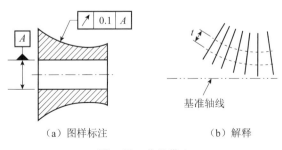

（a）图样标注　　　　　　　　　　（b）解释

图 3-28　公差带 1

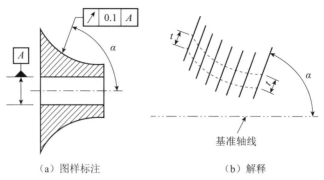

（a）图样标注　　　　　　　　　（b）解释

图 3-29　公差带 2

3.2.6　延伸公差带

延伸公差带用规范的附加符号Ⓟ表示，如图 3-30 所示。当采用虚拟的组成要素直接在图样上标注被测要素的投影长度，并以此表示延伸要素的相应部分时，该虚拟要素的标注方式应采用细长双点画线，同时延伸的长度应使用前面有修饰符Ⓟ的理论正确尺寸标注。此时公差带不在零件本身，而是零件外和配合件装配的位置。

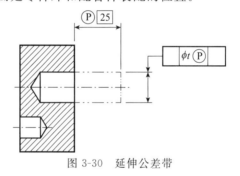

图 3-30　延伸公差带

3.3　形状公差

形状公差仅控制该被测要素的形状偏差。

形状公差指单一实际要素的形状所允许的变动全量。形状公差带指限制实际被测要素变动的一个区域。形状公差带只对被测要素的形状有要求，无方向、位置约束。

形状公差包括直线度、平面度、圆度和圆柱度。

3.3.1　直线度

直线度用以限制被测实际直线对其理想直线变动量的一项指标。被限制的直线可以是组成要素或导出要素，有平面内的直线、回转体的素线、平面与平面的交线和轴线等。

（1）在给定平面内的直线度，公差带是距离为公差值 t 的两平行直线间的区域。图 3-31 中，在由相交平面框格规定的平面内，上表面的提取（实际）线应限定在平行于基准 A 的给定平面内，与给定方向上、间距等于 0.1 mm 的两平行直线之间所限定的区域。

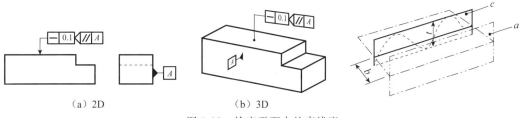

图 3-31　给定平面内的直线度

（2）在给定方向上的直线度,公差带是距离为公差值 t 的两平行平面间的区域。图 3-32 中,圆柱面的提取(实际)棱边应限定在间距等于 0.1 mm 的两平行面之间。

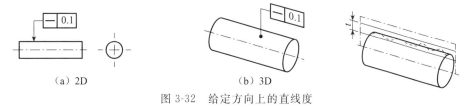

图 3-32　给定方向上的直线度

（3）在任意方向上的直线度,公差带是距离为直径 t 的圆柱面内的区域,在公差值前加注 ϕ。图 3-33 中,圆柱面的提取(实际)中心线应限定在直径等于 $\phi0.08$ mm 的圆柱面内。

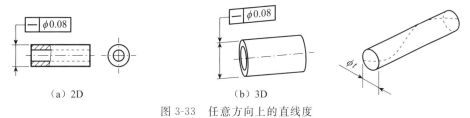

图 3-33　任意方向上的直线度

3.3.2　平面度

平面度用以限制实际表面对其理想平面变动量的一项指标。被测要素可以是组成要素或导出要素,平面度公差带是距离为公差值 t 的两平行平面之间的区域。图 3-34 中,提取 (实际)表面应限定在间距等于 0.08 mm 的两平行面之间。

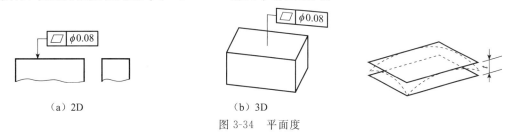

图 3-34　平面度

3.3.3　圆度

圆度用以限制实际圆对其理想圆变动量的一项指标,被测要素是组成要素。它是对圆柱面(圆锥面)的正截面和球体上通过球心的任一截面上提出的形状精度要求。圆度公差带是指在同一正截面上,半径差为公差值 t 的两同心圆之间的区域。图 3-35 中,在圆柱面和圆锥面的任意截面内,提取(实际)圆周应限定在半径差等于 0.03 mm 的两共面同心圆之间。

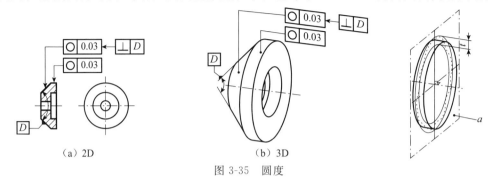

（a）2D （b）3D

图 3-35　圆度

注意:标注圆度时指引线箭头应明显地与尺寸线箭头错开;标注圆锥面的圆度时,指引线箭头应与轴线垂直,而不该指向圆锥轮廓线的垂直方向。

3.3.4　圆柱度

圆柱度用以限制实际圆柱面对其理想圆柱面变动量的一项指标,被测要素是组成要素。它是对圆柱面所有正截面和纵向截面方向提出的综合性形状精度要求。圆柱度公差可以同时控制圆度、素线直线度和两素线平行度等项目的误差。圆柱度公差带是指半径为 t 的两同轴圆柱面之间的区域。图 3-36 中,提取(实际)圆柱表面应限定在半径差等于 0.1 mm 的两同轴圆柱面之间。

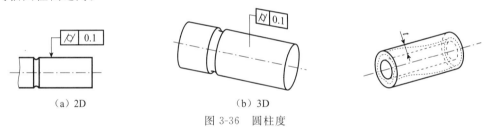

（a）2D （b）3D

图 3-36　圆柱度

3.3.5　线轮廓度

被测要素可以是组成要素或导出要素。线轮廓度是限制实际曲线对其理想曲线变动量的一项指标。线轮廓度公差带是包络一系列直径为公差值 t 的圆的两包络线之间的区域,诸圆圆心应位于理想轮廓线上。

图 3-37 中,在任一平行于基准平面 A 的截面内,提取(实际)轮廓线应限定在直径等于 0.04 mm、圆心位于理论正确几何形状上的一系列圆的两等距包络线之间,可使用 UF 表示组合要素上的 3 个圆弧部分应组成联合要素。

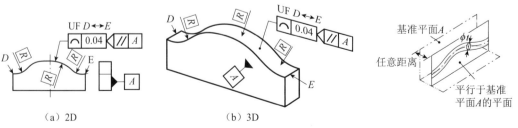

（a）2D （b）3D

图 3-37　与基准不相关的线轮廓度

3.3.6 面轮廓度

被测要素可以是组成要素或导出要素。面轮廓度是限制实际曲面对其理想曲面变动量的一项指标。面轮廓度公差带是包络一系列直径为公差值 t 的球的两包络面之间的区域，诸球球心位于理想轮廓面上。

图 3-38 中，提取(实际)轮廓面应限定在直径等于 0.02 mm，圆心位于被测要素理论正确几何形状上的一系列圆球的两等距包络面之间。

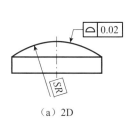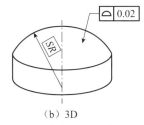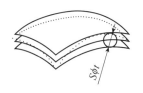

（a）2D　　　　　　　　　（b）3D

图 3-38　与基准不相关的面轮廓度

3.4　基准和基准体系

3.4.1　术语和定义

（1）方位要素(situation feature)：能确定要素方向和/或位置的点、直线、平面或螺旋线类要素。

（2）基准(datum)：用来定义公差带的位置和/或方向或用来定义实体状态的位置和/或方向(如最大实体要求、最小实体要求)的一个(组)方位要素。

（3）基准体系(datum system)：由两个或 3 个单独的基准构成的组合用来确定被测要素几何位置关系。

（4）基准要素(datum feature)：零件上用来建立基准并实际起基准作用的实际(组成)要素(如一条边、一个表面或一个孔)。由于基准要素的加工存在误差，因此在必要时应对其规定适当的形状公差。

（5）模拟基准要素(simulated datum feature)：在加工、检测过程中用来建立基准并与实际基准要素相接触，且具有足够精度的实际表面(如一个平板、一个支撑或一根心棒)。模拟基准要素是基准的实际体现。

（6）基准目标：零件上与加工、检测设备相接触的点、线或局部区域，用来体现满足功能要求的基准。

3.4.2　基准的建立

由于基准要素存在加工误差，它们通常表现为中凹、中凸或锥形等误差，此时可选用下列方法建立基准。

3.4.2.1　以一个组成要素做基准

例如，以一条直线或一个平面作为基准，如图 3-39 所示。采用模拟基准要素建立基准时,将基准要素放置在模拟基准要素(如平板)上,并使它们之间的最大距离为最小。若基准要素相对于接触表面不能处于稳定状态时,应在两表面之间加上距离适当的支承。对于线,就用两个支承,如图 3-39(a)所示,对于平面则用 3 个支承。

采用基准要素的拟合要素建立基准时,如图 3-39(b)所示,基准是拟合于基准要素的拟合组成要素。

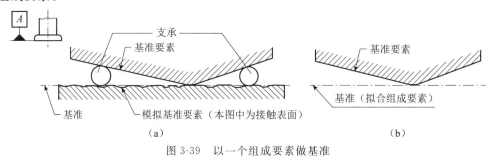

图 3-39　以一个组成要素做基准

3.4.2.2　以一个导出要素做基准

例如,以一个圆柱面的轴线作为基准,如图 3-40 所示。

采用模拟基准要素建立基准(如心棒),体现的是基准孔的最大内接圆柱面,基准即该圆柱面的轴心,此时圆柱面在任何方向的可能摆动量应均等,如图 3-40(a)所示。

采用基准要素的拟合要素建立基准时,基准是基准要素(实际孔)的拟合组成要素的导出要素(轴线),如图 3-40(b)所示。

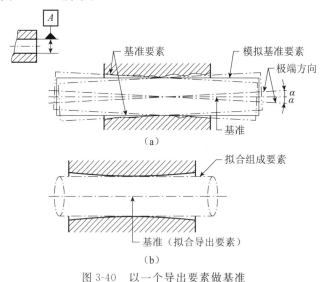

图 3-40　以一个导出要素做基准

3.4.2.3　以公共导出要素做基准

例如,以两个或两个以上的基准要素的公共导出要素作为基准,如图 3-41 所示。

采用模拟基准要素建立基准时,基准是同轴的两个模拟基准孔的最小外接圆柱面的公共轴线,如图 3-41(a)所示。

采用基准要素的拟合要素建立基准时,基准是基准要素 A、B 的拟合导出要素的公共轴线,如图 3-41(b)所示。

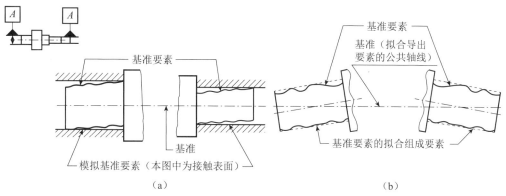

（a）   （b）

图 3-41　以公共导出要素做基准

3.4.2.4　以垂直于一个平面的一个圆柱面的轴线做基准

伽列,以平面基准 A 和垂直于 A 平面的圆柱面的轴线为基准 B 组成的基准体系,如图 3-42 所示。

图 3-42(a)中,基准 A 是模拟基准要素建立的平面基准,基准 B 是垂直于基准 A 的最大内接圆柱面(模拟基准轴)的导出要素(轴线)。

图 3-42(b)中,基准 A 是基准要素 A 的拟合组成要素,基准 B 是基准要素 B 的垂直于基准 A 的最大内接圆柱面的拟合导出要素(轴线)。

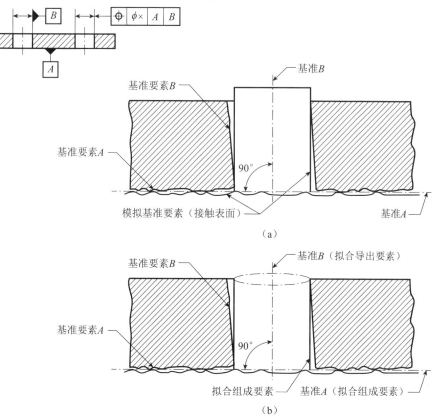

图 3.42　以垂直于一个平面的一个圆柱面的轴线做基准

3.5 方向公差

方向公差是关联实际要素对基准在方向上允许的变动全量。方向公差包括平行度、垂直度和倾斜度,3 个项目均有被测要素和基准要素,有直线和平面之分。因此,被测要素和基准要素之间有线对线、线对面、面对线和面对面 4 种形式。

3.5.1 平行度

被测要素可以是组成要素或是导出要素。平行度公差是限制实际要素对基准在平行方向上变动量的一项指标。此处仅引用国标中被测要素是直线的情况。

(1)相对于基准体系的中心线平行度:图 3-43 中,提取(实际)中心线应限定在间距等于 0.1 mm、平行于基准轴线 A 的两平行平面之间,限定公差带的平面均平行于由定向平面框格规定的基准平面 B。基准 B 为基准 A 的辅助基准。

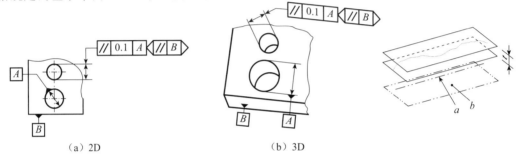

（a）2D	（b）3D

图 3-43 相对于基准体系的中心线平行度

(2)相对于基准直线的中心线平行度:图 3-44 中,提取(实际)中心线应限定在平行于基准轴线 A、直径等于 $\phi0.03$ mm 的圆柱面内。

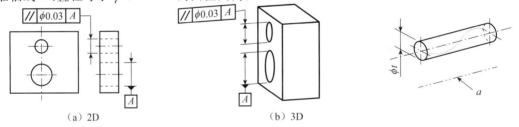

（a）2D	（b）3D

图 3-44 相对于基准直线的中心线平行度

(3)相对于基准面的中心线平行度:图 3-45 中,提取(实际)中心线应限定在平行于基准平面 B、间距等于 0.01 mm 的两平行平面之间。

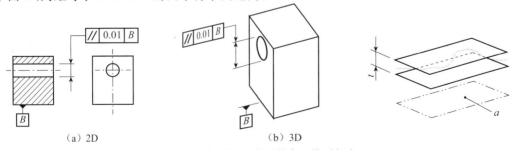

（a）2D	（b）3D

图 3-45 相对于基准面的中心线平行度

3.5.2 垂直度

被测要素可以是组成要素或是导出要素。垂直度公差是限制实际要素对基准在垂直方向上变动量的一项指标。此处仅引用国标中被测要素是平面的情况。

（1）相对于基准直线的平面垂直度：图 3-46 中，提取（实际）面应限定在间距等于 0.08 mm 的两平行平面之间。该两平行平面垂直于基准轴线 A。

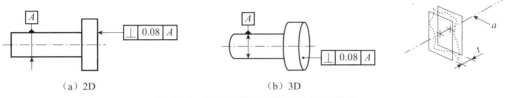

（a）2D　　　　　　　　　　　（b）3D

图 3-46　相对于基准直线的平面垂直度

（2）相对于基准面的平面垂直度：图 3-47 中，提取（实际）面应限定在间距等于 0.08 mm、垂直于基准平面 A 的两平行平面之间。

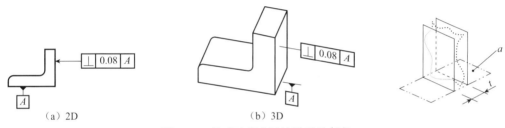

（a）2D　　　　　　　　　　　（b）3D

图 3-47　相对于基准面的平面垂直度

3.5.3 倾斜度

被测要素可以是组成要素或是导出要素。倾斜度公差是限制实际要素对基准在倾斜方向上变动量的一项指标。此处分别引用国标中被测要素是直线或平面的情况各一种。

（1）相对于基准直线的中心线倾斜度：图 3-48 中，提取（实际）中心线应限定在间距等于 0.08 mm 的两平行平面之间。该两平行平面按理论正确角度 60°倾斜于公共基准轴线 A-B。

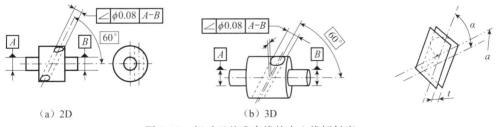

（a）2D　　　　　　　　　　　（b）3D

图 3-48　相对于基准直线的中心线倾斜度

（2）相对于基准面的平面倾斜度：图 3-49 中，提取（实际）表面应限定在间距等于 0.08 mm 的两平行平面之间。该两平行平面按理论正确角度 40°倾斜于基准平面 A。

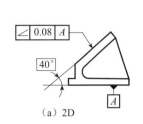
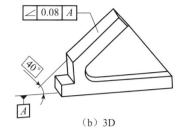
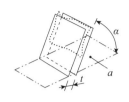

（a）2D　　　　　　　　　　（b）3D

图 3-49　相对于基准面的平面倾斜度

总之,方向公差带具有以下特点:一是方向公差带相对于基准有确定的方向,并且公差带的位置可以浮动。二是方向公差带具有综合控制被测要素的方向和形状的能力。

方向规范可控制该被测要素的方向与形状偏差,但不能控制其位置。

在保证使用要求的前提下,对被测要素给出方向公差后,通常不再对该要素提出形状公差要求。需要对被测要素的形状有进一步的要求时,可再给出形状公差,且形状公差值应小于方向公差值。

3.6　位置公差

位置公差指关联实际要素对基准在位置上允许的变动全量。位置公差包括位置度、同心度与同轴和对称度,3 个项目均有被测要素和基准要素。

3.6.1　位置度

被测要素可以是组成要素或是导出要素。位置度是限制被测要素(点、线、面)实际位置对其理想位置变动量的一项指标。

3.6.1.1　导出点的位置度

图 3-50 中,提取(实际)球心应限定在直径等于 $S\phi0.3$ mm 的圆球面内。该圆球面的中心与基准平面 A、基准平面 B、基准中心平面 C 及被测球所确定的理论正确位置一致。此处基准平面 A、基准平面 B、基准中心平面 C 是 3 个相互垂直的平面,组成了三基面体系,此时根据功能要求确定各基准的先后顺序。

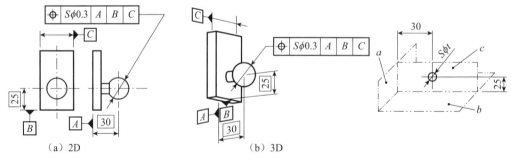

（a）2D　　　　　　　　　　（b）3D

图 3-50　导出点的位置度

3.6.1.2　中心线的位置度

图 3-51 中,各孔的提取(实际)中心线在给定方向上应各自限定在间距分别等于 0.05 mm

及 0.2 mm,且相互垂直的两平行平面内。每对平行平面的方向由基准体系确定,且对称于基准平面 C、A、B 及被测孔所确定的理论正确位置。

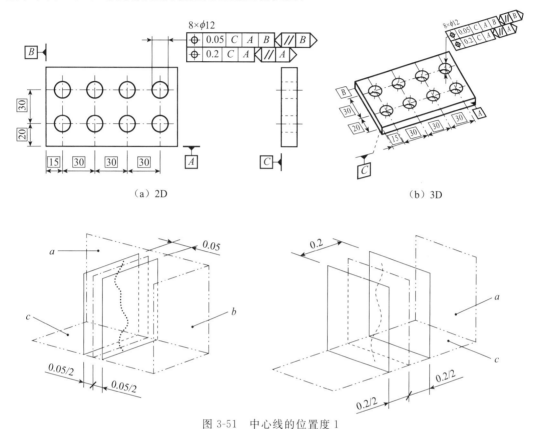

（a）2D   （b）3D

图 3-51   中心线的位置度 1

图 3-52 中,提取(实际)中心线应限定直径等于 $\phi0.08$ mm 的圆柱面内。该圆柱面的轴线应处于由基准平面 C、A、B 及被测孔所确定的理论正确位置。

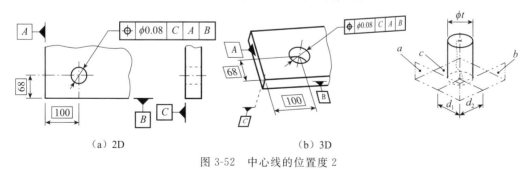

（a）2D   （b）3D

图 3-52   中心线的位置度 2

3.6.1.3   平表面的位置度

图 3-53 中,提取(实际)表面应限定在间距等于 0.05 mm 的两平行平面之间。该两平行平面对称于由基准平面 A、基准轴线 B 与被测表面所确定的理论正确位置。

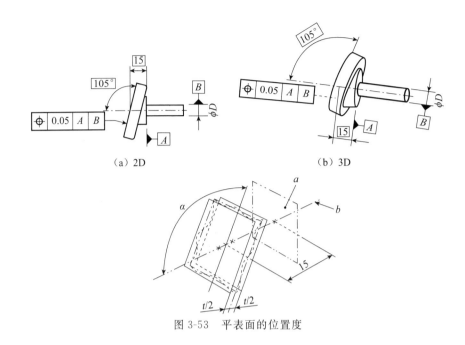

图 3-53　平表面的位置度

3.6.2　同心度与同轴度

被测要素可以是导出要素。同心度与同轴度是分别限制被测点或轴线偏离基准点或轴线的一项指标。

3.6.2.1　点的同心度

图 3-54 中,在任意横截面内,内圆的提取(实际)中心应限定在直径等于 $\phi 0.1$ mm、以基准点 A(在同一横截面内)为圆心的圆周内。其与导出点的位置度有两点区别:一是公差带的形状不同,前者是一个圆球内的区域,后者是一个圆内区域;二是前者有理论正确尺寸,后者的理论正确尺寸为零。

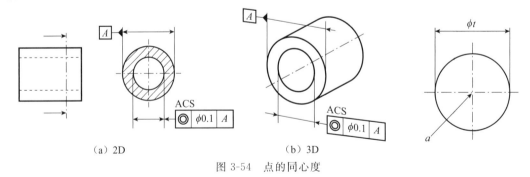

图 3-54　点的同心度

3.6.2.2　中心线的同轴度

图 3-55 中,被测圆柱的提取(实际)中心线应限定在直径等于 $\phi 0.08$ mm、以公共基准轴线 A-B 为轴线的圆柱面内。其理论正确尺寸为零。

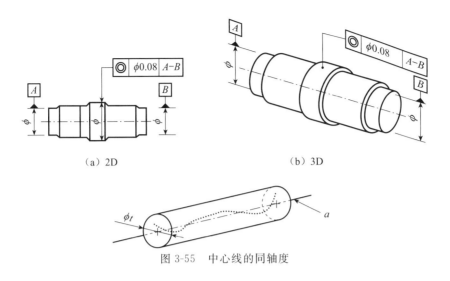

图 3-55 中心线的同轴度

3.6.3 对称度

被测要素可以是组成要素或导出要素。对称度是限制被测线、平面偏离基准直线、平面的一项指标。

图 3-56 中,提取(实际)中心面应限定在间距等于 0.08 mm、对称于公共基准平面 A-B 的两平行平面之间。

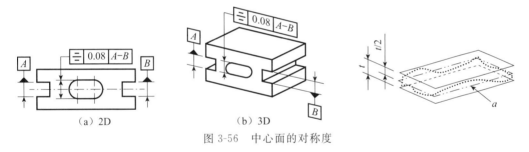

图 3-56 中心面的对称度

总之,位置公差带具有以下特点:一是位置公差带具有确定的位置,其中,位置度公差带的位置由理论正确尺寸确定,同轴度和对称度的理论正确尺寸为零,图上可省略不注。二是位置公差带具有综合控制被测要素位置、方向和形状的能力。被测关联要素相对基准的理想位置由理论正确尺寸和基准所确定。

在满足使用要求的前提下,给出被测要素的位置公差后,通常不再给出该要素的方向公差和形状公差。如果对方向和形状有进一步要求时,则可另行给出方向或形状公差,但其数值应小于位置公差值。

3.6.4 线轮廓度

图 3-57 中,在任一由相交平面框格规定的平行于基准平面 A 的截面内,提取(实际)轮廓线应限定在直径等于 0.04 mm、圆心位于由基准平面 A 与基准平面 B 确定的被测要素理论正确几何形状上的一系列圆的两等距包络线之间。

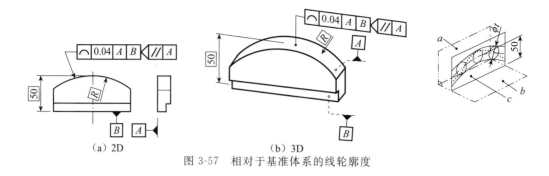

图 3-57 相对于基准体系的线轮廓度

3.6.5 面轮廓度

图 3-58 中,提取(实际)轮廓面应限定在直径等于 0.1 mm、球心位于由基准平面 A 确定的被测要素理论正确几何形状上的一系列圆球的两等距包络面之间。

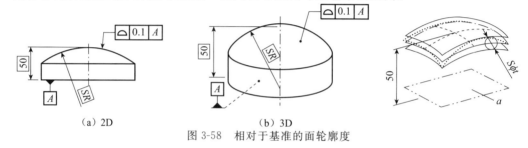

图 3-58 相对于基准的面轮廓度

总之,轮廓度公差的特点是它可能有基准,也可能没有基准,当它没有基准时,它呈现形状公差的特性,其公差带无方向、位置限制;当它有基准时,它呈现位置公差特性,其公差带位置受基准和理论正确尺寸限制。

3.7 跳动公差

跳动公差是指关联实际要素绕基准轴线回转一周或连续回转时所允许的最大跳动公差。跳动公差是以检测方式定出的公差项目,具有综合控制形状误差和位置误差的功能。跳动公差包括圆跳动公差和全跳动公差。

3.7.1 圆跳动公差

被测要素是组成要素,其公称被测要素的形状与属性由圆环线或一组圆环线明确给定,属线性要素。圆跳动公差指关联实际要素绕基准轴线回转一周时所允许的最大跳动量。跳动量是指示器在绕着基准轴线回转的被测表面上测得的。

按跳动的检测方向与基准轴线之间的位置关系不同,圆跳动可分为 3 种类型。

3.7.1.1 径向圆跳动

径向圆跳动的检测方向垂直于基准轴线。

图 3-59 中,在任一垂直于基准轴线 A 的横截面内,提取(实际)线应限定在半径差等于 0.1 mm、圆心在基准轴线 A 上的两共面同心圆之间。

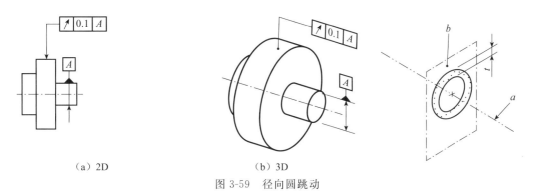

（a）2D　　　　　　　　（b）3D

图 3-59　径向圆跳动

3.7.1.2　轴向圆跳动

轴向圆跳动的检测方向平行于基准轴线。

图 3-60 中,在与基准轴线 D 同轴的任一圆柱形截面上,提取(实际)圆应限定在轴向距离等于 0.1 mm 的两个等圆之间。

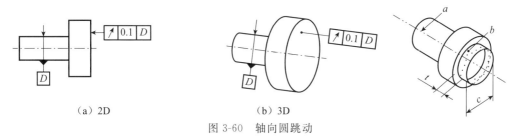

（a）2D　　　　　　　　（b）3D

图 3-60　轴向圆跳动

3.7.1.3　斜向圆跳动

斜向圆跳动的检测方向既不平行也不垂直于基准轴线,但一般应为被测表面的法线方向。

图 3-61 中,在与基准轴线 C 同轴的任一圆锥截面上,提取(实际)线应限定在素线方向间距等于 0.1 mm 的两不等圆之间,并且截面的锥角与被测要素垂直。

（a）2D　　　　　　　　（b）3D

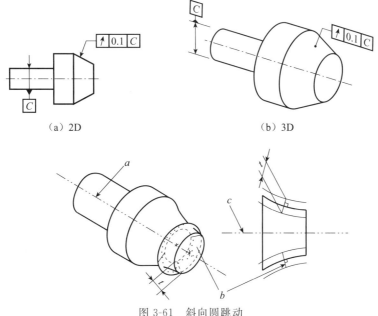

图 3-61　斜向圆跳动

3.7.2　全跳动公差

被测要素是组成要素,其公称被测要素的形状与属性为平面或回转体表面。全跳动公差指关联实际要素绕基准轴线连续回转时所允许的最大跳动量。全跳动包括径向全跳动和轴向全跳动。

3.7.2.1　径向全跳动

径向全跳动的运动方向与基准轴线垂直。径向公差带是半径为公差值 t 且与基准轴线同轴的两圆柱面之间的区域。

图 3-62 中,提取(实际)表面应限定在半径差等于 0.1 mm、与公共基准轴线 A-B 同轴的两圆柱面之间。

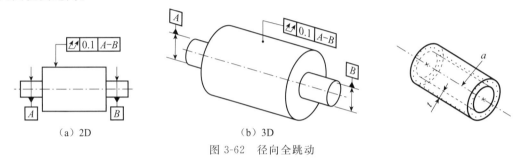

（a）2D	（b）3D

图 3-62　径向全跳动

3.7.2.2　轴向全跳动

轴向全跳动的运动方向与基准轴线平行。轴向全跳动公差带是距离为公差值 t 且与基准轴线垂直的两平行平面之间的区域。

图 3-63 中,提取(实际)表面应限定在间距等于 0.1 mm、垂直于基准轴线 D 的两平行平面之间。

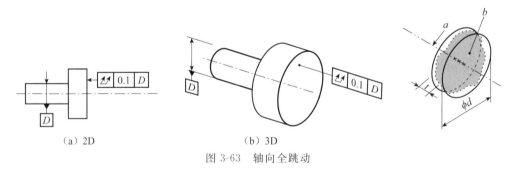

（a）2D	（b）3D

图 3-63　轴向全跳动

3.8　公差原则

3.8.1　有关术语及定义

(1)线性尺寸要素:拥有一个或多个本质特征的几何要素,其本质特征中只有一个可作为变量参数,其余的则是"单一参数族"的一部分,且遵守此参数的单一约束属性。例如,一个单一的圆柱孔或轴是线性尺寸要素,其线性尺寸是直径,两个相互平行的平表面是线性尺寸要素,其线性尺寸是这两个平行平面间的距离。

(2)实际(组成)要素:由接近实际(组成)要素所限定的工件实际表面的组成要素部分。

(3)提取导出要素:由一个或几个提取组成要素得到的中心点、中心线或中心面。

(4)提取组成要素:按规定方法,由实际(组成)要素提取优先数目的点所形成的实际(组成)要素的近似替代。

(5)拟合组成要素:按规定的方法由提取组成要素形成的并具有理想形状的组成要素。

(6)提取组成要素的局部尺寸:一切提取组成要素上两对应点之间距离的统称。为方便起见,可将提取组成要素的局部尺寸简称为提取要素的实际尺寸。

(7)最大实体状态(MMC):当尺寸要素的提取组成要素的局部尺寸处处位于极限尺寸且使其具有材料最多(实体最大)时的状态,如圆孔最小直径和轴最大直径。

(8)最大实体尺寸(MMS):确定要素最大实体状态的尺寸。内、外表面的最大实体尺寸分别用 D_M、d_M 表示,$D_M = D_{min}$,$d_M = d_{max}$。

(9)最小实体状态(least material condition,LMC):假定提取组成要素的局部尺寸处处位于极限尺寸且使其具有材料量最少(实体最小)时的状态,如圆孔最大直径和轴最小直径。

(10)最小实体尺寸(least material size,LMS):确定要素最小实体状态的尺寸。内、外表面的最小实体尺寸分别用 D_L、d_L 表示,$D_L = D_{max}$,$d_L = d_{min}$。

(11)最大实体实效尺寸(maximum material virtual size,MMVS):尺寸要素的最大实体尺寸(MMS)与其导出要素的几何公差(形状、方向或位置)共同作用产生的尺寸。对于外尺寸要素,MMVS=MMS+几何公差;对于内尺寸要素,MMVS=MMS-几何公差。

(12)最大实体实效状态(maximum material virtual condition,MMVC):拟合要素的尺寸为其最大实体实效尺寸时的状态。

(13)最小实体实效尺寸(least material virtual size,LMVS):尺寸要素的最小实体尺寸(LMS)与其导出要素的几何公差(形状、方向或位置)共同作用产生的尺寸。对于外尺寸要素,LMVS=LMS-几何公差;对于内尺寸要素,LMVS=LMS+几何公差。

(14)最小实体实效状态(least material virtual condition,LMVC):拟合要素的尺寸为其最小实体实效尺寸时的状态。

3.8.2 独立原则

(1)定义:每个要素的 GPS 规范或要素间关系的 GPS 规范与其他规范之间均相互独立,应分别满足。

(2)标注:不需要附加任何表示相互关系的符号。线性尺寸公差仅控制提取要素的局部尺寸,不控制提取圆柱面的奇数棱圆度误差以及由提取导出要素形状误差引起的提取要素的形状误差。

如图 3-64 所示,图(a)为一外圆柱面,仅标注了直径公差。此标注说明其提取圆柱面的局部直径必须位于 $\phi 149.96 \sim \phi 150$ mm 之间,线性公差尺寸(0.04 mm)不控制提取圆柱面的奇数棱圆度误差以及提取中心线直线度误差引起的提取圆柱面的素线直线度误差,如图(b)和(c)所示。不管实际尺寸为何值,素线的直线度误差都不允许大于 0.06 mm,表面的圆度误差都不允许大于 0.02 mm。

应用独立原则时,几何误差的数值用通用量具测量。

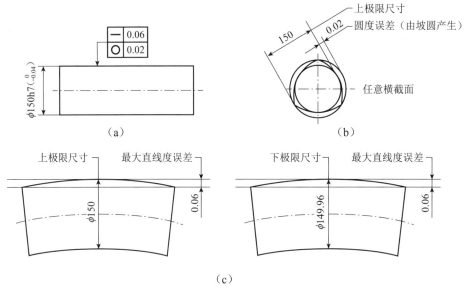

（c）

图 3-64　独立原则标注示例

3.8.3　包容要求

（1）定义:包容要求适用于单一要素,如圆柱表面或两平行对应面。提取组成要素不得超越其最大实体边界,其局部尺寸不得超出最小实体尺寸。

（2）标注:采用包容要求的单一要素应在其尺寸极限偏差或公差带代号之后加注符号 Ⓔ,如图 3-65 所示。顶杆圆柱表面必须在最大实体边界内,该边界的尺寸为最大实体尺寸 $\phi20.00$ mm,其局部实际尺寸不得小于 19.95 mm。这样在 $\phi20.00$ mm 以内,配合件是 $\phi20.01$ mm 以外,永远有 0.01 mm 的间隙,就可以满足装配要求了。

图 3-65　包容要求

3.8.4　最大实体要求

尺寸要素的非理想要素不得违反其最大实体实效状态(MMVC)的一种尺寸要素要求,也即尺寸要素的非理想要素不得超越其最大实体实效边界(maximum material virtual boundary,MMVB)的一种尺寸要素要求。最大实体要求(maximum material requirement,

MMR)用于控制工件的可装配性。

其 MMVC 或 MMVB 是和被测尺寸要素具有相同类型和理想形状的几何要素的极限状态,该极限状态的尺寸是 MMVS。

如图 3-66 和图 3-67 所示,一批样件由于其中一个零件位置度不好,无法按时交付,测量报告见表 3-3。

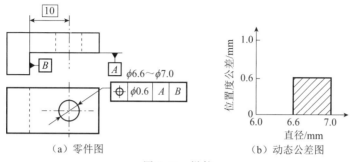

图 3-66 样件

（a）零件图   （b）动态公差图

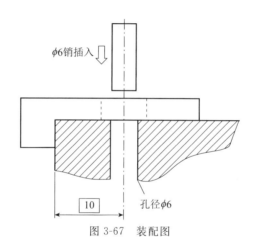

图 3-67 装配图

表 3-3 测量报告

序号	测量对象	尺寸公差/mm		几何公差/mm		判断
		规范值	实测值	规范值	实测值	
1	孔	6.6~7.0	6.6	0.6	0.8	不合格

为此,技术人员给出了解决方案,修改图样为图 3-68(a),公差带如图 3-68(b)所示,对比图 3-66 的公差带增加了一个三角形的面积。在几何公差值 0.6 mm后面增加了一个 Ⓜ,并解释为最大实体补偿。当孔变大、配合件的轴径不变时,孔中心位置可以多偏一点儿(图 3-69)。计算公式为

$$位置度允许值 = 位置度公差 + 孔的补偿值$$

孔的补偿值计算公式,即

$$孔的补偿值 = 孔实测直径 - 孔的 MMC$$

孔的补偿值:孔偏离最大实体时的数值正好等于孔的位置度得到的补偿值。

最大实体要求只适用于尺寸要素,主要用于满足可装配性,但无严格配合性质要求的场合。采用最大实体要求,可最大限度地提高零件制造的经济性。

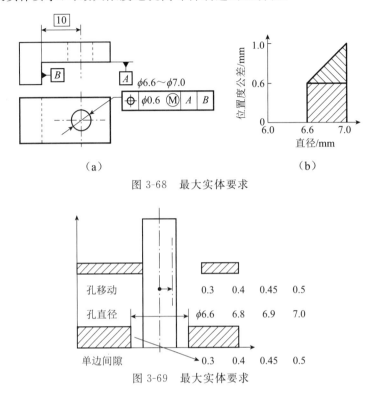

图 3-68　最大实体要求

图 3-69　最大实体要求

3.8.5　最小实体要求

尺寸要素的非理想要素不得违反其最小实体实效状态(LMVC)的一种尺寸要素要求,也即尺寸要素的非理想要素不得超越其最小实体实效边界(LMVB)的一种尺寸要素要求。成对使用的最小实体要求(least material requirement,LMR)可用于控制其最小壁厚。

某高压气管,设计要求管壁厚度不可小于 3 mm,否则可能因承受压力而破裂。产品设计如图 3-70 所示。其中一根管子经质量部检验为不合格,如图 3-71 所示,测量报告见表 3-4,但壁厚超过 3 mm,报废又太可惜,如何节约成本呢?

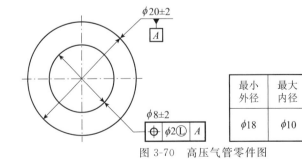

最小外径	最大内径	位置度	最小壁厚
φ18	φ10	2	3

图 3-70　高压气管零件图

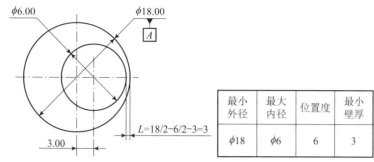

图 3-71　高压气管实测图

最小外径	最大内径	位置度	最小壁厚
$\phi18$	$\phi6$	6	3

表 3-4　测量报告

序号	规范值/mm	实测值/mm	判断
1	20±2	18	OK
2	8±2	6	OK
3	2	6	NG

　　当内孔在最小实体尺寸 10 mm 时,只能偏移 A 孔中心 1 mm,位置度允许值为 2 mm,壁厚为 3 mm;当内孔为 6 mm 时,壁厚也随之变大,在确保壁厚为 3 mm 时,内孔仍然可以多移动 2 mm(共移动 3 mm)。所以,当内孔偏离最小实体尺寸时,材料增多,内孔有更多的移动空间,并确保壁厚大于或等于 3 mm。因此,在几何公差值 2 mm 后面增加了一个Ⓛ,如图 3-72 所示,并解释为最小实体补偿。计算公式为

位置度允许值＝位置度公差＋孔的补偿值

孔的补偿值计算公式,即

孔的补偿值＝孔的 LMC－孔实测直径

　　孔的补偿值:孔偏离最小实体时的数值正好等于孔的位置度得到的补偿值。

　　如图 3-72 所示,当外径为 18 mm 时,为确保壁厚不小于 3 mm,内孔不能超出 $\phi12$ mm 的圆之外。如果内孔直径为最大值 10 mm(最小实体状态),则内孔可以多移动 1 mm;如果内孔直径为 8 mm,则内孔可以移动 2 mm;如果内孔直径为最小值 6 mm(最大实体状态),则内孔可以移动 3 mm。由于内孔的变小导致内孔有了更大的偏移量,最大可达到 3 mm,也就是最大位置度允许值 6 mm 时,这样就可以有一大批零件可用了,达到节约成本的目的。

　　最小实体要求只适用于尺寸要素,主要用于需保证零件的强度和最小壁厚的场合。

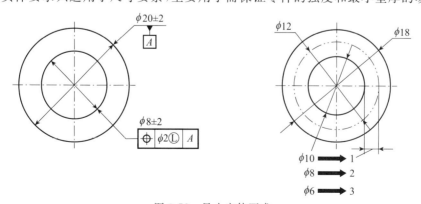

图 3-72　最小实体要求

3.8.6 可逆要求

可逆要求（reciprocity requirement, RPR）是最大实体要求（MMR）或最小实体要求（LMR）的附加要求，表示尺寸公差可以在实际几何误差小于几何公差之间的差值范围内相应地增大。在图样上用符号®标注在Ⓜ或Ⓛ之后，RPR仅用于被测要素。

在MMR或LMR附加RPR后，改变了尺寸要素的尺寸公差。RPR可以充分利用MMVC和LMVC的尺寸。在制造可能性的基础上，RPR允许尺寸和几何公差之间相互补偿。

3.9 未注几何公差

GB/T 1184—1996《形状和位置公差 未注公差值》规定的公差等级考虑了各类工厂的一般制造精度，如由于功能要求需对某个要素提出更高的公差要求时，应按照GB/T 1182的规定在图样上直接标注；更粗的公差要求只有对工厂有经济效益时才需注出。

采用未注公差的优点：图样易读，可高效地进行信息交换；节省设计时间，不用详细地计算公差值，只需了解某要素的功能是否允许大于或等于未注公差值；图样很清楚地指出哪些要素可以用一般加工方法加工，既保证质量又不需一一检测。对于大多数零件来说，注出几何公差值的要素是由于功能要求采用相应小的公差值，必然给生产带来特殊的效益，有利于安排生产、质量控制和检测。由于"工厂的常用精度"在合同生效前就已经知道，图样完整无疑，购买者和提供合同的工程师可更方便地进行谈判，避免购销间造成争论。

3.9.1 形状公差的未注公差值

（1）直线度和平面度：表3-5给出了直线度和平面度的未注公差值。在表3-5中选择公差值时，对于直线度应按其相应线的长度选择；对于平面度应按其表面的较长一侧或圆表面的直径选择。

表3-5 直线度和平面度的未注公差值

单位：mm

公差等级	基本长度范围/mm					
	≤10	>10~30	>30~100	>100~300	>300~1000	>1000~3000
H	0.02	0.05	0.1	0.2	0.3	0.4
K	0.05	0.1	0.2	0.4	0.6	0.8
L	0.1	0.2	0.4	0.8	1.2	1.6

（2）圆度：圆度的未注公差值等于标准的直径公差值，但不能大于径向圆跳动值。

（3）圆柱度：圆柱度的未注公差值不做规定。因为圆柱度误差由3个部分组成：圆度、直线度和相对素线的平行度误差，而其中每一项误差均由它们的注出公差或未注公差控制。

3.9.2 位置公差的未注公差值

（1）平行度：平行度的未注公差值等于给出的尺寸公差值，或是直线度和平面度未注公差值中的相应公差值取较大者，若两要素的长度相等则可选任一要素为基准。

（2）垂直度：表3-6给出了垂直度的未注公差值。取形成直角的两边中较长的一边作为基准，较短的一边作为被测要素；若两边的长度相等则可取其中的任意一边作为基准。

表3-6 垂直度的未注公差值

单位：mm

公差等级	基本长度范围/mm			
	≤100	>100～300	>300～1000	>1000～3000
H	0.2	0.3	0.4	0.5
K	0.4	0.6	0.8	1
L	0.6	1	1.5	2

（3）对称度：表3-7给出了对称度的未注公差值。应取两要素中较长者作为基准，较短者作为被测要素；若两要素的长度相等则可选任一要素作为基准。

表3-7 对称度的未注公差值

单位：mm

公差等级	基本长度范围/mm			
	≤100	>100～300	>300～1000	>1000～3000
H	0.5			
K	0.6		0.8	1
L	0.6	1	1.5	2

（4）同轴度：同轴度的未注公差值未做规定。在极限状况下，同轴度的未注公差值可以和表3-8中规定的径向圆跳动的未注公差值相等。应选两要素中的较长者作为基准，较短者作为被测要素；若两要素的长度相等则可选任一要素作为基准。

（5）圆跳动：表3-8给出了圆跳动（径向、轴向和斜向）的未注公差值。对于圆跳动的未注公差值，应以设计或工艺给出的支承面作为基准，否则应取两要素中的较长的一个作为基准；若两要素的长度相等则可选任一要素作为基准。

表3-8 圆跳动的未注公差值

公差等级	圆跳动公差值/mm
H	0.1
K	0.2
L	0.5

3.9.3 未注公差值的图样表示法

若采用GB/T 1184规定的未注公差值，应在标题栏附近或在技术要求、技术文件中注出标准号及公差等级代号:"GB/T 1184—×"。

3.10　几何公差的选择

零部件的几何误差对机器的正常使用有很大的影响,因此合理、正确地选择几何公差,对保证机器的功能要求、提高经济效益是十分重要的。

在图样上是否给出几何公差要求,可按下列原则确定:凡几何公差要求用一般机床加工能保证的,不必标出;凡几何公差有特殊要求,则应按标准规定标出几何公差。无论标注与否,零件都有几何精度要求。

3.10.1　几何公差项目的确定

几何公差项目的确定主要从被测要素的几何特征、使用要求、测量的方便性和特征项目本身的特点等综合考虑。在几何公差的 14 个项目中,有单项控制的公差项目,如圆度、直线度、平面度等,也有综合控制的公差项目,如圆柱度、位置公差各项,应该充分发挥综合控制项目的职能,以减少图样上给出的几何公差项目及相应的几何误差检测项目。

在满足功能要求的前提下,应选用测量简便的项目,如同轴度公差常常用径向圆跳动公差或径向全跳动公差代替。不过应注意,径向全跳动是同轴度误差与圆柱面形状误差的综合,故代替时,给出的全跳动公差值应略大于同轴度公差值,否则就会要求过严。

工程中应遵循跳级测量原则,因为几何公差分 4 类:跳动公差、位置公差、方向公差和形状公差,它们的关系是跳动管控位置、位置管控方向、方向管控形状。所以,平行度大于平面度,平行度合格,平面度一定合格。

3.10.2　基准要素的选择

(1)基准部位的选择:选择基准部位时,主要应根据设计和使用要求,零件的结构特征,并兼顾基准统一等原则进行。从加工、检测角度考虑,尽量使所选基准与位置基准、检测基准、装配基准重合。根据装配关系,应选相互配合、相互接触的表面为各自的基准。

(2)基准数量的确定:一般来说,应根据公差项目的方向、位置几何功能要求来确定基准的数量。

(3)基准顺序的安排:当选用两个或 3 个基准要素时,就要明确基准要素的次序,并按顺序填入公差框格中。

3.10.3　几何公差值的确定

3.10.3.1　公差值的选用原则

几何公差等级的选用原则与尺寸公差选用原则相同,即在满足零件功能要求的前提下,尽量选用低的公差等级。

根据零件的功能要求,并考虑加工的经济性和零件的结构、刚性等情况,按表 3-9 中数系确定要素的公差值,并考虑下列情况:

表 3-9　位置度数系

单位:μm

1	1.2	1.5	2	2.5	3	4	5	6	8
1×10^n	1.2×10^n	1.5×10^n	2×10^n	2.5×10^n	3×10^n	4×10^n	5×10^n	6×10^n	8×10^n

注:n 为正整数。

(1)在同一要素给出的形状公差值应小于位置公差值。如要求平行的两个表面,其平面度公差值应小于平行度公差值。

(2)圆柱形零件的形状公差值(轴线的直线度除外)一般情况下应小于其尺寸公差值。

(3)平行度公差值应小于相应的距离公差值。

对于下列情况,考虑到加工的难易程度和除主参数外其他参数的影响,在满足零件功能要求下,适当降低 1～2 级选用。

(1)孔相对于轴。

(2)细长、比较大的轴或孔。

(3)距离较大的轴或孔。

(4)宽度较大(一般大于 1/2 长度)的零件表面。

(5)线对线和线对面相对于面对面的平行度。

(6)线对线和线对面相对于面对面的垂直度。

凡有关标准已对几何公差做出规定的,如与滚动轴承相配的轴和壳体孔的圆柱度公差、机床导轨的直线度公差、齿轮箱体孔的轴线的平行度公差等,都应按相应的标准确定。

3.10.3.2　几何公差等级

GB/T 1184—1996 规定:

(1)直线度、平面度、平行度、垂直度、倾斜度、同轴度、对称度、圆跳动、全跳动公差分为 1～12 共 12 级,公差精度依次降低,公差值按序递增,见表 3-10～表 3-12;圆度、圆柱度分 0～12 共 13 级,精度依次降低,公差值按序递增,见表 3-13,以便适应精密零件的需要。位置度公差值按表 3-9 中数系选用。

表 3-10　直线度、平面度

主参数 L 示例

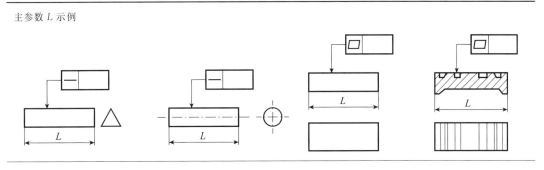

续表

主参数 L/mm	公差等级											
	1	2	3	4	5	6	7	8	9	10	11	12
	公差值/μm											
≤10	0.2	0.4	0.8	1.2	2	3	5	8	12	20	30	60
>10～16	0.25	0.5	1	1.5	2.5	4	6	10	15	25	40	80
>16～25	0.3	0.6	1.2	2	3	5	8	12	20	30	50	100
>25～40	0.4	0.8	1.5	2.5	4	6	10	15	25	40	60	120
>40～63	0.5	1	2	3	5	8	12	20	30	50	80	150
>63～100	0.6	1.2	2.5	4	6	10	15	25	40	60	100	200
>100～160	0.8	1.5	3	5	8	12	20	30	50	80	120	250
>160～250	1	2	4	6	10	15	25	40	60	100	150	300
>250～400	1.2	2.5	5	8	12	20	30	50	80	120	200	400
>400～630	1.5	3	6	10	15	25	40	60	100	150	250	500
>630～1000	2	4	8	12	20	30	50	80	120	200	300	600
>1000～1600	2.5	5	10	15	25	40	60	100	150	250	400	800
>1600～2500	3	6	12	20	30	50	80	120	200	300	500	1000
>2500～4000	4	8	15	25	40	60	100	150	250	400	600	1200
>4000～6300	5	10	20	30	50	80	120	200	300	500	800	1500
>6300～10000	6	12	25	40	60	100	150	250	400	600	1000	2000

表 3-11　平行度、垂直度、倾斜度

主参数 L，$d(D)$ 示例

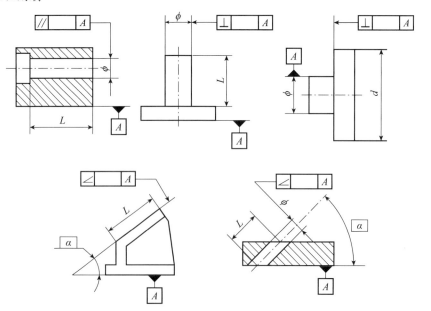

续表

主参数 L,d(D)/mm	公差等级											
	1	2	3	4	5	6	7	8	9	10	11	12
	公差值/μm											
≤10	0.4	0.8	1.5	3	5	8	12	20	30	50	80	120
>10~16	0.5	1	2	4	6	10	15	25	40	60	100	150
>16~25	0.6	1.2	2.5	5	8	12	20	30	50	80	120	200
>25~40	0.8	1.5	3	6	10	15	25	40	60	100	150	250
>40~63	1	2	4	8	12	20	30	50	80	120	200	300
>63~100	1.2	2.5	5	10	15	25	40	60	100	150	250	400
>100~160	1.5	3	6	12	20	30	50	80	120	200	300	500
>160~250	2	4	8	15	25	40	60	100	150	250	400	600
>250~400	2.5	5	10	20	30	50	80	120	200	300	500	800
>400~630	3	6	12	25	40	60	100	150	250	400	600	1000
>630~1000	4	8	15	30	50	80	120	200	300	500	800	1200
>1000~1600	5	10	20	40	60	100	150	250	400	600	1000	1500
>1600~2500	6	12	25	50	80	120	200	300	500	800	1200	2000
>2500~4000	8	15	30	60	100	150	250	400	600	1000	1500	2500
>4000~6300	10	20	40	80	120	200	300	500	800	1200	2000	3000
>6300~10000	12	25	50	100	150	250	400	600	1000	1500	2500	4000

表 3-12 同轴度、对称度、圆跳动、全跳动

主参数 $d(D)$、B、L 示例

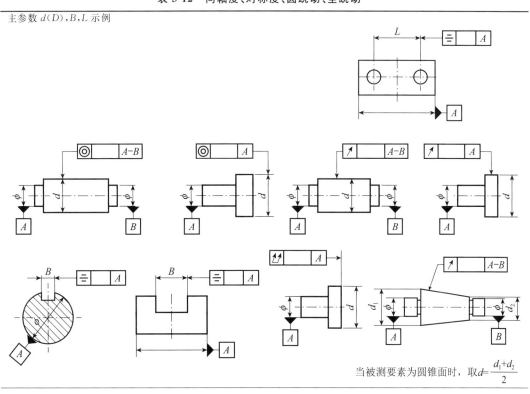

当被测要素为圆锥面时，取 $d=\dfrac{d_1+d_2}{2}$

续表

主参数 $d(D)$, B, L/mm	公差等级											
	1	2	3	4	5	6	7	8	9	10	11	12
	公差值/μm											
≤1	0.4	0.6	1.0	1.5	2.5	4	6	10	15	25	40	60
>1~3	0.4	0.6	1.0	1.5	2.5	4	6	10	20	40	60	120
>3~6	0.5	0.8	1.2	2	3	5	8	12	25	50	80	150
>6~10	0.6	1	1.5	2.5	4	6	10	15	30	60	100	200
>10~18	0.8	1.2	2	3	5	8	12	20	40	80	120	150
>18~30	1	1.5	2.5	4	6	10	15	25	50	100	150	300
>30~50	1.2	2	3	5	8	12	20	30	60	120	200	400
>50~120	1.5	2.5	4	6	10	15	25	40	80	150	250	500
>120~250	2	3	5	8	12	20	30	50	100	200	300	600
>250~500	2.5	4	6	10	15	25	40	60	120	250	400	800
>500~800	3	5	8	12	20	30	50	80	150	300	500	1000
>800~1250	4	6	10	15	25	40	60	100	200	400	600	1200
>1250~2000	5	8	12	20	30	50	80	120	250	500	800	1500
>2000~3150	6	10	15	25	40	60	100	150	300	600	1000	2000
>3150~5000	8	12	20	30	50	80	120	200	400	800	1200	2500
>5000~8000	10	15	25	40	60	100	150	250	500	1000	1500	3000
>8000~10000	12	20	30	50	80	120	200	300	600	1200	2000	4000

表 3-13 圆度、圆柱度

主参数 $d(D)$ 示例

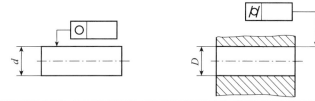

主参数 $d(D)$/ mm	公差等级												
	0	1	2	3	4	5	6	7	8	9	10	11	12
	公差值/μm												
≤3	0.1	0.2	0.3	0.5	0.8	1.2	2	3	4	6	10	14	25
>3~6	0.1	0.2	0.4	0.6	1	1.5	2.5	4	5	8	12	18	30
>6~10	0.12	0.25	0.4	0.6	1	1.5	2.5	4	6	9	15	22	36
>10~18	0.15	0.25	0.5	0.8	1.2	2	3	5	8	11	18	27	43

主参数 d(D)/ mm	公差等级												
	0	1	2	3	4	5	6	7	8	9	10	11	12
	公差值/μm												
>18～30	0.2	0.3	0.6	1	1.5	2.5	4	6	9	13	21	33	52
>30～50	0.25	0.4	0.6	1	1.5	2.5	4	7	11	16	25	39	62
>50～80	0.3	0.5	0.8	1.2	2	3	5	8	13	19	30	46	74
>80～120	0.4	0.6	1	1.5	2.5	4	6	10	15	22	35	54	87
>120～180	0.6	1	1.2	2	3.5	5	8	12	18	25	40	63	100
>180～250	0.8	1.2	2	3	4.5	7	10	14	20	29	46	72	115
>250～315	1.0	1.6	2.5	4	6	8	12	16	23	32	52	81	130
>315～400	1.2	2	3	5	7	9	13	18	25	36	57	89	140
>400～500	1.5	2.5	4	6	8	10	15	20	27	40	63	97	155

3.10.4　公差原则的选择

公差原则根据部件的装配及性能要求进行选择。尺寸、形状分别要求的可采用独立原则;要求保证配合最小间隙及采用量规检验的零件可采用包容要求;只要求可装配性的配合零件可采用最大实体原则。

应根据被测要素的功能要求,充分发挥公差的职能和采取该公差原则的可行性、经济性。

(1)独立原则:用于尺寸精度与几何精度要求相差较大,需分别满足要求,或两者无联系,保证运动精度、密封性、未注公差等场合。运用此原则时,需通用计量器具分别检测零件的尺寸和几何误差,检测较不方便。

(2)包容要求:主要用于需要严格保证配合性质的场合。运用此原则时,可用光滑极限量规来检测实际尺寸和体外作用尺寸,检测方便。

(3)最大实体原则:用于中心要素,一般用于相配件要求为可装配性(无配合性质要求)的场合。运用此原则时,其实际尺寸用两点法测量,体外作用尺寸用功能量规进行检验,其检测方法简单易行。

(4)最小实体原则:主要用于需要保证零件强度和最小壁厚等场合。运用此原则时,一般采用测量壁厚或要素间的实际距离等近似方法。

(5)可逆原则:与最大(最小)实体原则联用,能充分利用公差带,扩大了被测要素实际尺寸的范围,提高了效益。在不影响使用性能的前提下可以选用。

3.10.5　几何公差选用标注示例

图 3-73 所示为减速器的输出轴,根据对该轴的功能要求,给出了有关几何公差。

(1)ϕ55j6 圆柱面:两 ϕ55j6 轴颈与滚动轴承内圈配合,为了保证配合性质,故采用包容要求;按 GB/T 275—2015《滚动轴承　配合》规定,与 0 级轴承配合的轴颈,为保证轴承套圈的几何精度,查表 3-13 确定圆柱度公差值为 0.005 mm。该两轴颈安装上滚动轴承后,将分别与减速箱体的两孔配合,需限制轴颈的同轴度误差,以免影响轴承外圈和箱体孔的配合。从检测的可能性和经济性分析,可用径向圆跳动公差代替同轴度公差,参照表 3-12 确定公差等级为 7 级,其公差值为 0.025 mm。

(2)φ56r6、φ45m6 圆柱面:分别与齿轮和带轮配合,为保证配合性质,也采用包容要求;为保证齿轮的正确啮合,均规定了对两 φ55j6 圆柱面公共轴线的径向圆跳动公差,公差等级仍取 7 级,公差值分别为 0.025 mm 和 0.020 mm。

(3)键槽 12N9 和键槽 16N9:查表 3-12,对称度公差数值均按 8 级给出,其公差值为 0.02 mm。

(4)φ62 处左右两轴肩为齿轮、轴承的位置面,应与轴线垂直,参考 GB/T 275—1993 的规定,提出两轴肩端面圆跳动的公差等级取为 6 级,查表 3-12,其公差值为 0.015 mm。

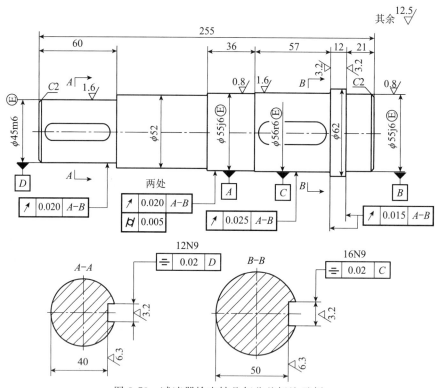

图 3-73 减速器输出轴几何公差标注示例

3.11 实训三 圆度误差的测量

圆度误差是指在圆柱面、圆锥面、球或圆环形回转体的同一正截面上实际被测轮廓对拟合圆的变动量。圆度是形状公差。本节先对形状误差及其评定进行介绍。

3.11.1 形状误差及其评定

形状误差是被测要素的提取要素对其理想要素的变动量。理想要素的形状由理论正确尺寸或/和参数化方程定义,理想要素的位置由对被测要素的提取要素进行拟合得到。拟合的方法有最小区域法(Chebyshev,切比雪夫法)、最小二乘法、最小外接法和最大内切法等。如果工程图样上无相应的符号专门规定,获得理想要素位置的拟合方法一般缺省为最小区域法。

最小区域法是指采用切比雪夫法对被测要素的提取要素进行拟合得到理想要素位置的方法,即被测要素的提取要素相对于理想要素的最大距离为最小。采用该理想要素包容被测要素的提取要素时,具有最小宽度 f 或直径 d 的包容区域为最小包容区域(简称最小区域),如图 3-74 所示。

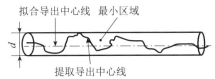

图 3-74 形状误差值为最小包容区域的直径

评定圆度误差时,包容区域为两同心圆间的区域,实际圆轮廓应至少有内、外交替 4 点与两包容圆接触,如图 3-75 所示。

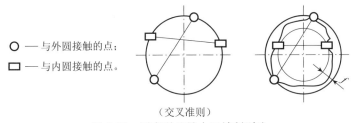

○ —— 与外圆接触的点;

□ —— 与内圆接触的点。

(交叉准则)

图 3-75 圆度误差最小区域判别法

3.11.2 圆度误差的测量

3.11.2.1 实训目的

圆度测量是生产实践中应用较广泛的一种测量方法。圆度仪广泛应用于轴承行业、机械加工、电机、汽配、精密五金、精密工件、刀具、模具、光学元件等行业,适用于各种环形工件的圆度测量,并给出零件的偏心及相位。本实训目的在于掌握圆度测量方法。

3.11.2.2 实训内容

安装被测件,测量不同截面的圆度误差,判断工件的合格性。

3.11.2.3 实训仪器

多功能圆度快检仪、试件。

3.11.2.4 实训步骤

(1)取出箱子里的电源线,联结仪器右侧下方电源孔,并接入 220 V 电源。

(2)取出箱子里的传感器联结线,接入仪器左下方孔位,如图 3-76 所示。

(3)将传感器装在微调部位(传感器侧头可以根据实际需求调换方向)。

(4)打开机台右后下方电源开关开机。

(5)打开屏幕右边绿色开机按钮。

(6)等待 20 s 直至触摸屏上弹出测量界面。

(7)调节三爪卡盘将被测工件外圆或内圆(根据实际工件大小)夹在卡盘中间,并锁紧。

(8)调节传感器,将测头轻轻接触被测物表面(内圆或外圆表面),测头与被测工件表面调整范围最理想角度为 15°左右,同时注意观测屏幕右上角实时数据变化,最理想范围将绿色条调到+300 μm 左右或者绿色条码框中间位置。

(9)按屏幕开始检测键,工作台开始测量,自动转动两周(注意:由于传感器测头调节后,刚开始接触被测物表面后张力的作用,数据略有跳动,因此建议先测试几次,取最稳定的值)。

(10)触摸屏测量界面:系统快速采集分析数据,屏幕右方开始显示圆度值、偏心值,左方显示实时数据和数据分析功能。

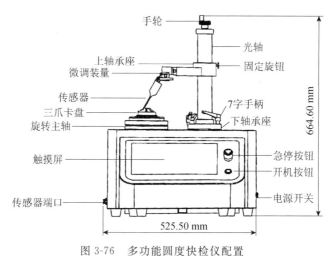

图 3-76 多功能圆度快检仪配置

3.11.2.5 实验记录

试件圆度图像,圆度误差值。

3.11.2.6 思考题

(1)环形零件的圆度误差如何测量?

(2)分析圆度误差检验操作集的构成。

3.12 实训四 跳动误差的检测

3.12.1 跳动误差

跳动是一项综合误差,该误差根据被测要素是线要素或是面要素分为圆跳动和全跳动。

圆跳动是任一被测要素的提取要素绕基准轴线做无轴向移动的相对回转一周时,测头在给定计值方向上测得的最大与最小示值之差。

全跳动是被测要素的提取要素绕基准轴线做无轴向移动的相对回转一周,同时测头沿给定方向的理想直线连续移动过程中,由测头在给定计值方向上测得的最大与最小示值之差。

如图 3-77 所示,被测工件通过心轴安装在两同轴顶尖之间,两同轴顶尖的中心线体现基准轴线;测量中,当被测工件绕基准回转一周中,指示表不做轴向(或径向)移动时,可测得圆跳动,做轴向(或径向)移动时,可测得全跳动。

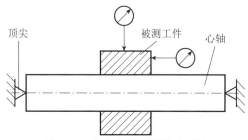

顶尖　　被测工件　　心轴

图 3-77　径向和端面圆跳动测量

3.12.2　径向圆跳动、轴向圆跳动测量

3.12.2.1　实训目的

跳动测量是生产实践中应用较广泛的一种测量方法,检测方式简单实用,又具有一定的综合控制功能。本实训目的是:

(1)掌握几何公差检测原则中的跳动原则。

(2)学会百分表的使用。

(3)学会测量主轴回转误差。

3.12.2.2　实训内容

(1)模拟建立理想检测基准。

(2)径向圆跳动、轴向窜动的测量。

(3)根据指示表读数值,确定各种跳动量。

3.12.2.3　实训仪器

车床、测量表架、百分表(千分表)。

3.12.2.4　实训方法

将圆柱体工件夹持在主轴三爪卡盘上,以工件模拟主轴,采用跳动原则,看指示表读数,确定跳动量。

3.12.2.5　实训步骤

(1)径向圆跳动测量:

将指示表安装在表架上,指示表头接触被测圆柱表面,指针指示不得超过指示表量程的1/3,测头与轴线垂直,指示表调零。

轻轻使被测工件回转一周,指示表读数的最大差值即为单个测量截面上的径向跳动。

按上述方法在若干个正截面上测量,分别记录,取各截面上测得的跳动量中的最大值作为该零件的径向圆跳动。

（2）轴向圆跳动测量：

将指示表测头与被测工件端面接触，注意指示表指针指示不得超过指示表量程的1/3，指示表调零。

轻轻转动被测工件一周，指示表读数最大差值即为单个测量圆柱面上的端面圆跳动。

按上述方法，在任意半径处测量若干个圆柱面，取各测量圆柱面上测得的跳动中最大值作为该零件的端面圆跳动。

3.12.2.6　实训记录表

所测数据填入表 3-14 中。

表 3-14　径向圆跳动、轴向圆跳动记录

单位：×0.01 mm

测量次数	测量数据	
	径向圆跳动	轴向圆跳动
1		
2		
3		
4		
最大值		

3.12.2.7　思考题

（1）实验过程中基准如何体现？

（2）分析圆跳动误差检验操作集的构成。

3.13　实训五　三坐标测量仿真实训项目

3.13.1　方向误差及其评定

方向误差是被测要素的提取要素对具有确定方向的理想要素的变动量。理想要素的方向由基准（和理论正确尺寸）确定。当方向公差值后面带有最大内切Ⓧ、最小外接Ⓝ、最小二乘Ⓒ、最小区域Ⓖ、贴切Ⓣ等符号时，表示的是被测要素的拟合要素的方向公差要求，否则，是指对被测要素本身的方向公差要求。

图 3-78 所示为对贴切要素的平行度要求，符号Ⓣ表示 GB/T 1958—2017 对被测要素的拟合要素的方向公差要求。在上表面被测长度范围内，采用贴切法对被测要素的提取要素（或滤波要素）进行拟合得到被测要素的拟合要素（贴切要素），对该贴切要素相对于基准要素 A 的平行度公差值为 0.1 mm。

方向误差值用定向最小包容区域（简称定向最小区域）的宽度 f 或直径 d 表示。定向最小区域是指用由基准和理论正确尺寸确定方向的理想要素包容被测要素的提取要素时，具有最小宽度 f 或直径 d 的包容区域，如图 3-79 所示。各方向误差项目的定向最小区域形状分别与各自的公差带形状一致，但宽度（或直径）由被测提取要素本身决定。

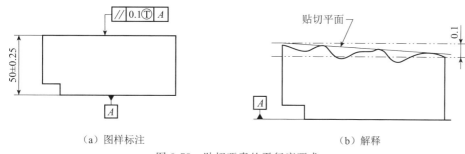

（a）图样标注　　　　　　　　　　（b）解释

图 3-78　贴切要素的平行度要求

（a）误差值为最小区域的宽度　　　　　　（b）误差值为最小区域的直径

图 3-79　定向最小区域

3.13.2　位置误差及其评定

位置误差是被测要素的提取要素对具有确定位置的理想要素的变动量,理想要素的位置由基准和理论正确尺寸确定。

位置误差值用定位最小包容区域(简称定位最小区域)的宽度 f 或直径 d 表示。定位最小区域是指用由基准和理论正确尺寸确定位置的理想要素包容被测要素的提取要素时,具有最小宽度 f 或直径 d 的包容区域,如图 3-80 所示。各位置误差项目的定位最小区域形状分别与各自的公差带形状一致,但宽度(或直径)由被测提取要素本身决定。

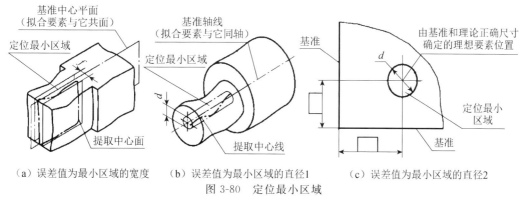

（a）误差值为最小区域的宽度　（b）误差值为最小区域的直径1　（c）误差值为最小区域的直径2

图 3-80　定位最小区域

3.13.3　三坐标测量机工作原理

三坐标测量机(coordinate measuring machine,CMM),是典型的现代化仪器设备,它由机械系统和电子系统两大部分组成,涵盖了几乎所有的普通尺寸测量、数据处理、外形分析等现代测量任务。

3.13.3.1 CMM 的工作原理

CMM 是基于坐标测量的通用化数字测量设备。它首先将各被测几何要素的测量转化为对这些几何要素上一些点集坐标位置的测量,在测得这些点的坐标位置后,再根据这些点的空间坐标值,经过数学处理方法求出其尺寸和位置误差。

要测量工件上一圆柱孔的直径,可以在垂直于轴孔线的截面 I 内,触测内孔壁上 3 个点(点 1、2、3),则根据这 3 点的坐标值就可以计算出孔的直径及圆心坐标;如果在该截面内触测更多的点(点 $1,2,\cdots,n,n$ 为测点数),则可根据最小二乘法或最小条件法计算出该截面圆的圆度误差;如果对多个垂直于孔轴线的截面圆(I 、II 、$\cdots,m,m$ 为测量的截面圆数)进行测量,则根据测得点的坐标值可计算出孔的圆柱度误差以及各截面圆的圆心坐标,再根据各圆心坐标值又可计算出孔轴线位置;如果再在孔端面 A 上触测 3 点,则可计算出孔轴线对端面的位置度误差。由此可见,CMM 的这一工作原理使得其具有很大的通用性与柔性。

从原理上说,它可以测量任何工件的任何几何元素的任何参数。

3.13.3.2 CMM 的使用范围

(1)几何尺寸测量:可完成点、线、面、孔、球、圆柱、圆锥、槽、抛物面、环的几何尺寸测量,同时可测出相关的形状误差。

(2)几何元素构造:通过测量相关尺寸,可构造出未知的点、线、面、孔、球、圆柱、圆锥、槽、抛物面、环等,并计算出它们的几何尺寸和形状误差。

(3)计算元素间的关系:通过测量一些相关尺寸,可计算出元素间的距离、相交、对称、投影、角度等关系。

(4)位置误差检测:可完成平行度、垂直度、同轴度、位置度等位置误差的测量。

(5)几何形状扫描:用 SCAN3D 软件包可对工件进行扫描测量。

3.13.3.3 三坐标测量机的优劣势

(1)优点:非常适合普通尺寸的测量;测量简单、精确、可靠、柔性好;通过后续不同的数据处理软件包可实现不同的分析功能。

(2)缺点:造价比较昂贵;不适合做大范围的动态测量;频响不可能太快。

正因为如此,本节主要针对三坐标测量虚拟仿真项目介绍几何误差的测量实训项目。

3.13.4 三坐标测量虚拟仿真实训项目

3.13.4.1 系统组成

三坐标仿真测量实训系统 Direct-Training 由三坐标测量软件 Direct-DMIS、三坐标仿真设备 Direct-VCMM 以及三坐标仿真运动控制器 Direct-VMC 组成,应用部署灵活、方便且经济可行,操作与学习方便、简单、安全。

将仿真三坐标机器程序安装在一台计算机上,测量软件安装在另一台计算机上,两台计算机在局域网内联网,也可以配置大规格的液晶电视机,提高仿真测量机的显示效果。

3.13.4.2 手动测量"真实"零件

将有"制造偏差"的零件放置到工作台面后,可以用手柄移动仿真测量机测量零件上的点、边、面、圆、弧、圆柱、圆锥、球、键槽、曲线、曲面以及组合面的几何尺寸与形位公差,以及可以学习如何建立零件坐标系、定义输出格式和输出报告形式,完整掌握手动测量的相关操作技能。

3.13.4.3 公差评价

学习对已测量的元素进行公差评价,其中包括尺寸公差、距离公差、角度公差、平行度公差、垂直度公差、倾斜度公差、形状公差、坐标公差、跳动公差、全跳动公差、位置度公差等,支持独立原则、包容要求、最大实体原则以及最小实体原则等公差原则。

3.13.4.4 输出测量报告

查看某个被测元素的尺寸数据,定义图形标签格式,定义文本输出格式,掌握报告的查看、输出(pdf 格式、Excel 格式)以及打印等功能。

思考题

1.比较测同一被测要素时,下列公差项目间的区别和联系:
(1)圆度公差与圆柱度公差。
(2)圆度公差与径向圆跳动公差。
(3)同轴度公差与径向圆跳动公差。
(4)直线度公差与平面度公差。
(5)平面度公差与平行度公差。
(6)平面度公差与端面全跳动公差。
2.哪些形位公差的公差值前应该加注"ϕ"?
3.几何公差带由哪几个要素组成?形状公差带、方向公差带、位置公差带、跳动公差带的特点各是什么?
4.国家标准规定了哪些公差原则或要求?它们主要用在什么场合?

4 表面粗糙度及其检测

(1)从微观几何误差的角度正确理解表面粗糙度的含义。

(2)了解表面粗糙度对零件功能的影响。

(3)理解并掌握有关术语和定义。

(4)理解并掌握表面粗糙度评定参数的定义。

(5)熟练掌握表面粗糙度轮廓技术要求在零件图上标注的方法。

(6)了解表面粗糙度的选用原则和方法。

4.1 概 述

表面粗糙度是表征零件表面在加工后形成的由较小间距的峰谷组成的微观几何特征。表面粗糙度越小,则表面越光滑。表面粗糙度参数值的大小对零件的使用性能和寿命有直接影响,主要表现在以下几方面:①影响零件的耐磨性:表面越粗糙,摩擦系数就越大,而结合面的磨损越快。②影响配合性质的稳定性:对间隙配合来说,表面越粗糙,越易磨损,使工作过程中间隙增大;对过盈配合来说,由于装配时将微观凸峰挤平,减小了实际过盈,从而降低了联结强度;对于过渡配合来说,表面粗糙度也会使配合变松。③影响零件的疲劳强度、结合密封性。④影响零件的抗腐蚀性能。⑤对零件的外观、测量精度、表面光学性能、导电导热性能和胶合强度等也有着不同程度的影响。

现行国家标准主要有:

GB/T 3505—2009《产品几何技术规范(GPS) 表面结构 轮廓法 术语、定义及表面结构参数》。

GB/T 1031—2009《产品几何技术规范(GPS) 表面结构 轮廓法 表面粗糙度参数及其数值》。

GB/T 131—2006《产品几何技术规范(GPS) 技术产品文件中表面结构的表示法》。

GB/T 10610—2009《产品几何技术规范(GPS) 表面结构 轮廓法 评定表面结构的规则和方法》。

还有一系列的评定检测标准,如:

GB/T 18618—2009《产品几何技术规范(GPS) 表面结构 轮廓法 图形参数》。

GB/T 33523.1—2020《产品几何技术规范(GPS) 表面结构 区域法 第1部分:表面

结构的表示法》。

GB/T 33523.2—2017《产品几何技术规范(GPS) 表面结构 区域法 第 2 部分:术语、定义及表面结构参数》。

GB/T 33523.6—2017《产品几何技术规范(GPS) 表面结构 区域法 第 6 部分:表面结构测量方法的分类》。

GB/T 33523.701—2017《产品几何技术规范(GPS) 表面结构 区域法 第 701 部分:接触(触针)式仪器的校准与测量标准》。

4.1.1 表面结构的术语和定义

机械零件表面精度所研究和描述的对象是零件的表面形貌特性,国标规定用轮廓法确定表面结构(粗糙度、波纹度和原始轮廓)。在测量粗糙度、波纹度和原始轮廓的仪器中使用 3 种滤波器,它们具有 GB/T 18777 规定的相同的传输特性,但截止波长不同。

如图 4-1 所示,λ_s 轮廓滤波器是确定存在于表面上的粗糙度与比它更短的波的成分之间相交界限的滤波器。λ_c 轮廓滤波器是确定粗糙度与波纹度之间相交界限的滤波器。λ_f 轮廓滤波器是确定存在于表面上的波纹度与比它更长的波的成分之间相交界限的滤波器。

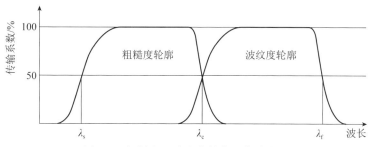

图 4-1 粗糙度和波纹度轮廓的传输特性

如图 4-2 所示,表面轮廓是一个指定平面与实际表面相交所得的轮廓。原始轮廓是通过 λ_s 轮廓滤波器后的总轮廓,即评定原始轮廓参数的基础。粗糙度轮廓是对原始轮廓采用 λ_c 轮廓滤波器抑制长波成分以后形成的轮廓,是经过人为修正的轮廓。波纹度轮廓是对原始轮廓连续应用 λ_f 和 λ_c 两个轮廓滤波器以后形成的轮廓,即采

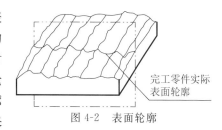

图 4-2 表面轮廓

用 λ_f 轮廓滤波器抑制长波成分,而采用 λ_c 轮廓滤波器抑制短波成分,也是经过人为修正的轮廓。

中线是具有几何轮廓形状并划分轮廓的基准线。

原始轮廓中线是在原始轮廓上按照标称形状用最小二乘法拟合确定的中线。

取样长度是在 X 轴方向判别评定轮廓度不规则特征的长度。标准中采用右旋笛卡尔坐标系,X 轴与中线方向一致,Y 轴处于实际表面中,而 Z 轴则在从材料到周围介质的外延方向上。评定粗糙度和波纹度轮廓的取样长度 l_r 和 l_w 在数值上分别与 λ_c 和 λ_f 轮廓滤波器的截止波长相等。原始轮廓的取样长度 l_p 等于评定长度。

评定长度 l_n 用于评定被评定轮廓的 X 轴方向上的长度。评定长度包含一个或几个取样长度。

4.1.2 几何参数术语

(1) P 参数、R 参数、W 参数:分别在原始轮廓、粗糙度轮廓、波纹度轮廓上计算所得的参数。

(2) 轮廓峰:被评定轮廓上联结轮廓与 X 轴两相邻交点的向外(从材料到周围介质)的轮廓部分。

(3) 轮廓谷:被评定轮廓上联结轮廓与 X 轴两相邻交点的向内(从周围介质到材料)的轮廓部分。

(4) 高度和/或间距分辨力:应计入被评定轮廓的轮廓峰和轮廓谷的最小高度和最小间距。

(5) 轮廓单元:如图 4-3 所示,轮廓峰和相邻轮廓谷的组合。

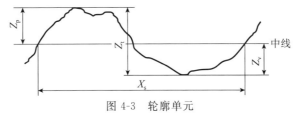

图 4-3　轮廓单元

(6) 纵坐标值:被评定轮廓在任一位置距 X 轴的高度。若纵坐标值位于 X 轴下方,该高度被视作负值,反之则为正值。

(7) 局部斜率 $\left(\dfrac{\mathrm{d}Z}{\mathrm{d}X}\right)$:如图 4-4 所示,评定轮廓在某一位置 x_i 的斜率。

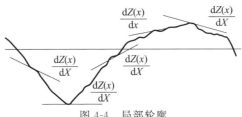

图 4-4　局部轮廓

(8) 轮廓峰高(Z_p):如图 4-3 所示,轮廓峰的最高点距 X 轴的距离。

(9) 轮廓谷深(Z_v):如图 4-3 所示,轮廓谷的最低点距 X 轴的距离。

(10) 轮廓单元高度(Z_t):如图 4-3 所示,一个轮廓单元的轮廓峰高与轮廓谷深之和。

(11) 轮廓单元宽度(X_s):如图 4-3 所示,一个轮廓单元与 X 轴相交线段的长度。

(12) 在水平截面高度 c 上轮廓的实体材料长度[$M_\mathrm{l}(c)$]:如图 4-5 所示,在一个给定水平截面高度 c 上用一条平行于 X 轴的线与轮廓单元相截所获得的各段线长度之和。

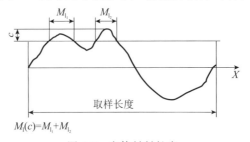

$M_\mathrm{l}(c)=M_{\mathrm{l}_1}+M_{\mathrm{l}_2}$

图 4-5　实体材料长度

4.1.3 表面轮廓参数定义

4.1.3.1 幅度参数(峰和谷)

(1)最大轮廓峰高(P_p、R_p、W_p):如图 4-6 所示,在一个取样长度内,最大的轮廓峰高 Z_p。

(2)最大轮廓谷深(P_v、R_v、W_v):如图 4-6 所示,在一个取样长度内,最大的轮廓谷深 Z_v。

(3)轮廓最大高度(P_z、R_z、W_z):如图 4-6 所示,在一个取样长度内,最大轮廓峰高与最大轮廓谷深之和 R_z。

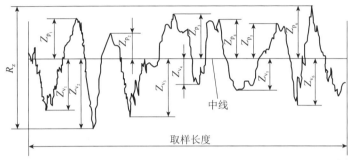

图 4-6 最大轮廓峰高、最大轮廓谷深、轮廓最大高度(以粗糙度轮廓为例)

(4)轮廓单元的平均高度(P_c、R_c、W_c):如图 4-7 所示,在一个取样长度内轮廓单元高度 Z_t 的平均值。

$$P_c、R_c、W_c = \frac{1}{m}\sum_{i=1}^{m}Z_{t_i}$$

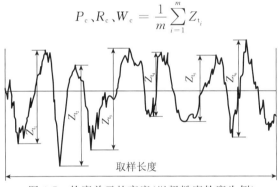

图 4-7 轮廓单元的高度(以粗糙度轮廓为例)

(5)轮廓总高度(P_t、R_t、W_t):在评定长度内最大轮廓峰高与最大轮廓谷深之和。

4.1.3.2 幅度参数(纵坐标平均值)

(1)评定轮廓的算术平均偏差(P_a、R_a、W_a):在一个取样长度内纵坐标值 $Z(x)$ 绝对值的算术平均值。

$$P_a、R_a、W_a = \frac{1}{l}\int_0^l |Z(x)|\,dx$$

依据不同情况,式中的 $l = l_p$、l_r 或 l_w。

(2)评定轮廓的均方根偏差(P_q、R_q、W_q):在一个取样长度内纵坐标值 $Z(x)$ 均方根值。

$$P_q、R_q、W_q = \sqrt{\frac{1}{l}\int_0^l Z^2(x)\,dx}$$

依据不同情况,式中的 $l = l_p$、l_r 或 l_w。

（3）评定轮廓的偏斜度（P_{sk}、R_{sk}、W_{sk}）:在一个取样长度内纵坐标值 $Z(x)$ 三次方的平均值分别与 P_q、R_q 或 W_q 的三次方的比值。它是纵坐标值概率密度函数的不对称性的测定,受独立的峰或独立的谷的影响很大。

$$R_{sk} = \frac{1}{R_q^3}\left[\frac{1}{l_r}\int_0^{l_r} Z^3(x)\,\mathrm{d}x\right]$$

（4）评定轮廓的陡度（P_{ku}、R_{ku}、W_{ku}）:在取样长度内纵坐标值 $Z(x)$ 四次方的平均值分别与 P_q、R_q 或 W_q 的四次方的比值。它是纵坐标值概率密度函数锐度的测定。

$$R_{sk} = \frac{1}{R_q^4}\left[\frac{1}{l_r}\int_0^{l_r} Z^4(x)\,\mathrm{d}x\right]$$

4.1.3.3 间距参数

轮廓单元的平均宽度（P_{sm}、R_{sm}、W_{sm}）:如图 4-8 所示,在一个取样长度内轮廓单元宽度 X_s 的平均值。

$$P_{sm}、R_{sm}、W_{sm} = \frac{1}{m}\sum_{i=1}^{m} X_{s_i}$$

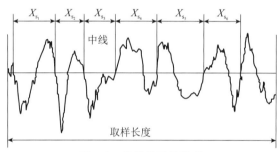

图 4-8 轮廓单元的宽度

4.1.3.4 混合参数

评定轮廓的均方根斜率（$P_{\Delta q}$、$R_{\Delta q}$、$W_{\Delta q}$）:在取样长度内纵坐标斜率 $\mathrm{d}Z/\mathrm{d}x$ 的均方根值。

4.1.3.5 曲线和相关参数

所有曲线和相关参数均在评定长度上而不是在取样长度上定义,因为这样可提供更稳定的曲线和相关参数。

（1）轮廓支承长度率 $[P_{mr}(c)$、$R_{mr}(c)$、$W_{mr}(c)]$:在给定水平截面高度 c 上轮廓的实体材料长度 $Ml(c)$ 与评定长度的比率。

$$P_{mr}(c)、R_{mr}(c)、W_{mr}(c) = \frac{M_l(c)}{l_n}$$

（2）轮廓支承长度率曲线:如图 4-9 所示,表示轮廓支承长度率随水平截面 c 变化关系的曲线。这个曲线可以理解为在一个评定长度内,各个坐标值 $Z(x)$ 采样累积的分布概率函数。

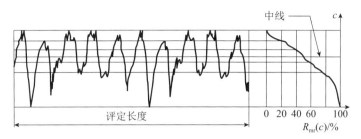

图 4-9 支承长度率曲线

（3）轮廓水平截面高度差（$P_{\delta c}$、$R_{\delta c}$、$W_{\delta c}$）：给定支承比率的两个水平截面之间的垂直距离。

$$R_{\delta c} = c(R_{mr_1}) - c(R_{mr_2})(R_{mr_1} < R_{mr_2})$$

（4）相对支承长度率（P_{mr}、R_{mr}、W_{mr}）：如图 4-10 所示，在一个轮廓水平截面 $R_{\delta c}$ 确定的，与起始零位 c_0 相关的支承长度率。

$$P_{mr}、R_{mr}、W_{mr} = P_{mr}(c_1)、R_{mr}(c_1)、W_{mr}(c_1)$$

其中，$c_1 = c_0 - R_{\delta c}$（或 $P_{\delta c}$ 或 $W_{\delta c}$）；$c_0 = c(P_{mr_0}、R_{mr_0}、W_{mr_0})$。

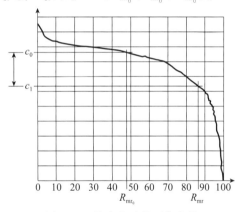

图 4-10 轮廓水平截面高度差

4.2 表面粗糙度参数

4.2.1 表面粗糙度参数及其数值

当采用轮廓法评定表面粗糙度时，表面粗糙度参数从轮廓的算术平均偏差 R_a 和轮廓的最大高度 R_z 选取，在幅度参数（峰和谷）常用的参数值范围内（R_a 为 0.025～6.3 μm，R_z 为 0.1～25 μm），推荐优先选用 R_a。

轮廓的算术平均偏差 R_a 的数值规定见表 4-1。

表 4-1 轮廓的算术平均偏差 R_a 的数值

R_a/μm	0.012	0.2	3.2	50
	0.025	0.4	6.3	100
	0.05	0.8	12.5	
	0.1	1.6	25	

轮廓的最大高度 R_z 的数值规定见表4-2。

表 4-2　轮廓的最大高度 R_z 的数值

$R_z/\mu m$	0.025	0.4	6.3	100	1600
	0.05	0.8	12.5	200	
	0.1	1.6	25	400	
	0.2	3.2	50	800	

　　根据表面功能的需要,除表面粗糙度高度参数(R_a、R_z)外,可选用附加参数:轮廓单元的平均宽度 R_{sm}、轮廓的支承长度率 $R_{mr}(c)$。附加的评定参数轮廓单元的平均宽度 R_{sm} 的数值规定见表4-3;轮廓的支承长度率 $R_{mr}(c)$ 的数值规定见表4-4。

表 4-3　轮廓单元的平均宽度 R_{sm} 的数值

R_{sm}/mm	0.006	0.1	1.6
	0.012	0.2	3.2
	0.025	0.4	6.3
	0.05	0.8	12.5

表 4-4　轮廓的支承长度率 $R_{mr}(c)$ 的数值

$R_{mr}(c)/\%$	10	15	20	25	30	40	50	60	70	80	90

　　选用轮廓的支承长度率参数时,应同时给出轮廓截面高度 c 值,它可用微米或 R_z 的百分数表示。R_z 的百分数系列如下:5%、10%、15%、20%、25%、30%、40%、50%、60%、70%、80%、90%。

4.2.2　表面粗糙度参数分类

　　取样长度(l_r)的数值从表4-5给出的系列中选取。

表 4-5　取样长度(l_r)的数值

l_r/mm	0.08	0.25	0.8	2.5	8	25

　　一般情况下,在测量 R_a、R_z 时,推荐按表4-6和表4-7选用相应的取样长度,此时取样长度值的标注在图样上或技术文件中可省略。当有特殊要求时,应给出相应的取样长度值,并在图样上或技术文件中注出。

表 4-6　R_a 参数值与取样长度 l_r 值的对应关系

$R_a/\mu m$	l_r/mm	$l_n/mm(l_n=5\times l_r)$
$\geqslant 0.008\sim 0.02$	0.08	0.4
$>0.02\sim 0.1$	0.25	1.25
$>0.1\sim 2.0$	0.8	4.0
$>2.0\sim 10.0$	2.5	12.5
$>10.0\sim 80.0$	8.0	40.0

表 4-7 R_z 参数值与取样长度 l_r 值的对应关系

$R_z/\mu m$	l_r/mm	$l_n/mm(l_n=5\times l_r)$
$\geqslant 0.025\sim 0.10$	0.08	0.4
$>0.10\sim 0.50$	0.25	1.25
$>0.50\sim 10.0$	0.8	4.0
$>10.0\sim 50.0$	2.5	12.5
$>50\sim 320$	8.0	40.0

对于微观不平度间距较大的端铣、滚铣及其他大进给走刀量的加工表面,应按照标准中规定的取样长度系列选取较大的取样长度值。

由于加工表面不均匀,在评定表面粗糙度时,其评定长度应根据不同的加工方法和相应的取样长度来确定。一般情况下,当测量 R_a 和 R_z 时,推荐按表 4-6 和表 4-7 选取相应的评定长度。如被测表面均匀性较好,测量时可选用小于 $5\times l_r$ 的评定长度值;均匀性较差的表面可选用大于 $5\times l_r$ 的评定长度。

4.2.3 规定表面粗糙度要求的一般规则

在规定表面粗糙度要求时,应给出表面粗糙度参数值和测定时的取样长度两项基本要求,必要时也可规定表面加工纹理、加工方法或加工顺序和不同区域的粗糙度等附加要求。

为保证制品表面质量,可按功能需要规定表面粗糙度参数值,否则可不规定其参数值,也不需要检查。

表面粗糙度各参数的数值应在垂直于基准面的各截面上获得。对给定的表面,如截面方向与高度参数(R_a、R_z)最大值的方向一致时,则可不规定测量截面的方向,否则应在图样上标出。

对表面粗糙度的要求不适用于表面缺陷。在评定过程中,不应把表面缺陷(如沟槽、气孔、划痕等)包含进去。必要时,应单独固定对表面缺陷的要求。

根据表面功能和生产的经济合理性,当选用表 4-1~表 4-3 系列值不能满足要求时,可选取补充系列值,参见表 4-8~表 4-10。

表 4-8 轮廓算术平均偏差 R_a 的补充系列值

$R_a/\mu m$	0.008	0.080	1.00	10.0
	0.010	0.125	1.25	16.0
	0.016	0.160	2.0	20
	0.020	0.25	2.5	32
	0.032	0.32	4.0	40
	0.040	0.50	5.0	63
	0.063	0.63	8.0	80

表 4-9　轮廓最大高度 R_z 的补充系列值

$R_z/\mu m$	0.032	0.50	8.0	125
	0.040	0.63	10.0	160
	0.063	1.00	16.0	250
	0.080	1.25	20	320
	0.125	2.0	32	500
	0.160	2.5	40	630
	0.25	4.0	63	1000
	0.32	5.0	80	1250

表 4-10　轮廓单元平均宽度 R_{sm} 的补充系列值

R_{sm}/mm	0.002	0.020	0.25	2.5
	0.003	0.023	0.32	4.0
	0.004	0.040	0.5	5.0
	0.005	0.063	0.63	8.0
	0.008	0.080	1.00	10.0
	0.010	0.125	1.25	
	0.016	0.160	2.0	

4.3　技术产品文件中表面结构的表示法

4.3.1　标注表面结构的图形符号

在技术产品文件中对表面结构的要求可用几种不同的图形符号表示,每种符号都有其特定含义。有些图形符号应附加对表面结构的补充要求,其形式有数字、图形符号和文本。在特殊情况下,图形符号可以在技术图样中单独使用以表达特殊意义。

4.3.1.1　基本图形符号

基本图形符号由两条不等长的与标注表面成 60°夹角的直线构成,如图 4-11 所示。图 4-11 所示的基本图形符号仅用于简化代号标注,没有补充说明时不能单独使用。

如果基本图形符号与补充的或辅助的说明一起使用,则不需要进一步说明为了获得指定的表面是否应去除材料或不去除材料。

图 4-11　表面结构的基本图形符号

4.3.1.2　扩展图形符号

(1)要求去除材料的图形符号:在基本图形符号上加一短横,表示指定表面是用去除材料的方法获得的,如通过机械加工获得的表面,如图 4-12 所示。

图 4-12　表示去除材料的扩展图形符号

（2）在基本图形符号上加一个圆圈，表示指定表面是用不去除材料的方法获得的，如图 4-13 所示。它也可用于表示保持上道工序形成的表面，如铸、锻、冲压成形、热轧、冷轧、粉末冶金等。

图 4-13　表示不去除材料的扩展图形符号

4.3.1.3　完整图形符号

当要求标注表面结构特征的补充信息时，应在如图 4-11～图 4-13 所示的图形符号的长边上加一横线，如图 4-14 所示。

在报告和合同的文本中用文字表达图 4-14 符号时，用 APA 表示图 4-14(a)，MRR 表示图 4-14(b)，NMR 表示图 4-14(c)。

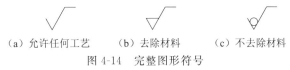

（a）允许任何工艺　　（b）去除材料　　（c）不去除材料

图 4-14　完整图形符号

4.3.1.4　工件轮廓各表面的图形符号

当在图样某个视图上构成封闭轮廓的各表面有相同的表面结构要求时，应在图 4-14 的完整图形符号上加一圆圈，标注在图样中工件的封闭轮廓上，如图 4-15 所示。如果标注会引起歧义时，各表面应分别标注。图 4-15 中表面结构符号是指对图形中封闭轮廓的 6 个面的共同要求（不包括前后面）。

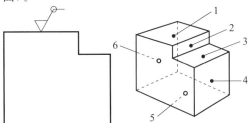

图 4-15　对周边各面有相同的表面结构要求的注法

4.3.2　表面结构完整图形符号的组成

为了明确表面结构要求，除了标注表面结构参数和数值，必要时应标注补充要求，补充要求包括传输带、取样长度、加工工艺、表面纹理及方向、加工余量等。为了保证表面的功能特征，应对表面结构参数规定不同要求。

4.3.2.1　表面结构补充要求的注写位置

在完整符号中，对表面结构的单一要求和补充要求应注写在图 4-16 所示的指定位置。表面结构补充要求包括：表面结构参数代号；数值；传输带/取样长度。图 4-16 中位置 a～e 分别注写以下内容：

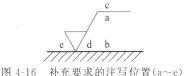

图 4-16　补充要求的注写位置(a～e)

（1）位置 a：注写表面结构的单一要求，即表面结构参数代号、极限值和传输带或取样长度。为了避免误解，在参数代号和极限值间应插入空格。传输带或取样长度后应有一斜线"/"，之后是表面结构参数符号，最后是数值。

示例 1：0.0025-0.8/R_z　6.3（传输带标注）。

示例 2：-0.8/R_z　6.3（取样长度标注）。

对图形法应标注传输带，后面应有一斜线"/"，之后是评定长度，再后是一斜线"/"，最后是表面结构参数符号及数值。传输带是两个定义的滤波器之间的波长范围；对于图形法，是两个定义极限值之间的波长范围。

示例 3：0.008-0.5/16/R　10。

（2）位置 a 和 b：注写两个或多个表面结构要求。

在位置 a 注写第一个表面结构要求，在位置 b 注写第二个表面结构要求。如果要注写第三个或更多个表面结构要求，图形符号应在垂直方向扩大，以空出足够的空间。扩大图形符号时，a 和 b 的位置随之上移。

（3）位置 c：注写加工方法。

注写加工方法、表面处理、涂层或其他加工工艺要求等，如车、磨、镀等加工表面。

（4）位置 d：注写表面纹理和方向。

注写所要求的表面纹理和方向，如"="""X"""M"。

（5）位置 e：注写加工余量。

注写所要求的加工余量，以 mm 为单位给出数值。

4.3.2.2　表面结构符号、代号的含义

表面结构符号、代号的含义见表 4-11。

表 4-11　表面结构代号的含义

符号	含义
√ R_z 0.4	表示不允许去除材料，单向上限值，默认传输带，R 轮廓，粗糙度的最大高度 0.4 μm，评定长度为 5 个取样长度（默认），"16%规则"（默认）
√ $R_z$max 0.2	表示去除材料，单向上限值，默认传输带，R 轮廓，粗糙度最大高度的最大值 0.2 μm，评定长度为 5 个取样长度（默认），最大规则
√ 0.008-0.8/R_a 3.2	表示去除材料，单向上限值，传输带 0.008～0.8 mm，R 轮廓，算术平均偏差 3.2 μm，评定长度为 5 个取样长度（默认），"16%规则"（默认）
√ -0.8/R_a3 3.2	表示去除材料，单向上限值，传输带：根据 GB/T 6062，取样长度 0.8 μm（λs 默认 0.0025 mm），R 轮廓，算术平均偏差 3.2 μm，评定长度包含 3 个取样长度，"16%规则"（默认）
√ U $R_a$max 3.2 L R_a 0.8	表示不允许去除材料，双向极限值，两极限值均使用默认传输带，R 轮廓，上限值：算术平均偏差 3.2 μm，评定长度为 5 个取样长度，"16%规则"（默认）
√ 0.8-25/W_z3 10	表示去除材料，单向上限值，传输带 0.8～25 mm，W 轮廓，波纹度最大高度 10 μm，评定长度包含 3 个取样长度，"16%规则"（默认）

符号	含义
$\sqrt{\quad}$ 0.008-/$P_t$max 25	表示去除材料,单向上限值,传输带,无长波滤波器,P 轮廓,轮廓总高 25 μm,评定长度等于工件长度(默认),"最大规则"
$\sqrt{\quad}$ 0.0025-0.1/R_x 0.2	表示任意加工方法,单向上限值,传输带,$A=0.1$ mm,评定长度 3.2 mm(默认),粗糙度图形参数,粗糙度图形最大深度 0.2 μm,"16%规则"(默认)

4.3.3 表面结构参数的标注

给出表面结构要求时,应标注其参数代号和相应数值,并包括要求解释的 4 项重要信息:3 种轮廓(R、W、P)中的一种;轮廓特征;满足评定长度要求的取样长度的个数;要求的极限值。

4.3.3.1 表面结构参数代号

标注 3 类表面结构参数时应使用完整符号。如果标注的参数代号后无"max",这表明引用了给定极限的默认定义或默认解释(16%规则),否则应用最大规则解释其给定极限。

表 4-12～表 4-14 给出了表面结构参数代号。

表 4-12 R 轮廓参数代号

R 轮廓参数	高度参数									间距参数	混合参数	曲线和相关参数		
	峰谷值					平均值								
	R_p	R_v	R_z	R_c	R_t	R_a	R_q	R_{sk}	R_{ku}	R_{sm}	$R_{\Delta q}$	$R_{mr}(c)$	$R_{\delta c}$	R_{mr}

表 4-13 W 轮廓参数代号

W 轮廓参数	高度参数									间距参数	混合参数	曲线和相关参数		
	峰谷值					平均值								
	W_p	W_v	W_z	W_c	W_t	W_a	W_q	W_{sk}	W_{ku}	W_{sm}	$W_{\Delta q}$	$W_{mr}(c)$	$W_{\delta c}$	W_{mr}

表 4-14 P 轮廓参数代号

P 轮廓参数	高度参数									间距参数	混合参数	曲线和相关参数		
	峰谷值					平均值								
	P_p	P_v	P_z	P_c	P_t	P_a	P_q	P_{sk}	P_{ku}	P_{sm}	$P_{\Delta q}$	$P_{mr}(c)$	$P_{\delta c}$	P_{mr}

4.3.3.2 评定长度 l_n 的标注

评定长度是在评定图样上表面结构化要求时所必需的一段长度。部分参数是基于取样长度定义的,另一部分是基于评定长度定义的。当参数基于取样长度定义时,在评定长度内取样长度的个数是非常重要的。

若所标注参数代号后没有"max",这表明采用的是有关标准中默认的评定长度。若不存在默认的评定长度时,参数代号中应标注取样长度的个数。

(1)R 轮廓:粗糙度参数默认评定长度 $l_n=5×l_r$。如果评定长度内的取样长度个数不等于 5(默认值),应在相应参数代号后标注其个数,如 R_p3,R_v3,R_z3,R_c3,R_t3,R_a3,…,$R_{sm}3$,…(要求评定长度为 3 个取样长度)。

(2)W 轮廓:目前对波纹度参数而言不存在标准默认评定长度。取样长度个数应在相应波纹度参数代号后标注。

(3)P 轮廓:原始轮廓参数默认评定长度定义为测量长度。P 参数的取样长度等于评定长度,并且评定长度等于测量长度。因此,在参数代号中无须标注取样长度个数。

4.3.3.3 极限值判断规则的标注

表面结构要求中给定极限值的判断规则有 16% 和最大两种规则。

16% 规则是所有表面结构要求标注的默认规则。如图 4-17(a)所示,当应用于某个参数代号时,16% 规则即用于该参数代号代表的表面结构要求。如果最大规则应用于表面结构要求,如图 4-17(b)所示,则参数代号中应加上"max"。最大规则不适用于图形参数。

$$\sqrt{\begin{array}{l} R_a \quad 0.8 \\ R_z1 \quad 3.2 \end{array}} \qquad \sqrt{\begin{array}{l} R_a\text{max} \quad 0.8 \\ R_z1\text{max} \quad 3.2 \end{array}}$$

(a)16%规则（默认传输带）　　　（b）最大规则

图 4-17　参数标注

4.3.3.4 传输带和取样长度的标注

当参数代号中没有标注传输带时,表面结构要求采用默认的传输带。

一般而言,表面结构定义在传输带中,传输带的波长范围在两个定义的滤波器之间或图形法的两个极限值之间。这意味着传输带即是评定时的波长范围。传输带被一个截止短波的滤波器(短波滤波器)和另一个截止长波的滤波器(长波滤波器)所限制。

传输带标注包括滤波器截止波长(mm),短波滤波器在前,长波滤波器在后,并用连字号"-"隔开,如图 4-18 所示。

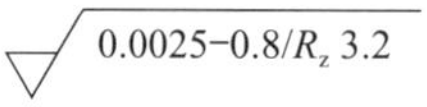

$$\sqrt{0.0025-0.8/R_z\,3.2}$$

图 4-18　与表面结构要求相关的传输带的注法

4.3.3.5 单向极限值或双向极限值的标注

标注单向或双向极限值以表示对表面结构的明确要求。偏差与参数代号应一起标注。

(1)表面结构参数的单向极限:当只标注参数代号、参数值和传输带时,它们应默认为参数的上限值(16% 规则或最大规则的极限值);当参数代号、参数值和传输带作为参数的单向下限值(16% 规则或最大规则的极限值)标注时,参数代号前应加 L。

示例:L R_a　0.32

(2)表面结构参数的双向极限:在完整符号中表示双向极限时应标注极限代号,上限值在上方用 U 表示,下限值在下方用 L 表示,上下极限值为 16% 规则或最大规则的极限值,如图 4-19 所示。如果同一参数具有双向极限要求,在不引起歧义的情况下,可以不加 U、L。上下极限值可以用不同的参数代号和传输带表达。

$$\sqrt{\begin{array}{l} \text{U}\,R_z\,0.8 \\ \text{L}\,R_a\,3.2 \end{array}}$$

图 4-19　双向极限的注法

4.3.3.6 表面结构要求的标注示例

表面结构要求的标注示例见表 4-15。

表 4-15 表面结构要求的标注示例

要求	示例
表面粗糙度： 双向极限值：上限值为 $R_a=50\ \mu m$，下限值为 $R_a=6.3\ \mu m$；均为"16％规则"（默认）；两个传输带均为 0.008～4 mm；默认的评定长度为 5×4 mm＝20 mm；表面纹理呈近似同心圆且圆心与表面中心相关；加工方法为铣；不会引起争议时，不必加 U 和 L	铣 0.08-4/R_a 50 C 0.08-4/R_a 6.3
除一个表面以外，所有表面的粗糙度： 单向上限值：$R_z=50\ \mu m$；"16％规则"（默认）；默认传输带；默认的评定长度为（$5\times\lambda_c$）；表面纹理无要求；去除材料的工艺。 不同要求的表面的表面粗糙度： 单向上限值：$R_a=0.8\ \mu m$；"16％规则"（默认）；默认传输带；默认的评定长度为（$5\times\lambda_c$）；表面纹理无要求；去除材料的工艺。	R_a 0.8 R_z 6.3 （√）
表面粗糙度：两个单向上限值 (1)$R_a=1.6\ \mu m$ 时；"16％规则"（默认）；默认传输带；默认的评定长度为（$5\times\lambda_c$）。 (2)$R_z=6.3\ \mu m$ 时；最大规则；传输带－2.5 μm；默认的评定长度为 5×2.5 mm＝12.5 mm。 表面纹理垂直于视图的投影面；加工方法为磨削	磨 R_a 1.6 ⊥ －2.5/$R_z$max 6.3
表面粗糙度： 单向上限值：$R_z=0.8\ \mu m$；"16％规则"（默认）；默认传输带；默认的评定长度为（$5\times\lambda_c$）；表面纹理没有要求；表面处理为钢件，镀镍/铬；表面要求对封闭轮廓的所有表面有效	Cu/Ep·Ni5bCr0.3r R_z 0.8
表面粗糙度： 单向上限值和一个双向极限值： (1)单向 $R_a=1.6\ \mu m$ 时；"16％规则"（默认）；传输带－0.8 mm；评定长度为 5×0.8 mm＝4 mm。 (2)双向 R_z 时：上限值 $R_z=12.5\ \mu m$；下限值 $R_z=3.2\ \mu m$；"16％规则"（默认）；上下限传输带均为－2.5 mm；上下限评定长度均为 5×2.5 mm＝12.5 mm；表面处理为钢件，镀镍/铬	Fe/Ep·Ni10bCr0.3r －0.8/R_a 1.6 U－2.5/R_z 12.5 L－2.5/R_z 3.2
表面结构和尺寸可以标注在同一尺寸线上。 倒角的表面粗糙度： 一个单向上限值：$R_a=6.3\ \mu m$；"16％规则"（默认）；默认传输带；默认评定长度为（$5\times\lambda_c$）；表面纹理没有要求；去除材料的工艺。 键槽侧壁的表面粗糙度： 一个单向上限值：$R_a=3.2\ \mu m$；"16％规则"（默认）；默认传输带；默认评定长度为（$5\times\lambda_c$）；表面纹理没有要求；去除材料的工艺	R_a 3.2 C2 A R_a 6.3 A A—A

续表

要求	示例
表面结构和尺寸可以一起标注在延长线上或分别标注在轮廓线和尺寸界线上。 示例中的 3 个表面粗糙度要求为： 单向上限值：分别为 $R_a=1.6~\mu m$；$R_a=6.3~\mu m$；$R_z=12.5~\mu m$；"16％规则"（默认）：默认传输带；默认评定长度为($5\times\lambda_c$)；表面纹理没有要求；去除材料的工艺	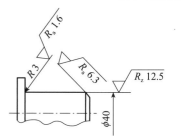
表面结构、尺寸和表面处理的标注，该示例是 3 个连续的加工工序。 第一道工序：单向上限值：$R_z=1.6~\mu m$；"16％规则"（默认）：默认传输带；默认评定长度为($5\times\lambda_c$)；表面纹理没有要求；去除材料的工艺。 第二道工序：镀铬，无其他表面结构要求。 第三道工序：一个单向上限值，仅对长为 50 mm 的圆柱表面有效；$R_z=6.3~\mu m$；"16％规则"（默认）：默认传输带；默认评定长度为($5\times\lambda_c$)；表面纹理没有要求；磨削加工工艺	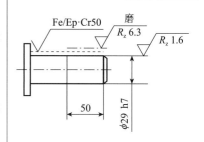

4.3.4 加工方法或相关信息的标注

轮廓曲线的特征对实际表面的表面结构参数值影响很大。标注的参数代号、参数值和传输带只作为表面结构要求，有时不一定能够完全地表示表面功能。加工工艺在很大程度上决定了轮廓曲线的特征，因此一般应注明加工工艺。

4.3.5 表面纹理的注法

纹理方向是指表面纹理的主要方向，通常由加工工艺决定。表面纹理及其方向用表 4-16 中规定的符号进行标注。如果表面纹理不能清楚地用表 4-16 中的这些符号表示，必要时，可以在图样上加注说明。

表 4-16　表面纹理的标注

符号	解释和示例		符号	解释和示例	
＝	纹理平行于视图所在的投影面		C	纹理呈近似同心圆且圆心与表面中心相关	
⊥	纹理垂直于视图所在的投影面		R	纹理呈近似放射状且与表面圆心相关	

符号	解释和示例		符号	解释和示例	
×	纹理呈两斜向交叉且与视图所在的投影面相交	纹理方向	P	纹理呈微粒、凸起，无方向	
M	纹理呈多方向				

4.3.6 加工余量的注法

只有在同一图样中有多个加工工序的表面可标注加工余量，如在表示完工零件形状的铸锻件图样中给出加工余量，如图 4-20 所示。

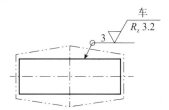

图 4-20 在表示完工零件的图样中给出加工余量的注法
（所有表面均匀 3 mm 加工余量）

4.3.7 表面结构要求在图样和其他技术产品文件中的注法

表面结构要求对每一表面一般只标注一次，并尽可能注在相应的尺寸及其公差的同一视图上。除非另有说明，所标注的表面结构要求是对完工零件表面的要求。

4.3.7.1 表面结构符号、代号的标注位置与方向

如图 4-21 所示，总原则是使表面结构的注写和读取方向与尺寸的注写和读取方向一致。

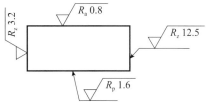

图 4-21 表面结构要求的注写方向

（1）标注在轮廓线上或指引线上：表面结构要求可标注在轮廓线上，其符号应从材料外指向并接触表面。必要时，表面结构符号也可用带箭头或黑点的指引线引出标注，如图 4-22 和图 4-23 所示。

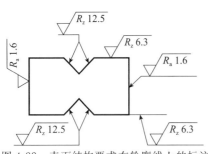
图 4-22 表面结构要求在轮廓线上的标注

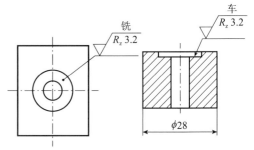
图 4-23 用指引线引出标注表面结构要求

（2）标注在特征尺寸的尺寸线上：在不致引起误解时，表面结构要求可以标注在给定的尺寸线上，如图 4-24 所示。

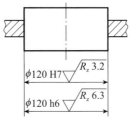
图 4-24 表面结构要求标注在尺寸线上

（3）标注在几何公差的框格上：表面结构要求可标注在几何公差框格的上方，如图 4-25（a）和（b）所示。

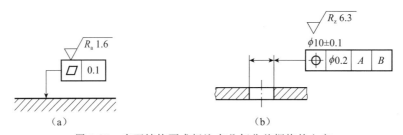
图 4-25 表面结构要求标注在几何公差框格的上方

（4）标注在延长线上：表面结构要求可以直接标注在延长线上，或用带箭头的指引线引出标注，如图 4-22 和图 4-26 所示。

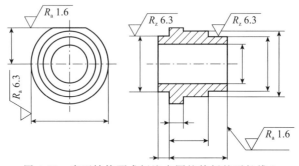
图 4-26 表面结构要求标注在圆柱特征的延长线上

(5)标注在圆柱和棱柱表面上：圆柱和棱柱表面的表面结构要求只标注一次，如图 4-26 所示。如果每个棱柱表面有不同的表面结构要求，则应分别单独标注，如图 4-27 所示。

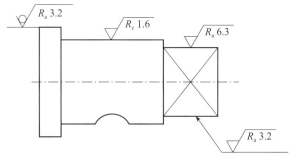

图 4-27　圆柱和棱柱的表面结构要求的注法

4.3.7.2　表面结构要求的简化标注

(1)有相同表面结构要求的简化标注：如果在工件的多数(包括全部)表面有相同的表面结构要求，这个表面结构要求可统一标注在图样的标题栏附近。此时，表面结构要求的符号后面应有：

①在圆括号内给出无任何其他标注的基本符号，如图 4-28(a)(简化注法一)所示。

②在圆括号内给出不同的表面结构要求，如图 4-28(b)(简化注法二)所示。不同的表面结构要求应直接标注在图形中。

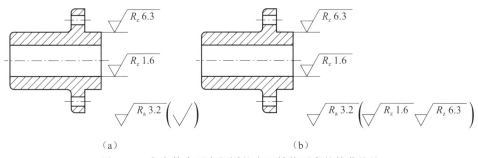

（a）　　　　　　　　　　　（b）

图 4-28　大多数表面有相同的表面结构要求的简化注法

(2)多个表面有共同要求的注法：

①当多个表面具有相同的表面结构要求或图样空间有限时，可用带字母的完整符号，以等式的形式，在图形或标题栏附近对有相同结构要求的表面进行简化标注，如图 4-29 所示。

图 4-29　在图纸空间有限时的简化注法

②只用表面结构符号的简化注法：可用图 4-11～图 4-13 的表面结构符号，以等式的形式给出对多个表面共同的表面结构要求，如图 4-30～图 4-32 所示。

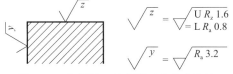

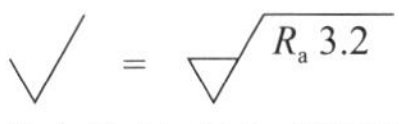

图 4-30　未指定工艺方法的多个表面结构要求的简化注法

$$\sqrt{} = \sqrt{\overline{R_a\,3.2}}$$

图 4-31　要求去除材料的多个表面结构要求的简化注法

$$\sqrt{} = \sqrt[\diagup]{\overline{R_a\,3.2}}$$

图 4-32　不允许去除材料的多个表面结构要求的简化注法

4.4　评定表面结构的规则和方法

对于粗糙度与规定值相比明显好或明显不好,或者因为存在明显影响表面功能的缺陷,没必要用更精确的方法检验的工件表面,采用目视法检查。

如果目视检查不能做出判定,可采用与粗糙度比较样块进行触觉和视觉比较的方法。

如果用比较法检验不能作出判定,应根据目视检查结果,在被测表面上最有可能出现极值的部位进行测量。

4.4.1　测得值与公差极限值相比较的规则

4.4.1.1　被检特征的区域

被检验工件各个部位的表面结构,可能呈现均匀一致状况,也可能差别很大,这点通过目测表面就能发现。在表面结构看来均匀的情况下,应采用整体表面上测得的参数值与图样上或技术产品文件中的规定值相比较。

如果个别区域的表面结构有明显差异,应将每个区域上测得的参数值分别与图样上或技术产品文件中的规定值相比较。

当参数的规定值为上限值时,应在几何测量区域中选择可能会出现最大参数值的区域测量。

4.4.1.2　16％规则

当参数的规定值为上限值时,如果所选用参数在同一评定长度上的全部实测值中,大于图样或技术产品文件中规定的个数不超过实测值总数的 16％,则该表面合格。

当参数的规定值为下限值时,如果所选用参数在同一评定长度上的全部实测值中,小于图样或技术产品文件中规定的个数不超过实测值总数的 16％,则该表面合格。

指明参数的上、下限值时,所用参数符号没有"max"标记。若出现下述情况,工件是合格的并停止检测;否则,工件应判废。

第一个测得值不超过图样上规定值的 70％。

最初的 3 个测得值不超过规定值。

最初的 6 个测得值中只有 1 个值超过规定值。

最初的 12 个测得值中只有 2 个值超过规定值。

对重要零件判废前,有时可做多于 12 次的测量。如测量 25 次,允许有 4 个测得值超过规定值。

4.4.1.3　最大规则

检验时,若参数的规定值为最大值,则在被检表面的全部区域内测得的参数值一个也不应超过图样或技术产品文件中的规定值。若规定参数的最大值,应在参数符号后面增加一个"max"标记,例如:R_{z_i} max。

一般在表面可能出现最大值处(为有明显可见的深槽处)应至少进行 3 次测量;如果表面呈均匀痕迹,则可在均匀分布的 3 个部位测量。

利用测量仪器能获得最可靠的粗糙度检验结果。因此,对于严格要求的零件,一开始就应直接使用测量仪器进行检验。

4.4.1.4 测量不确定度

为了验证是否符合技术要求,将测得参数值和规定公差极限进行比较时,应把测量不确定度考虑进去;将测量结果与上限值或下限值进行比较时,估算测量不确定度不必考虑表面的不均匀性,因为这在允许 16% 超差中已计及。

4.4.2 参数评定

表面结构参数不能用来描述表面缺陷,因此在检验表面结构时,不应把表面缺陷,如划痕、气孔等考虑进去。

为了判定工件表面是否符合技术要求,必须采用表面结构参数的一组测量值,其中的每组数值是在一个评定长度上测定的。

为了判定表面是否符合技术要求以及由同一表面获得的表面结构参数平均值,通常需要进行表面粗糙度测量。

对于表面粗糙度系列参数,如果评定长度不等于 5 个取样长度,则其上、下限值应重新计算,将其与评定长度等于 5 个取样长度时的极限值联系起来。图 4-33 中所示每个 $\sigma = \sigma_s$。

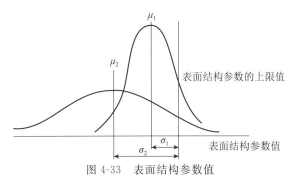

图 4-33 表面结构参数值

σ_n 和 σ_s 的关系由下式给出:

$$\sigma_s = \sigma_n \sqrt{\frac{n}{5}}$$

式中,n 为所用取样长度的个数(小于 5)。

测量的次数越多,评定长度越长,则判定被检表面是否符合要求的可靠性越高,测量参数平均值的不确定度也越小。

然而,测量次数的增加将导致测量时间和成本的增加。因此,检验方法必须考虑一个兼顾可靠性和成本的折中方案。

4.4.3 用触针式仪器检验的规则和方法

4.4.3.1 粗糙度轮廓参数测量中确定截止波长的基本原则

当工业产品文件或图样的技术条件中已规定取样长度时,截止波长 λ_c 应与规定的取样长度值相同。

若在图样或产品文件中没有出现粗糙度的技术规范或给出的粗糙度规范中没有规定取样长度,可由下方给出的方法选定截止波长。

4.4.3.2 粗糙度轮廓参数的测量

没有指定测量方向时,工件的安放应使其测量截面方向与得到粗糙度幅度参数最大值的测量方向相一致,该方向垂直于被测表面的加工纹理。对无方向的表面,测量截面的方向可以是任意的。

应在被测表面可能产生极值的部位进行测量,这可通过目测来估计。应在表面这一部位均匀分布的位置上分别测量,以获得各个独立的测量结果。

为了确定粗糙度轮廓参数的测得值,应首先观察表面并判断粗糙度轮廓是周期性的还是非周期性的。若没有其他规定,应以这一判断为基础,按下方规定的程序执行。如果采用特殊的测量程序,必须在技术文件和测量记录中加以说明。

(1)非周期性粗糙度轮廓的测量程序:

①根据需要,可以采用目测、粗糙度比较样块比较、全轮廓轨迹的图解分析等方法来估计被测的粗糙度轮廓参数 R_a、R_z、R_{z_1} max 或 R_{sm} 的数值。

②利用①中估计的 R_a、R_z、R_{z_1} max 或 R_{sm} 的数值,按表 4-17、表 4-18 或表 4-19 预选取样长度。

③用测量仪器按②中预选的取样长度,完成 R_a、R_z、R_{z_1} max 或 R_{sm} 的一次预测量。

④将测得的 R_a、R_z、R_{z_1} max 或 R_{sm} 的数值,与表 4-17、表 4-18 或表 4-19 预选取样长度所对应的 R_a、R_z、R_{z_1} max 或 R_{sm} 的数值范围相比较。如果测得值超出了预选取样长度对应的数值范围,则应按测得值对应的取样长度来设定,即把仪器调整至相应的较高或较低的取样长度。然后应用这一调整后的取样长度测得一组参数值,并再次与表 4-17、表 4-18 或表 4-19 中的数值比较。此时,测得值应达到由表 4-17、表 4-18 或表 4-19 建议的测得值和取样长度的组合。

⑤如果以前在④步骤评定时没有采用过更短的取样长度,则把取样长度调至更短些获得一组 R_a、R_z、R_{z_1} max 或 R_{sm} 的数值,检查所测得的 R_a、R_z、R_{z_1} max 或 R_{sm} 的数值和取样长度的组合是否满足表 4-17、表 4-18 或表 4-19 的规定。

⑥只要④步骤中最后设定与表 4-17、表 4-18 或表 4-19 相符合,则设定的取样长度和 R_a、R_z、R_{z_1} max 或 R_{sm} 的数值两者是正确的。如果⑤步骤也产生一个满足表 4-17、表 4-18 或表 4-19 规定的组合,则这个较短的取样长度设定值和相应的 R_a、R_z、R_{z_1} max 或 R_{sm} 的数值是最佳的。

⑦用上述步骤预选出的截止波长(取样长度)完成一次所需参数的测量。

(2)周期性粗糙度轮廓的测量程序:

①用图解法估计被测粗糙度表面的参数 R_{sm} 的数值。

②按估计的 R_{sm} 的数值,由表 4-19 确定推荐的取样长度作为截止波长值。

③必要时,如有争议的情况下,利用由②选定的截止波长值测量 R_{sm} 值。

④如果按照③步骤得到的 R_{sm} 值由表 4-19 查出的取样长度比②确定的取样长度较小或较大,则应采用这较小或较大的取样长度值作为截止波长值。

⑤用上述步骤确定的截止波长(取样长度)完成一次所需参数的测量。

表 4-17　测量非周期性轮廓的 R_a、R_q、R_{sk}、R_{ku}、$R_{\Delta q}$ 值及曲线和相关参数的粗糙度取样长度

$R_a/\mu m$	粗糙度取样长度 l_r/mm	粗糙度评定长度 l_n/mm
$0.006<R_a\leqslant 0.02$	0.08	0.4
$0.02<R_a\leqslant 0.1$	0.25	1.25
$0.1<R_a\leqslant 2$	0.8	4
$2<R_a\leqslant 10$	2.5	12.5
$10<R_a\leqslant 80$	8	40

表 4-18　测量非周期性轮廓的 R_z、R_v、R_p、R_c、R_t 值的粗糙度取样长度

R_z [a]、R_{z_1}　max [b]$/\mu m$	粗糙度取样长度 l_r/mm	粗糙度评定长度 l_n/mm
$0.025<R_z$、R_{z_1}　max$\leqslant 0.1$	0.08	0.4
$0.1<R_z$、R_{z_1}　max$\leqslant 0.5$	0.25	1.25
$0.5<R_z$、R_{z_1}　max$\leqslant 10$	0.8	4
$10<R_z$、R_{z_1}　max$\leqslant 50$	2.5	12.5
$50<R_z$、R_{z_1}　max$\leqslant 200$	8	40

注:[a] R_z 是在测量 R_z、R_v、R_p、R_c 和 R_t 时使用。

[b] R_{z_1} max 仅在测量 R_{z_1} max、R_{p_1} max、R_{v_1} max 和 R_{c_1} max 时使用。

表 4-19　测量周期性轮廓的 R 参数及周期性和非周期性轮廓的 R_{sm} 值的粗糙度取样长度

R_{sm}/mm	粗糙度取样长度 l_r/mm	粗糙度评定长度 l_n/mm
$0.013<R_{sm}\leqslant 0.04$	0.08	0.4
$0.04<R_{sm}\leqslant 0.13$	0.25	1.25
$0.13<R_{sm}\leqslant 0.4$	0.8	4
$0.4<R_{sm}\leqslant 1.3$	2.5	12.5
$1.3<R_{sm}\leqslant 4$	8	40

4.5　实训六　表面粗糙度的测量

4.5.1　实训目的

(1)了解 TIME3221 手持式粗糙度仪的工作原理、基本构造和使用方法。

（2）理解不同测量条件下,粗糙度测量结果系列的变化情况。

（3）掌握表面粗糙度测量条件,包括取样长度、评定长度、量程等的选用方法。

4.5.2　实训设备

TIME3221 手持式粗糙度仪。

4.5.3　TIME3221 手持式粗糙度仪测量原理

测量工件表面粗糙度时,将传感器放在工件被测表面上,由仪器内部的驱动机构带动传感器沿被测表面做等速滑行,传感器通过内置的锐利触针感受被测表面的粗糙度,此时工件被测表面的粗糙度引起触针产生位移,该位移使传感器电感线圈的电感量发生变化,从而在相敏整流器的输出端产生与被测表面粗糙度成比例的模拟信号,该信号经过放大及电平转换之后进入数据采集系统,DSP 芯片将采集的数据进行数字滤波和参数计算,测量结果在液晶显示器上读出,可以存储,也可以在打印机上输出。

4.5.4　实验步骤

（1）测量前的准备:首先开机检查电池电压是否正常;然后擦净工件被测表面,将仪器正确、平稳、可靠地放置在工件被测表面上,注意传感器的滑行轨迹必须垂直于工件被测表面的加工纹理方向。

（2）开机:按下电源键后仪器开机,液晶显示屏自动显示设定的参数、单位、滤波器、量程、取样长度、触针位置。

（3）修改测量条件:按取样长度设置键,可在 0.25 mm、0.8 mm、2.5 mm 3 个取样长度间循环切换,参照取样长度设置光标,直到选择需要的取样长度。

按量程设置键,可在 ±20 μm、±40 μm、±80 μm 3 个量程间循环切换,参照量程设置光标,直到选择需要的量程。

按滤波器选择键,可在 RC、PC-RC、Gauss、D-P 4 种滤波器间循环切换,直到选择需要的滤波器。

按参数选择键,可在 R_a、R_z、R_q、R_t 4 种参数间循环切换,直到选择需要的参数。

按公英制选择键,可在米制、英制两种单位间循环切换,直到选择需要的单位。

（4）启动测量:按启动键开始测量,传感器在被测表面上滑行,液晶屏的采样符号"————"动态逐级显示,表示当前仪器的传感器正在拾取信号。当采样符号"————"变为快速变动时,表示采样结束,正在进行滤波及参数计算,测量完毕,本次测量的结果显示在液晶屏上。在测量状态时,除电源键外,按其余键无效。

（5）读取测量结果。

4.5.5　判断工件表面结构要求的合格性

根据图样标注,采用 16％ 规则或最大规则进行判断。

思考题

1. 表面粗糙度属于什么误差？对零件的使用性能有哪些影响？
2. 为什么规定取样长度和评定长度？两者的区别何在？
3. R_a 和 R_z 的区别何在？各自的常用范围如何？
4. 国家标准规定了哪些表面粗糙度评定参数？应如何选择？
5. 选择表面粗糙度参数值时，是否越小越好？

5 光滑工件尺寸的检验与量规设计

(1)理解并掌握测量的基本概念。

(2)概略了解长度的尺寸传递系统。

(3)掌握量块分级和分等的依据。

(4)掌握测量方法分类的特点。

(5)理解并掌握测量误差的基本概念。

(6)理解并掌握随机误差的分布规律及特性。

(7)掌握测量结果的数据处理方法。

(8)了解测量误差的来源及减少措施。

(9)了解工件尺寸检测的方法及计量器具的选择。

(10)了解光滑极限量规的功用、类型及特点。

(11)掌握光滑极限量规的设计。

5.1 测量技术基础

5.1.1 技术测量

在第三、四章我们学习了几何误差和表面结构特征参数值的测量方法,那到底什么是测量呢?

所谓"测量",就是将被测的量与作为单位或标准的量,在量值上进行比较,从而确定两者比值的实验过程。

若被测量为 L,标准量为 E,那么测量就是确定 L 是 E 的多少倍,即确定比值 $q=L/E$,最后获得被测量 L 的量值。

$$L=qE$$

测量的任务在于确定物理量的数值特征。

一个完整的测量过程应包含测量对象、计量单位、测量方法和测量精度。

(1)测量对象:对本教材而言是几何量,包括长度、角度、形状、位置、表面粗糙度以及螺纹、齿轮等零件的几何参数等。

(2)计量单位:采用我国的法定计量单位。在机械制造中,常用的长度计量单位是毫米,在精密测量中常用微米,在超精密测量中用纳米。常用的角度计量单位是弧度、微弧度和度、分、秒。在测量过程中,应保证计量单位的统一和量值准确。

（3）测量方法:测量时所采用的测量原理、计量器具和测量条件的总和。应正确、经济合理地选择计量器具和测量方法,以保证一定的测量条件。第三章中圆度误差的测量方法就是使用圆度快检仪在常温下进行测量。第四章中表面粗糙度参数值的测量方法就是使用手持式表面粗糙度仪应用触针法测量各种表面结构特征参数值。

（4）测量精度:测量结果与被测量真值的一致程度。换个角度而言,就是测量误差越小,测量精度就越高。应将测量误差控制在允许范围内,以保证测量结果的精度。在计量器具的设计、使用过程中避免各种因素的影响从而提高测量的精度,进而提高零件的制造精度。

除了通过测量获得被测量的确切数值,在机械零部件生产过程中还采用检验的方式判断被测量是否合格(在规定范围内),此时通常不一定要求得到被测物理量的具体数值。

5.1.2　长度基准与量值传递

5.1.2.1　长度基准

在 1983 年第 17 届国际计量大会上通过了作为长度基准的米的新定义:"米是光在真空中在 1/299792458 s 的时间间隔内所行进的路程。"我国采用碘吸收稳定的 0.633 氦氖激光辐射作为波长标准来复现"米"的定义。

5.1.2.2　量值传递

在实际应用中,为保证量值的准确和统一,必须把复现的量值逐级准确地传递到各种计量器具和被测工件上去,即建立长度量值传递系统。如图 5-1 所示,长度量值分两个平行的系统向下传递,一个是量块系统,一个是线纹尺系统。以量块为量值传递媒介的系统应用较广。

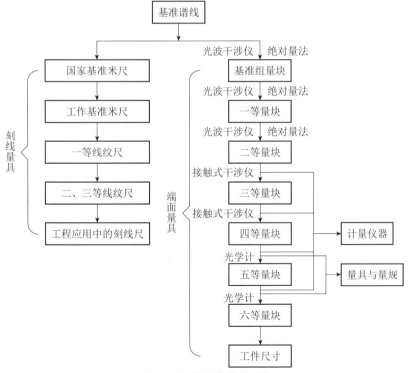

图 5-1　长度量值传递系统

角度计量也属于长度计量范畴,弧度可用长度比值求得。在实际应用中,为稳定和测量的需要,建立了角度量值基准以及角度量值的传递系统,如图 5-2 所示。

图 5-2　角度量值传递系统

5.1.3　量块

早在 1898 年瑞典技术员约翰逊(C. Johansson)用手工研磨法制成了块规,1907 年,他进一步将块规统一到巴黎米源器的度量标准下,使块规成为各生产单位的不同量具制造和检测的统一标准。这是量具发展史上一次重大的变革。

量块一般用耐磨材料制造,横截面为矩形,并具有一对相互平行测量面的实物量具。量块的测量面可以和另一量块的测量面相研合而组合使用,也可以和具有类似表面质量的辅助体表面相研合而用于量块长度的测量。

量块是一种端面长度标准,通过对计量仪器、量具和量规等示值误差检定等方式,使机械加工中各种制成品的尺寸溯源到长度基准。

5.1.3.1　量块的长度 L

量块有两个测量面和 4 个非测量面。量块一个测量面上任意点到与其相对的另一测量面相研合的辅助体表面之间的垂直距离称为量块长度 L_i(辅助体的材料和表面质量应与量块相同),如图 5-3 所示。对应于量块未研合测量面中心点的量块长度为量块的中心长度 L_c。标记在量块上,用以表明其与主单位之间关系的量值,称为量块长度的示值,即量块的标称长度 L_n。

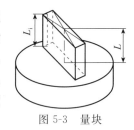

图 5-3　量块

5.1.3.2　量块的用途

量块在机械制造厂和各级计量部门中应用较广,常作为尺寸传递的长度标准和计量仪器示值误差的检定标准,也可作为精密机械零件测量、精密机床和夹具调整时的尺寸基准。

5.1.3.3　量块的精度

量块的精度有两种分法,一种是按"级"使用。根据 GB/T 6093—2001 按制造精度将量块分为 00、0、1、2、3 和 K 级共 6 级,其中 00 级精度最高,3 级精度最低,K 级为校准级。主要根据量块长度极限偏差,测量面的平面度、粗糙度及量块的研合性等指标来划分。量块按"级"使用时,以量块的标称长度为工作尺寸,该尺寸包含了量块的制造误差,并将被引入测量结果中。由于不需要加修正值,故使用较方便。

另一种是按"等"使用。根据 JJG 146—2011 按检定精度将量块分为 6 等,即 1、2、3、4、5、6 等,其中 1 等精度最高,6 等精度最低。"等"主要依据量块中心长度测量的极限偏差和平面平行性允许偏差来划分。

量块的"级"和"等"是从成批制造和单个检定两种不同的角度出发,对其精度进行划分的两种形式。按"级"使用时,以标记在量块上的标称尺寸作为工作尺寸,该尺寸包含其制造误差。按"等"使用时,必须以检定后的实际尺寸作为工作尺寸,该尺寸不包含制造误差,但包含了检定时的测量误差。

就同一量块而言,检定时的测量误差要比制造误差小得多。所以,量块按"等"使用时其精度比按"级"使用时要高,并且能在保持量块原有使用精度的基础上延长其使用寿命。

5.1.3.4 量块的选用

量块在使用时,常常用几个量块组合使用。为了能用较少的块数组合成所需的尺寸,量块应按一定的尺寸系列成套生产供应(表 5-1)。国家标准共规定了 17 种系列的成套量块。组合量块时,为减少量块组合的累积误差,应尽量减少量块的组合块数,一般不超过 4 块。选用量块时,应从所需组合尺寸的最后一位数开始,每选一块至少应减去所需尺寸的一位尾数。

表 5-1 成套量块尺寸

总块数	尺寸系列/mm	间隔/mm	块数	总块数	尺寸系列/mm	间隔/mm	块数
83	0.5	—	1	91	0.5	—	1
	1	—	1		1	—	1
	1.005	—	1		1.001~1.009	0.001	9
	1.01~1.49	0.01	49		1.01~1.49	0.01	49
	1.5~1.9	0.1	5		1.5~1.9	0.1	5
	2.0~9.5	0.5	16		2.0~9.5	0.5	16
	10~100	10	10		10~100	10	10

5.1.3.5 量块使用的注意事项

(1)量块必须在使用有效期内,否则应及时送专业部门检定。

(2)使用环境良好,防止各种腐蚀性物质及灰尘对测量面的损伤,影响其黏合性。

(3)分清量块的"级"与"等",注意使用规则。

(4)所选量块应用航空汽油清洗、洁净软布擦干,待量块温度与环境温度相同后方可使用。

(5)轻拿、轻放量块,杜绝磕碰、跌落等情况的发生。

(6)不得用手直接接触量块,以免造成汗液对量块的腐蚀及手温对测量精确度的影响。

(7)使用完毕,应用航空汽油清洗所用量块,并擦干后涂上防锈脂存于干燥处。

5.1.4 计量器具

计量器具是量具、量规、量仪和其他用于测量目的的测量装置的总称。

5.1.4.1 计量器具的分类

计量器具按结构特点分以下 4 类:

(1)量具是指以固定形式复现量值的计量器具,分为单值量具(量块)和多值量具(线纹尺),其特点是一般没有放大装置。

(2)量规是指没有刻度的专用计量器具,用来检验工件实际尺寸和几何误差的综合结果。量规只能判断工件是否合格,而不能获得被测几何量的具体数值,如光滑极限量规、螺纹量规等。

(3)量仪是指能将被测量转换成可直接观测的指示值或等效信息的计量器具。其特点是

一般都有指示、放大系统。根据所测信号的转换原理和量仪本身的结构特点,量仪分以下几种:

①卡尺类量仪:直接移动测头实现几何量测量,如数显卡尺、游标卡尺等。

②微动螺旋副类量仪:用螺旋方式移动测头来实现几何量的测量,如数显千分尺、普通千分尺等。

③机械类量仪:用机械方法来实现被测量的变换和放大,以实现几何量测量,如百分表、扭簧比较仪等。

④光学类量仪:用光学原理来实现被测量的变换和放大,以实现几何量测量,如光学计、测长仪、投影仪、干涉仪、激光干涉仪等。

⑤气动类量仪:以压缩气体为介质,将被测量转换为气动系统状态(流量或压力)的变化,以实现几何量测量,如压力式气动量仪、流量计式气动量仪等。

⑥电学类量仪:将被测量变换为电量,然后通过对电量的测量来实现几何量测量,如电感比较仪、电动轮廓仪等。

⑦机电光综合类量仪:利用光学方法放大或瞄准,通过光电元件再转换为电量进行检测,以实现几何量测量,如三坐标测量仪、齿轮测量中心等。

(4)测量装置是指为确定被测量所必需的测量装置和辅助设备的总体。它能够测量较多的几何参数和较复杂的工件,如连杆和滚动轴承等工件可用测量装置进行测量。

5.1.4.2 计量器具的度量指标

度量指标是选择、使用和研究计量器具的依据。计量器具的基本度量指标如下:

(1)分度间距(刻度间距):计量器具的刻度标尺或度盘上两相邻刻线中心之间的距离,一般为 1.0～2.5 mm。

(2)分度值(刻度值):计量器具的刻度尺或度盘上相邻两刻线所代表的量值之差。

分度值通常取 1、2、5 的倍数,如 0.01 mm、0.001 mm、0.002 mm、0.005 mm 等。计量器具的最小分度值均以不同形式标在刻度尺或度盘上,表示计量器具所能读出的被测尺寸的最小单位。对于数显式量仪,分度值称为分辨率。一般来说,分度值越小,计量器具的精度越高。

(3)示值范围:计量器具所显示或指示的最小值到最大值的范围。

(4)测量范围:在允许的误差限内,计量器具所能测出的最小值到最大值的范围。

某些计量器具的测量范围和示值范围是相同的,如游标卡尺和千分尺。

(5)示值误差:计量器具上的示值与被测量真值的代数差。示值误差可从说明书或检定规程中查得,也可通过实验统计确定。

(6)示值变动(稳定)性:在测量条件不变的情况下,对同一被测量进行多次(一般 5～10 次)重复观察读数,其示值变化的最大差异。

(7)灵敏度:计量器具对被测量变化的反应能力。若被测量变化为 Δx,所引起的计量器具的相应变化为 ΔL,则灵敏度 S 为

$$S=\frac{\Delta L}{\Delta x}$$

当分子和分母为同一类量时,又称放大比或放大倍数,其值为常数。放大倍数 K 可用下式表示:

$$K=\frac{c}{i}$$

式中,c 为刻度间距;i 为分度值。

(8)灵敏限:引起计量器具示值可察觉变化的被测量的最小变化值。它表示计量器具对被测量微小变化的敏感能力。

(9)回程误差:在相同测量条件下,计量器具按正反行程对同一被测量值进行测量时,计量器具示值之差的绝对值。

(10)测量力:计量器具的测头与被测表面之间的接触压力。

(11)修正值(校正值):为消除系统误差,用代数法加到未修正的测量结果上的值。修正值与示值误差绝对值相等而符号相反。

(12)允许误差:技术规范、规程等对给定计量器具所允许误差的极限值。

(13)稳定度:在规定工作条件下,计量器具保持其计量特性恒定不变的程度。

(14)分辨力:计量器具指示装置可以有效辨别所指示的紧密相邻量值的能力的定量表示。一般认为模拟式指示装置其分辨力为标尺间距的一半,数字式指示装置其分辨力为最后一位数的一个字。

(15)不确定度:由于计量器具的误差而对被测量的真值不能肯定的程度。它反映计量器具精度的高低,一般用允许误差来表示被测量所处的量值范围。不确定度是一个综合指标,包括示值误差、回程误差等。

5.1.5 测量方法

测量方法从以下不同角度进行分类。

(1)按是否直接量出所需要的量值分:

①直接测量:直接从计量器具获得被测量的量值。测量过程简单,精度只与此过程有关。

②间接测量:先测量出与被测量有已知函数关系的量,然后通过函数关系算出被测量。

测量精度与有关量的测量精度、计算精度有关,用于直接测量不易测准,或由于被测件结构限制,或由于计量器具限制而无法直接测量的场合。测量大圆柱形零件的直径 D 时,可先测出圆周长 L,然后通过函数关系 $D=L/\pi$ 算出零件的直径。如图 5-4 所示,为求某圆弧样板的劣弧半径 R,可通过测量弦高 h 和弦长 l,按下式求出 R:

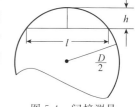

$$R = \frac{l^2}{8h} + \frac{h}{2}$$

图 5-4 间接测量

(2)按示值是否为被测量的整个量值分:

①绝对测量:能从计量器具读数装置上读出被测量的整个量值。

②相对测量:计量器具的示值仅表示被测量对已知标准量的偏差,而被测量的量值为示值与标准量的代数和。如用比较仪测量轴径,测量时先用量块调整量仪的零位,然后对被测量进行测量,该比较仪指示出的示值为被测轴径相对于量块尺寸的偏差。

一般来说,相对测量的测量精度比绝对测量的测量精度高。

(3)按测量时计量器具的测头与被测表面之间是否有机械作用的测量力分:

①接触测量:计量器具在测量时其测头与零件被测表面直接接触,并存在机械作用的测

量力,可能使计量器具或工件产生变形,造成测量误差,尤其在绝对测量时对软金属或薄结构易变形工件,因变形造成划伤工件表面。

②非接触测量:测量时计量器具的测头与被测表面不接触,特别适用于薄结构易变形工件的测量,但此法对工件形状有一定要求,同时要求工件定位可靠,没有颤动,表面清洁。

(4)按同时测量被测量的多少分:

①单项测量:单独地彼此没有联系地测量同一工件上的单项参数,一般用于量规检定、工序间的测量,或为了工艺分析、调整机床等目的。

②综合测量:同时测量工件上几个相关参数,综合地判断工件是否合格。其目的是保证被测工件在规定的极限轮廓内,以满足互换性要求,一般用于终结检验,测量效率高,特别适用于成批或大量生产,可有效保证互换性,如用花键塞规检验花键孔,用齿轮单啮仪测量齿轮的切向综合误差。

(5)按测量是否在加工过程中分:

①在线测量:在加工过程中对工件进行测量。其结果直接用来控制工件的加工过程,以决定是否需要继续加工或判断工艺过程是否正常,是否需要进行调整,及时防止废品产生,主要应用在自动化生产线上,如数控机床、加工中心。

②离线测量:在加工后对工件进行测量。其结果仅用于发现并剔除废品。

在线测量使检测与加工过程紧密结合,能及时防止废品,以保证产品质量,因此是检测技术的发展方向。

(6)按被测量在测量过程所处的状态分:

①静态测量:测量时被测表面与计量器具的测头处于相对静止状态。

②动态测量:测量时被测表面与计量器具的测头之间处于相对运动状态,或测量过程是模拟零件在工作或加工时的运动状态。其目的是测得误差的瞬时值及其随时间变化的规律,测量效率高,如电动轮廓仪测量表面粗糙度,在磨削过程中测量零件的直径,用激光丝杠动态检查仪测量丝杠等。

动态测量有振动,要求计量器具测头与被测表面接触安全、可靠、耐磨,对测量信号反应要灵敏等。

(7)按决定测量结果的全部因素或条件是否改变分:

①等精度测量:测量过程中决定测量结果的全部因素或条件不变。如由同一个人,在计量器具、测量环境、测量方法都相同的情况下,对同一量仔细地进行多次测量,可认为每一个测量结果的可靠性和精确度都是相等的。为简化对测量结果的处理,一般情况下大多采用等精度测量。

②不等精度测量:测量过程中决定测量结果的全部因素或条件可能完全改变或部分改变。由于不等精度测量的数据处理比较麻烦,只用于重要的高精度测量。

对一个具体的测量过程,可能同时兼有几种测量方法的特性,如用三坐标测量机对工件的轮廓进行测量,则同时属于直接测量、接触测量、在线测量、动态测量等。测量方法的选择应考虑被测对象的结构特点、精度要求、生产批量、技术条件和经济效益等。测量技术的发展方向是动态测量和在线测量,只有将加工和测量紧密结合起来的测量方式才能提高生产效率和产品质量。

5.2 测量误差和数据处理

5.2.1 测量误差

5.2.1.1 概念

由于计量器具本身的误差以及测量方法和条件的限制,任何测量过程都不可避免地存在误差。测量误差可表示为绝对误差和相对误差。

(1)绝对误差:测量结果与被测量的真值之差。

$$\delta = x - x_0$$

测量结果 x 可能大于或小于真值 x_0,所以测得误差 δ 可能是正值也可能是负值。实际中,用测量结果和测量误差估计真值所在的范围,即

$$x_0 = x \pm \delta$$

测量误差的绝对值越小,说明测量结果越接近真值,因此测量精度就越高,反之测量精度就低。但这一结论适用于被测量值相同的情况,而不能说明不同被测量的测量精度。

(2)相对误差:绝对误差的绝对值与被测量真值之比。

$$\varepsilon = \frac{|x - x_0|}{x_0} \times 100\% = \frac{|\delta|}{x_0} \times 100\%$$

相对误差比绝对误差能更好地说明测量的精确程度。

在实际测量中,由于被测量真值是未知的,而指示值又很接近真值,因此可以用指示值 x 代替真值 x_0 来计算相对误差。

5.2.1.2 测量误差的来源

(1)计量器具误差:计量器具本身在设计、制造和使用过程中造成的各项误差,可用计量器具的示值精度或不确定度来表示,分为设计原理误差、仪器制造和装配调整误差,如刻度尺的刻线误差,仪器传动装置中杠杆、齿轮副的制造、装配误差,分度盘安装偏心、导轨的平面度与直线度误差等。

(2)标准件误差:作为标准的标准件本身的制造误差和检定误差,如量块的制造误差等,在生产实践中此误差占总测量误差的 1/5～1/3,故经常检验标准件。

(3)测量方法误差:由于测量方法不完善或对被测对象认识不够全面引起的误差,如工件安装不合理、计算公式不准确。

(4)测量力误差:在进行接触测量中,由于测量力使得计量器具和被测工件产生弹性变形而产生的误差。测量力太小,不能保证接触的可靠性;太大会引起弹性变形。一般计量器具的测量力控制在 2 N 之内,高精度的控制在 1 N 之内。

(5)测量环境误差:测量时的环境条件不符合标准条件所引起的误差。测量的环境条件包括温度、湿度、振动和灰尘等,其中温度对测量结果的影响最大。测量时标准温度为 20 ℃,一般计量室控制在 [20±(2～0.5)]℃,精密计量室控制在 [20±(0.05～0.03)]℃,同时还要尽可能使被测零件与计量器具在相同温度下进行测量,计量室相对湿度以 50%～60% 为宜,还应远离振动源,清洁度要高等。

在测量时,当实际温度偏离标准温度 20 ℃时,温度变化引起的测量误差为

$$\Delta L = L[\alpha_2(t_2 - 20) - \alpha_1(t_1 - 20)]$$

式中,ΔL 为测量误差;L 为被测尺寸;t_1、t_2 为计量器具、被测工件的温度;α_1、α_2 为计量器具、被测工件的线膨胀系数。

(6)人员误差:测量人员的主观因素所引起的误差;如人员的技术熟练程度、工件疲劳程度、测量习惯、思想情绪等,还有瞄准不准确、估读误差。

产生误差的因素很多,有些误差是不可避免的,但有些是可以避免的。因此测量者应对可能产生误差的原因进行分析,掌握其影响规律,设法消除或减小其对测量结果的影响,以保证测量精度。

5.2.1.3 测量误差的分类

根据测量误差的性质和特点不同,测量误差分为:

(1)系统误差:在同一条件下,多次重复测量同一量值时,误差的绝对值和符号保持恒定或按一定规律变化的误差。前者称为定值系统误差,后者称为变值系统误差。

①定值系统误差:全部测量过程中,大小、符号均不变,如量块误差,计量器具刻度盘分度不准确、千分尺的零位不正确引起的误差。

②变值系统误差:分为线性变化的、周期性变化的和复杂变化的,如温度均匀变化、气压变化可能引起的按线性变化,刻度盘偏心引起的角度测量误差按正弦规律变化。

系统误差的大小表明测量结果的准确度,它说明测量结果相对真值有一定误差。系统误差对测量结果影响较大,要尽量减少或消除系统误差,提高测量精度。

(2)随机误差:在同一条件下,多次测量同一量值时,误差的绝对值和符号以不可预见的方式变化着的误差。

就误差出现的整体而言服从统计规律。

①随机误差的分布规律及特性。

随机误差可用试验方法来确定。实践表明,大多数情况下,随机误差符合正态分布。为便于理解,现举例说明。

例 5-1 在同样的测量条件下,对圆柱销轴的同一部位重复测量 200 次,得到 200 个测得值。其中最大值为 20.012 mm,最小值为 19.990 mm。按测得值大小分别归入 11 组,分组间隔为 0.002 mm,有关数据见表 5-2。

表 5-2 测量数据统计

组号	尺寸分组区间/mm	区间中心值 x_i/mm	出现的次数(频数 n_i)	频率(n_i/n)
1	19.990~19.992	19.991	2	0.01
2	19.992~19.994	19.993	4	0.02
3	19.994~19.996	19.995	10	0.05
4	19.996~19.998	19.997	24	0.12
5	19.998~20.000	19.999	37	0.185
6	20.000~20.002	20.001	45	0.225
7	20.002~20.004	20.003	39	0.195

续表

组号	尺寸分组区间/mm	区间中心值 x_i/mm	出现的次数（频数 n_i）	频率（n_i/n）
8	20.004～20.006	20.005	23	0.115
9	20.006～20.008	20.007	12	0.06
10	20.008～20.010	20.009	3	0.015
11	20.010～20.012	20.011	1	0.005

　　将表 5-2 中数据画成图形，横坐标表示测得值，纵坐标表示出现次数和频率，得到频率直方图。联结各组的中心值的纵坐标所得的折线，称为测得值的实际分布曲线，如图 5-5 所示。若上述实验次数无限增大，分组间隔无限减小，则实际分布曲线就会变成一条光滑的正态分布曲线，如图 5-6 所示。

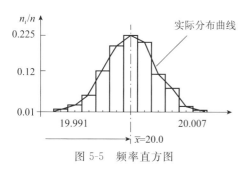

图 5-5　频率直方图

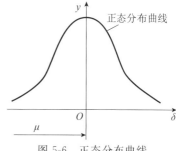

图 5-6　正态分布曲线

　　从图 5-6 可以看出，随机误差具有以下 4 个分布特征：

单峰性：绝对值小的随机误差比绝对值大的随机误差出现的次数多。

对称性：绝对值相等的正误差与负误差出现的次数相等。

有界性：在一定的测量条件下，随机误差的绝对值不会超出一定界限。

抵偿性：随着测量次数的增加，随机误差的算术平均值趋向于零。

　　②随机误差的评定指标。

　　根据概率论的原理，正态分布曲线的数学表达式为

$$y = \frac{1}{\sigma\sqrt{2\pi}}\mathrm{e}^{-\frac{\delta^2}{2\sigma^2}}$$

　　式中，y 为随机误差的概率分布密度；σ 为标准偏差；δ 为随机误差。

　　根据误差理论，等精度测量列中单次测量的标准偏差 σ 是各随机误差 δ 平方和的平均值的正平方根，即

$$\sigma = \sqrt{\frac{\delta_1^2 + \delta_2^2 + \cdots + S_n^2}{n}} = \sqrt{\frac{\sum\limits_{i=1}^{n}\delta_i^2}{n}}$$

　　式中，n 为测量次数；δ_i 为测量列中各测得值相应的随机误差。

　　不同的 σ 对应不同形状的正态分布曲线，σ 越小，y_{max} 值越大，曲线越陡，随机误差越集中，即测得值分布越集中，测量精密度越高；σ 越大，y_{max} 值越小，曲线越平坦，随机误差越分散，即测得值分布越分散，测量精密度越低。图 5-7 所示为 $\sigma_1 < \sigma_2 < \sigma_3$ 时 3 种正态分布曲线，因此 σ 可作为表征各测得值的精密度指标。

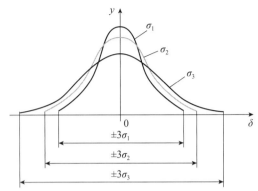

图 5-7 总体标准偏差对随机误差分布特性的影响

从理论上讲,正态分布中心位置的均值 μ 代表被测量的真值 x_0,标准偏差 σ 代表测得值的集中与分散程度。

③随机误差的极限值。

随机误差的极限值是指测量极限误差,即测量误差可能出现的极限值。

由于超出 $\delta=\pm3\sigma$ 的概率已很小,故在实践中常认为 $\delta=\pm3\sigma$ 的概率 $P=0.9973\approx1$,从而将 $\pm3\sigma$ 看作单次测量的随机误差的极限值,将此值称为极限误差,记作

$$\delta_{\text{lim}}=\pm3\sigma$$

即单次测量的测量结果为

$$x=x_i\pm\delta_{\text{lim}}=x_i\pm3\sigma$$

式中,x_i 为某次测得值。

(3)粗大误差(过失误差):超出在规定条件下预计的测量误差,即明显歪曲测量结果的误差。其数值较大,应避免或剔除粗大误差。

5.2.2 测量精度

测量精度是被测量的测得值与其真值的接近程度。测量精度和测量误差从两个不同的角度说明同一概念。

(1)准确度:表示测量结果中系统误差的影响程度。

(2)精密度:表示测量结果中随机误差的影响程度。

(3)精确度:表示测量结果中随机误差和系统误差综合的影响程度。

通常精密度高的,准确度不一定高,反之亦然;但精确度高的,准确度和精密度必定都高。

5.2.3 测量结果的数据处理

5.2.3.1 系统误差的处理

(1)发现:定值系统误差对测量结果的影响是一定值,不能从一系列测量值的处理中揭示,要通过实验对比法发现,即用更高精度的计量器具进行检定性测量,以两者对同一量值进行测量次数相同的多次重复测量,求出其算术平均值之差,作为定值系统误差。

变值系统误差可用残差观察法发现,即根据系列测得值的残差列表或作图观察其变化

规律。

（2）消除：

①修正法：预先检定出计量器具的系统误差，将其数值反向后作为修正值，用代数法加到实际测量值上。

②抵消法：根据具体情况拟订测量方案，进行两头测量，使得两次测量读数时出现的系统误差大小相等、方向相反，再取两次测得值的平均值作为测量结果，以消除误差。如用水平仪测量某一平面倾角，由于水平仪气泡原始零位不准确而产生系统误差为正值；若将水平仪调头再测量一次，则产生系统误差为负值，且大小相等，因此可取两次读数的算术平均值作为结果。

③对称法：对于线性系统误差，采用对称观察法来消除误差，即取对某一中间值两端对称的测量值的平均值。

④半周期法：对于周期性系统误差，即取相隔半个周期的两个值的平均值。

利用被测量之间的内在联系消除，如多面棱体的各角度之和是封闭的，即 $360°$，因此在用自准仪检定其各角度时，可根据其角度之和为 $360°$ 这一封闭条件，消除检定中的系统误差。又如，在用齿距仪按相对法测量齿轮的齿距累积误差时，可根据齿轮从第一个齿距误差累积到最后一个齿距误差时，其累积误差应为零这一关系来修正测量时的系统误差。

5.2.3.2 随机误差的处理

（1）测量列的算术平均值。在评定有限测量次数测量列的随机误差时，必须获得真值，但真值是不知道的，因此只能从测量列中找到一个接近真值的数值加以代替，这就是测量列的算术平均值。

若测量列为 $x_1, x_2, \cdots, x_n$，则算术平均值为

$$\overline{x} = \frac{1}{n}\sum_{i=1}^{n} x_i$$

（2）残差（剩余误差）及其应用。残差的公式如下：

$$v_i = x_i - \overline{x}$$

由符合正态分布曲线分布规律的随机误差的分布特性可知，残差具有下述两个特性：

①当测量次数 n 足够多时，残差的代数和趋近于零，即 $\sum_{i=1}^{n} v_i = 0$。

②残差的平方和为最小，即 $\sum_{i=1}^{n} v_i^2 = \min$。

实际应用中，常用 $\sum_{i=1}^{n} v_i = 0$ 来验证数据处理中求得的算术平均值和残差是否正确。

（3）计算测量列中单次测得值的标准偏差。标准偏差 σ 是表征对同一被测量进行 n 次测量所得值的分散程度的参数。由于随机误差 δ_i 是未知量，实际测量常用残差代替，故用贝塞尔公式求出 σ 的估计值。

$$\sigma' = \sqrt{\frac{\sum\limits_{i=1}^{n} v_i^2}{n-1}} = \sqrt{\frac{\sum\limits_{i=1}^{n} (x_i - \overline{x})^2}{n-1}}$$

(4)计算测量列算术平均值的标准偏差。相同条件下,对同一被测量,将测量列分为若干组,每组进行 n 次的测量称为多次测量。标准偏差 σ 代表一组测得值中任一测得值的精密程度,但在多次重复测量中是以算术平均值作为测量结果的。因此,更重要的是要知道算术平均值的精密程度,可用算术平均值的标准偏差表示。根据误差理论,测量列算术平均值的标准偏差用下式计算:

$$\sigma_{\bar{x}} = \frac{\sigma'}{\sqrt{n}} = \sqrt{\frac{\sum\limits_{i=1}^{n} v_i^2}{n(n-1)}}$$

由上式可知,多次测量的总体算术平均值的标准偏差为单次测量值的标准偏差的 $1/\sqrt{n}$,这说明随着测量次数的增多,标准偏差越小,测量的精密度就越高。但当 σ 一定时,$n>20$ 以后,减小缓慢,即用增加测量次数的方法来提高测量精密度,收效不大,故在生产中,一般取 $n=5\sim20$,通常取 $\leqslant10$ 次为宜。

(5)计算测量列算术平均值的极限误差,即 $\delta_{\lim(\bar{x})} = \pm 3\sigma_{\bar{x}}$。这样,测量列的测量结果可表示为 $\bar{x} \pm \delta_{\lim(\bar{x})} = \bar{x} \pm 3\sigma_{\bar{x}}$,这时的置信概率 $P=99.73\%$。

5.2.3.3 粗大误差的处理

判断粗大误差常用拉依达准则(又称 3σ 准则)。

该准则的依据主要来自随机误差的正态分布规律。从随机误差的特性中可知,测量误差越大,出现的概率越小,误差的绝对值超过 $\pm 3\sigma$ 的概率仅为 0.27%,即在连续 370 次测量中只有一次测量的残差超出 $\pm 3\sigma$($370 \times 0.0027 \approx 1$ 次),而连续测量的次数绝不会超过 370 次,测量列中就不应该有超出 $\pm 3\sigma$ 的残差。因此,凡绝对值大于 3σ 的残差,就看作粗大误差而予以剔除。在有限次测量时,其判断式为 $|v_i| > 3\sigma$。

剔除具有粗大误差的测量值后,应根据剩下的测量值重新计算 σ,然后再根据 3σ 准则去判断剩下的测量值中是否还存在粗大误差。每次只能剔除一个,直到剔除完为止。

在测量次数较少(小于 10 次)的情况下,最好不用 3σ 准则,而用其他准则。

5.2.4 测量误差合成

对于较重要的测量,不但要给出正确的测量结果,而且还应给出该测量结果的准确程度。对于一般的简单测量,可从仪器的使用说明书或检定规程中查得仪器的测量不确定度,以此作为测量极限误差。而对于一些较复杂的测量,或专门设计的测量装置,没有现成资料可查,只好分析测量误差的组成项并计算其数值,然后按一定方法综合成测量方法极限误差,这个过程叫作测量误差的合成。

5.2.4.1 直接测量法

直接测量法测量误差主要来源于仪器误差、测量方法误差、基准件误差等,这些误差称为测量总误差的误差分量。

(1)已定系统误差按代数和法合成,即 $\delta_x = \delta_{x_1} + \delta_{x_2} + \cdots + \delta_{x_n} = \sum\limits_{i=1}^{n} \delta_{x_i}$

(2)对于符合正态分布、彼此独立的随机误差和未定系统误差,按方根法合成,即

$$\delta_{\text{lim}} = \pm \sqrt{\delta_{\text{lim}1}^2 + \delta_{\text{lim}2}^2 + \cdots + \delta_{\text{lim}n}^2} = \pm \sqrt{\sum_{i=1}^{n} \delta_{\text{lim}i}^2}$$

5.2.4.2 间接测量法

间接测量法是被测的量 y 与直接测量的量 $x_1, x_2, \cdots, x_n$ 有一定的函数关系,即 $y = f(x_1, x_2, \cdots, x_n)$。

当测量值有系统误差时,则函数有测量误差,且 $\delta_y = \dfrac{\partial f}{\partial x_1} \delta_{x_1} + \dfrac{\partial f}{\partial x_2} \delta_{x_2} + \cdots + \dfrac{\partial f}{\partial x_n} \delta_{x_n}$。

当测量值有随机误差时,则函数必然存在随机误差,且 $\delta_{\text{lim}y} = \pm \sqrt{\sum_{i=1}^{n} \left(\dfrac{\partial f}{\partial x_i} \right)^2 \delta_{\text{lim}x_i}^2}$。

例 5-2 用三针法测量螺纹的中径 d_2,其函数关系式为 $d_2 = M - 1.5d_0$,已知测得值 $M = 16.31 \text{ mm}$,$\delta_M = +30 \ \mu\text{m}$,$\delta_{\text{lim}M} = \pm 8 \ \mu\text{m}$,$d_0 = 0.866 \text{ mm}$,$\delta_{d_0} = -0.2 \ \mu\text{m}$,$\delta_{\text{lim}d_0} = \pm 0.1 \ \mu\text{m}$,试求单一中径 d_2 的值及其测量误差。

解: $d_2 = M - 1.5d_0 = 16.31 - 1.5 \times 0.866 = 15.011 \text{ mm}$。

求函数的系统误差:

$$\delta_{d_2} = \frac{\partial f}{\partial M} \delta_M + \frac{\partial f}{\partial d_0} \delta_{d_0} = 1 \times 30 - 1.5 \times (-0.2) = 30.3 \ \mu\text{m}。$$

求函数的测量极限误差:

$$\delta_{\text{lim}d_2} = \pm \sqrt{\left(\frac{\partial f}{\partial M} \right)^2 \delta_{\text{lim}M}^2 + \left(\frac{\partial f}{\partial d_0} \right)^2 \delta_{\text{lim}d_0}^2} = \pm \sqrt{1 \times 8^2 + (-1.5)^2 \times 0.1^2} \approx \pm 8 \ \mu\text{m}。$$

测量结果:$(d_2 - \delta_{d_2}) \pm \delta_{\text{lim}d_2} = 15.011 - 0.030 \pm 0.008 = (14.981 \pm 0.008) \text{mm}$。

5.2.5 游标卡尺示值误差测量结果的不确定度评定

5.2.5.1 概述

(1)测量方法:依据 JJG 30—2002《游标卡尺检定规程》。

(2)环境条件:温度(20±1)℃。

(3)测量标准:5 等量块,其长度尺寸的不确定度不大于(0.5+5L) μm(L 为测量长度,单位为 m),包含因子为 2.6。

(4)被测对象:测量范围为 0～300 mm,分度值为 0.02 mm 的游标卡尺,最大允许示值误差为±0.04 mm;测量范围为 0～500 mm,分度值为 0.02 mm 的游标卡尺,最大允许示值误差为±0.05 mm;测量范围为 0～1000 mm,分度值为 0.02 mm 的游标卡尺,最大允许示值误差为±0.10 mm。

(5)测量过程:对于测量范围为 0～300 mm 的游标卡尺,测量点的分布不少于均匀分布的 3 点,如300 mm 的游标卡尺,其受测点为 101.2 mm、201.5 mm、291.8 mm;对于测量范围为 0～500 mm 的游标卡尺,测量点的分布不少于均匀分布的 6 点,其受测点为 80 mm、161.2 mm、240 mm、321.5 mm、400 mm、491.8 mm;对于测量范围为 0～1000 mm 的游标卡尺,测量点的分布不少于均匀分布的 6 点,其受测点为 150 mm、351.2 mm、500 mm、621.5 mm、750 mm、991.8 mm。

(6)评定结果的使用:在符合上述条件下的测量结果,一般可直接使用本不确定度的评定结果。

5.2.5.2　数学模型

$$\Delta L = L - L_b$$

式中,ΔL 为游标卡尺的最大允许示值误差;L 为游标卡尺的示值;L_b 为量块的长度尺寸。

5.2.5.3　输入量的标准不确定度评定

(1)游标卡尺读数的对线误差估算的标准不确定度 $u(L)$ 的评定。

分度值为 0.02 mm 的游标卡尺,对线误差分布区间为 0.01 mm,估计为均匀分布,则对于测量范围为 0~300 mm 的游标卡尺,包含因子为 $\sqrt{3}$,故标准不确定度 u_{L_1} 为

$$u_{L_1} = \frac{0.01}{2\sqrt{3}} = 2.89 \ \mu m$$

同理,对于测量范围为 0~500 mm 的游标卡尺,其标准不确定度分量 u_{L_2} 为

$$u_{L_2} = \frac{0.01}{2\sqrt{3}} = 2.89 \ \mu m$$

(2)校准用 5 等量块的标准不确定度 $u(L_b)$ 的评定。

输入量 L_b 的不确定度主要来源于量块长度尺寸的不确定度,可根据量块证书给出的量块长度尺寸的不确定度来评定

测量用的量块其长度尺寸偏差为 0.8 μm + 16×$10^{-6}L$(L 为测量长度,单位为 mm),为均匀分布,当被测尺寸在 291.8 mm(不确定度可能最大)的情况下,标准不确定度 $u(L_b)$ 为

$$u_{L_b} = \frac{0.8 + 16 \times 0.2918}{1.732} = 3.16 \ \mu m$$

(3)卡尺和量块的热膨胀系数差估算的测量不确定度分量 u_3。

由于材料性质的差异,两种材料热膨胀系数界限在 $(11.5 \pm 1) \times 10^{-6}/℃$ 的范围内服从均匀分布,则 σ 的区间半宽为 $2 \times 10^{-6}/℃$,服从三角分布,测量尺寸为 L,偏离温度的范围为 $\pm 5 \ ℃$,其不确定度为

$$u_3 = 291800 \ \mu m \times 5 \ ℃ \times 2 \times 10^{-6}/℃ / \sqrt{6} = 1.19 \ \mu m$$

(4)卡尺和量块间的温度差估算的测量不确定度分量 u_4。

卡尺与量块间存在温度差,以等概率落于区间 $\pm 5 \ ℃$ 内任何处,其区间半宽为 5 ℃,测量尺寸为 L 和线膨胀系数为 $11.5 \times 10^{-6} ℃^{-1}$,则

$$u_4 = 291800 \ \mu m \times 11.5 \times 10^{-6} ℃^{-1} \times 0.5 \ ℃ / \sqrt{3} = 0.97 \ \mu m$$

5.2.5.4　合成标准不确定度的计算

对于测量范围为 0~300 mm 的游标卡尺:

$$u_{cL_1} = \sqrt{2.89^2 + 3.16^2 + 1.19^2 + 0.97^2} = 4.55 \ \mu m$$

5.2.5.5　扩展不确定度的评定

取 $k=2$ 时,有

$$U = u_{cL_1} \times k = 4.55 \times 2 = 9.10 \ \mu m \approx 0.01 \ mm$$

同理可得：

对于测量范围为 $300\sim500$ mm 的游标卡尺：

$$U_{cL_2}=u\times k=0.02 \text{ mm} \quad (k=2)$$

对于测量范围为 $500\sim1000$ mm 的游标卡尺

$$U_{cL_3}=u\times k=0.03 \text{ mm} \quad (k=2)$$

5.2.6　百分表示值误差测量结果的不确定度评定

5.2.6.1　概述

(1)测量方法：依据 JJG 34—2012《指示表(百分表和千分表)检定规程》。

(2)环境条件：温度(20 ± 10)℃，相对湿度$\leqslant85\%$。

(3)测量标准：百分表检定仪，最大允许值误差为 4.0 μm。

(4)被测对象：分度值为 0.01 mm，行程为 10 mm 的百分表，其最大允许示值误差为 20 μm。

(5)测量过程：先将检定仪和百分表分别对好零位，百分表示值误差是在正行程的方向上每隔 20 个分度进行校准的。检定仪移动规定分度后，在百分表上读取各点相应的误差值，直到工作行程的终点。由正行程校准得到的最大误差与最小误差之差值为百分表的示值误差。

(6)评定结果的使用：在符合上述条件下的测量结果，一般可直接使用本不确定度的评定结果。

5.2.6.2　数学模型

$$e=\Delta_{\max}-\Delta_{\min}$$

式中，e 为百分表示值误差；$\Delta_{\max}$ 为百分表正行程上最大误差；$\Delta_{\min}$ 为百分表正行程上最小误差。

$$\Delta_{\max}=L_a-L_s \quad \Delta_{\min}=L_a-L_s$$

式中，L_a 为百分表的示值；L_s 为百分表检定仪的示值。

5.2.6.3　输入量的标准不确定度的评定

(1)输入量 $\Delta_{\max}$ 的标准不确定 $u(\Delta_{\max})$ 的评定。

输入量 $\Delta_{\max}$ 的不确定来源，主要是百分表示值引起的标准不确定度分项 $u(L_a)$ 和百分表检定仪引起的标准不确定度分项 $u(L_s)$。

①百分表示值引起的不确定分项 $u(L_a)$ 的评定。

百分表示值引起的不确定度分项 $u(L_a)$ 的来源主要是测量重复性，可以通过连续测量得到测量列，采用 A 类方法进行评定。

选取百分表示值 3 mm 为测量点，把百分表装夹在百分表检定仪上，转动百分表检定仪规定分度后，在百分表上读取该点示值作为一次测量过程。然后取下百分表再重新进行装夹测量，连续测量 10 次，得到测量列 3.008 mm、3.008 mm、3.007 mm、3.008 mm、3.008 mm、3.008 mm、3.007 mm、3.008 mm、3.009 mm、3.008 mm。

$$\overline{L_a}=3.0079 \text{ mm}$$

单次标准差：选取百分表示值为 3 mm、5 mm、9 mm 3点，每点分别用百分表检定仪各在重复性条件下连续测量 10 次，共得 3 组测量列，每组测量列分别按上述方法计算得到单次实验标准差,见表 5-3。

表 5-3 3 组实验标准差计算结果

示值/mm	3	5	9
实验标准差 $s_j/\mu m$	0.568	0.620	0.597

合并样本标准差:

$$s_\mathrm{p} = \sqrt{\frac{1}{m}\sum_{j=1}^{m} s_j^2} = 0.595\ \mu m$$

所以

$$u(L_\mathrm{a}) = s_\mathrm{p} \approx 0.595\ \mu m$$

故自由度 $\upsilon(L_\mathrm{a}) = 3\times(10-1) = 27$。

②百分表检定仪引起的标准不确定度分项 $u(L_\mathrm{s})$ 的评定。

百分表检定仪引起的不确定度分项 $u(L_\mathrm{s})$,由百分表检定仪示值误差引起的不确定度分项 $u(L_\mathrm{s_1})$ 和百分表检定仪测杆测量面与旋转轴垂直度引起的不确定度分量 $u(L_\mathrm{s_2})$、测力变化引起的不确定度分项 $u(L_\mathrm{s_3})$ 组成。

百分表检定仪示值误差引起的不确定度分项 $u(L_\mathrm{s_1})$ 的评定(采用 B 类方法进行评定)。根据检定证书,百分表检定仪示值误差为 $4.0\ \mu m$,认为其服从均匀分布,故包含因子 k 取 $\sqrt{3}$,则

$$u(L_\mathrm{s_1}) = 4.0/\sqrt{3} = 2.31\ \mu m$$

估计 $\dfrac{\Delta u(L_\mathrm{s_1})}{u(L_\mathrm{s_1})} = 0.10$,故 $\upsilon(L_\mathrm{s_1}) = 50$。

百分表检定仪测杆测量面与旋转轴垂直度引起的标准不确定度分项 $u(L_\mathrm{s_2})$(采用 B 类评定方法评定):百分表测头和百分表检定仪测杆测量面接触点,对旋转轴的偏离 ΔR 为百分表座与百分表检定仪测杆的同轴度 ΔR_1 和百分表装夹倾斜引起的偏离 ΔR_2 之和。

$$\Delta R = \Delta R_1 + \Delta R_2$$

因 $\Delta R_1 = 0.1\ \mathrm{mm}$,$\Delta R_2 = L\sin\theta$,故 $\Delta R = 0.1 + L\sin\theta$。根据规程要求 $\theta = \pm 0.002\ \mathrm{rad}$,又因 θ 值很小,$\sin\theta \approx \theta = 0.002\ \mathrm{rad}$,$L = 10\ \mathrm{mm}$,则

$$\Delta R = 0.1 + 10\times 0.002 \approx 0.12\ \mathrm{mm}$$

百分表检定仪测杆测量面与旋转轴垂直度 S 为 $0.0003\ \mathrm{rad}$,故垂直度引起的轴向变化量为

$$\Delta S = \Delta R \cdot S = 0.12\times 10^3 \times 0.0003 = 0.036\ \mu m$$

该误差为均匀分布,故

$$u(L_\mathrm{s_2}) = \Delta S/\sqrt{3} = 0.036/\sqrt{3} = 0.021\ \mu m$$

估计 $\dfrac{\Delta u(L_\mathrm{s_2})}{u(L_\mathrm{s_2})} = 0.25\%$,故 $\upsilon(L_\mathrm{s_2}) = 8$。

测力变化引起的标准不确定度分项 $u(L_\mathrm{s_3})$ 的评定(采用 B 类方法进行评定):百分表与百分表检定仪的接触为球面对平面接触,测力引起的变形量 δ 为

$$\delta = k^3\sqrt{p^2/d}$$

式中,k 为系数,当百分表检定仪的测杆材料为硬质合金,百分表的测头材料为钢时,$k = 1.5\times 9.8^{-(2/3)}\ \mu m \cdot (\mathrm{mm})^{1/3} \cdot (\mathrm{N})^{-2/3}$;$p$ 为测力值,$p = 1.0\ \mathrm{N}$;d 为测头直径,$d = 2.5\ \mathrm{mm}$。

由此得

$$\Delta\delta = (2k/3) \times d^{(-1/3)} p^{(-1/3)} \Delta p$$

式中，$\Delta\delta$ 为测头测力变化引起的变形量；Δp 为测头测力变化允许值，$\Delta p = 0.5$ N。

$$\Delta\delta = (2k/3) \times d^{(-1/3)} p^{(-1/3)} \Delta p = 0.08 \ \mu\text{m}$$

认为其服从均匀分布，故 k 取 $\sqrt{3}$，所以

$$u(L_{s_3}) = \Delta\delta/\sqrt{3} = 0.08/\sqrt{3} = 0.05 \ \mu\text{m}$$

估计 $\dfrac{\Delta u(L_{s_3})}{u(L_{s_3})} = 0.5$，则 $\upsilon(L_{s_3}) = 2$。

百分表检定仪引起的标准不确定度分项 $u(L_s)$ 的计算

标准不确定度 $u(L_s) = \sqrt{u^2(L_{s_1}) + u^2(L_{s_2}) + u^2(L_{s_3})} = 2.31 \ \mu\text{m}$

自由度 $\upsilon(L_s) = u^4(L_s)/[u^4(L_{s_1})/\upsilon(L_{s_1}) + u^4(L_{s_2})/\upsilon(L_{s_2}) + u^4(L_{s_3})/\upsilon^4(L_{s_3})] = 50$

③输入量 $\Delta_{\max}$ 的标准不确定度 $u(\Delta_{\max})$ 的计算。

标准不确定度 $u(\Delta_{\max}) = \sqrt{u^2(L_a) + u(L_s)} = 2.385 \ \mu\text{m}$

自由度 $\upsilon(\Delta_{\max}) = \dfrac{u^4(\Delta_{\max})}{\dfrac{u^4(L_a)}{\upsilon(L_a)} + \dfrac{u^4(L_s)}{\upsilon(L_s)}} = 57$

(2)输入量 $\Delta_{\min}$ 的标准不确定度 $u(\Delta_{\min})$ 的计算。

标准不确定度 $u(\Delta_{\min}) = 2.385 \ \mu\text{m}$

自由度 $\upsilon(\Delta_{\min}) = 57$

5.2.6.4　合成标准不确定度的评定

(1)灵敏系数：

数学模型：

$$e = \Delta_{\max} - \Delta_{\min}$$

灵敏系数：

$$c_1 = \partial e/\partial \Delta_{\max} = 1$$
$$c_2 = \partial e/\partial \Delta_{\min} = -1$$

(2)标准不确定度汇总表：

输入量的标准不确定度汇总于表 5-4 中。

表 5-4　标准不确定度汇总

标准不确定度	不确定度来源	标准不确定度/μm	灵敏系数	标准不确定度分量值/μm	自由度
$u(\Delta_{\max})$	测量重复性；百分表检定仪示值误差；百分表检定仪测杆测量面与旋转轴垂直度；测力变化	2.385	1	2.385	57
$u(\Delta_{\min})$	测量重复性；百分表检定仪示值误差；百分表检定仪测杆测量面与旋转轴垂直度；测力变化	2.385	-1	2.385	57

（3）合成标准不确定度的计算：

输入量 L_a 与 L_s 彼此独立不相关，所以合成标准不确定可按下式得 $u_c(e) = \sqrt{[c_1 u(\Delta_{max})]^2 + [c_2 u(\Delta_{min})]^4}$ 。

$$u_c(e) = \sqrt{2.385^2 + 2.385^4} = 3.373 \ \mu m$$

（4）合成标准不确定度的有效自由度：

$$v_{eff} = \frac{u_c^4(e)}{\dfrac{[c u(\Delta_{max})]^4}{v(\Delta_{max})} + \dfrac{[c_2 u(\Delta_{min})]^4}{v(\Delta_{min})}} = 114$$

由于自由度大多是估算的，因此有效自由度按公式计算的结果可以近似取整，故 v_{eff} 取整为 100。

5.2.6.5　扩展不确定度的评定

取置信概率 $p = 95\%$，按有效自由度 $v_{eff} = 100$ 时，查 t 分布表得

$$k_p = t_{95}(100) = 1.984$$

扩展不确定度为

$$U = u_{ce} \times k = 3.373 \times 2 = 6.74 \approx 7 \ \mu m \quad (k = 2)$$

5.3　用通用计量器具测量

光滑工件尺寸通常采用普通计量器具测量或用光滑极限量规检验。对于一个具体的零件，是选用通用计量器具还是选用量规，要根据零件图样上遵守的公差原则来确定。当零件图样上被测要素的尺寸公差和几何公差遵守独立原则时，该零件加工后的尺寸和几何误差采用通用计量器具来测量。普通测量仪器可把每个零件的尺寸、形状分别测量出来，但效率低，不方便。大批生产零件可用专用量具检验。当零件图样上被测要素的尺寸公差和几何公差遵守包容要求、最大实体要求、最小实体要求时，应采用光滑极限量规或位置量规来检验。

工件尺寸的检测是使用普通计量器具来测量尺寸，并按规定的验收极限判断工件尺寸是否合格，是兼有测量和检验两种特性的一个综合鉴别过程。

现行的相关标准主要包括：

GB/T 3177—2009《产品几何技术规范（GPS）　光滑工件尺寸的检验》。

GB/T 1957—2006《光滑极限量规　技术条件》。

GB/T 18779.1—2002《产品几何量技术规范（GPS）　工件与测量设备的测量检验　第 1 部分：按规范检验合格或不合格的判断规则》。

GB/T 18779.2—2004《产品几何量技术规范（GPS）　工件与测量设备的测量检验　第 2 部分：测量设备校准和产品检验中 GPS 测量的不确定度评定指南》。

GB/T 18779.3—2009《产品几何技术规范（GPS）　工件与测量设备的测量检验　第 3 部分：关于对测量不确定度的表述达成共识的指南》。

GB/T 18779.4—2020《产品几何技术规范（GPS）　工件与测量设备的测量检验　第 4 部分：判定规则中功能限与规范限的基础》。

GB/T 18779.5—2020《产品几何技术规范（GPS）　工件与测量设备的测量检验　第 5

部分:指示式测量仪器的检验不确定度》。

GB/T 18779.6—2020《产品几何技术规范(GPS) 工件与测量设备的测量检验 第6部分:仪器和工件接受/拒收的通用判定规则》。

GB/T 3177 是产品质量保证不可缺少的重要技术标准,明确评定准则,减少经营活动中的争执和成本。尤其在全球经济一体化的今天,企业要将产品推向国际市场,必须遵循国际统一标准,这不但有利于控制、保证产品质量,而且是参与国际市场竞争的前提。

由于存在测量误差,测量孔和轴所得的实际尺寸并非真实尺寸。在批量生产时,一般不可能采用多次测量取平均值的办法来减小随机误差以提高测量精度,也不会对温度、湿度等环境因素引起的测量误差进行修正,通常只进行一次测量来判断工件是否合格。因此,如图5-8 所示,若根据实际尺寸是否超出极限尺寸来判断其合格性,则当测得值在工件最大、最小极限尺寸附近时,就有可能将真实尺寸处于公差带之内的合格品判为废品,称为误废;或将真实尺寸处于公差带之外的废品判为合格品,称为误收。误收会影响产品质量,误废会造成经济损失。在测量工件尺寸时,按规范判定合格与否,应考虑评定得到的测量不确定度(u)。

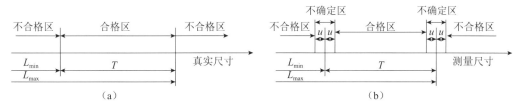

图 5-8 尺寸的合格区、不合格区和不确定区

5.3.1 验收极限

国家标准 GB/T 3177—1997《光滑工件尺寸的检验》对尺寸特性、尺寸范围、公差等级和检验器具做出了规定,以保证验收合格的尺寸位于根据零件的功能要求而确定的尺寸极限内。该标准适用于车间常用的普通计量器具(如游标卡尺、千分尺及车间使用的比较仪、投影仪等量具量仪)、公差等级为 IT6~IT18,尺寸至 500 mm 的光滑工件尺寸检验以及图样上注出极限偏差的尺寸和一般公差尺寸的检验。

验收原则和验收条件是确定验收方案的基础,验收方案将由规定验收极限与计量器具的选择来实现。

验收原则:所有验收方法应只接收位于规定尺寸极限之内的工件,即允许有误废而不允许有误收。任何验收方法均有误判。

由于计量器具和计量系统都存在内在误差,故任何测量都不能测出真值。另外,多数通用计量器具通常只用于测量尺寸,不测量工件上可能存在的形状误差。因此,对遵循包容要求的尺寸要素,工件的完善检验还应测量形状误差(如圆度、直线度等),并把这些形状误差的测量结果与尺寸的测量结果综合起来,以判定工件表面各部位是否超出最大实体边界。

考虑车间检验的实际情况,验收条件为:形状误差靠工艺和工装保证,应控制在尺寸公差之内;尺寸合格与否,按一次检验来判断;对温度、压陷效应即计量器具的系统误差均不修正。标准温度取 20 ℃,计量器具和工件材料相同、温度相等时,允许偏离;计量器具和工件材料不相同,温度应尽量接近,否则应考虑修正。

实用验收原则为不同功能要求、不同情况的尺寸应区别对待,既考虑误判的存在,又考虑验收的质量,并使接收的工件具有较大的置信水平。

误判率取决于验收极限(安全裕度 A),测量不确定度 u,尺寸在公差带内的分布形式(正态、均匀、偏态),以及工艺过程能力指数 C_p。

5.3.1.1 安全裕度 A

A 的作用在于减小由测量不确定度 u 引起的误收率。A 大的话,可以保证质量,但生产公差减小,误废增大,加工成本高,加工经济性差。A 小的话,生产公差大,加工经济性好,但对于计量器具精度要求高,检验成本相对高。考虑质量和生产成本,$A=(1/10)T$。

5.3.1.2 测量不确定度 u

如图 5-9 所示,测量不确定度 u 是对测量结果与被测量的"真值"或"给定真值"趋近程度的评定结果。u 可以通过实验或各种有关数据资料进行评估,是指尺寸测量结果正确性或准确性的可疑程度或分散性的一个参数。

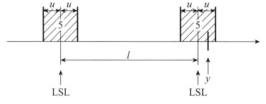

图 5-9 测量不确定度 u

以标准偏差或若干倍标准偏差置信区间的半宽度表示:1 倍标准偏差 s 时,置信概率为 68%;2 倍标准偏差 s 时,置信概率为 95%;3 倍标准偏差 s 时,置信概率为 99.7%。标准规定测量不确定度的置信概率为 95%。

考虑质量与检验成本,A 与 u 的关系分为 3 档:

Ⅰ档:$A=u$(100%内缩)。

Ⅱ档:$A=3/5u$(60%内缩)。

Ⅲ档:$A=2/5u$(40%内缩)。

5.3.1.3 尺寸在公差带内的分布形式

工件尺寸与测量误差的分布形式如图 5-10 所示。

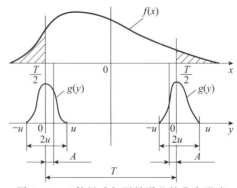

图 5-10 工件尺寸与测量误差的分布形式

5.3.1.4 工艺过程能力指数 C_p

工艺过程能力指数 C_p 是工件公差值 T 与加工设备工艺能力 σ 之比值，c 是常数，σ 是加工设备的标准偏差。工件尺寸遵循正态分布时，$c=6$；工件尺寸遵循偏态分布时，$c=5$；工件尺寸遵循均匀分布时，$c=3.46$。

(1)工件尺寸遵循正态分布，$C_p=T/6\sigma$，测量误差遵循正态分布，并取 $u=2s$。

工件尺寸与测量均遵循正态分布，通常 m 和 n 值都不大，见表 5-5。例如，$C_p=0.67$，m 约为 1%，n 约为 2%；$C_p=1$，m 约为 0.08%，n 约为 0.4%。

表 5-5　正态分布的误收率 m 与误废率 n

C_p		0.33	0.67	1.00	C_p		0.33	0.67	1.00
$m/\%$	Ⅰ	1.61	0.61	0.05	$n/\%$	Ⅰ	1.83	0.97	0.17
	Ⅱ	2.58	0.91	0.08		Ⅱ	3.15	1.89	0.42
	Ⅲ	3.68	1.16	0.10		Ⅲ	4.92	3.41	1.07

(2)在单件生产条件下，工件尺寸可能趋向偏态分布(图 5-11)。这时 $C_p=T/5\sigma$，测量误差遵循正态分布，并取 $u=2s$。

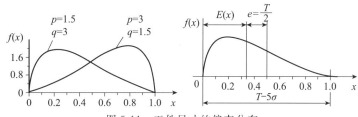

图 5-11　工件尺寸的偏态分布

工件尺寸遵循偏态分布时，m 与 n 值均比正态分布时增加 1 倍多，表 5-6。例如，$C_p=0.67$，m 约为 2%，n 约为 4%；$C_p=1$，m 约为 0，n 约为 4%。

表 5-6　偏态分布时误收率 m 与误废率 n

C_p		0.33	0.67	1.00	C_p		0.33	0.67	1.00
$m/\%$	Ⅰ	1.77	1.65	0	$n/\%$	Ⅰ	1.82	2.31	1.66
	Ⅱ	2.92	2.20	0		Ⅱ	3.06	4.07	3.44
	Ⅲ	4.30	2.63	0		Ⅳ	4.64	6.45	6.03

(3)工件尺寸遵循均匀分布时，$C_p=T/3.46\sigma$，测量误差遵循正态分布，并取 $u=2s$。

工件尺寸遵循均匀分布时，m 与 n 值均比正态分布时增加 $1\sim2$ 倍，见表 5-7。例如，$C_p=0.67$，m 与 n 约为 4%；$C_p=1$，$m=0$，$n=6\%$。

表 5-7　均匀分布时误收率 m 与误废率 n

C_p		0.33	0.67	1.00	C_p		0.33	0.67	1.00
$m/\%$	Ⅰ	1.20	2.40	0	$n/\%$	Ⅰ	1.20	2.40	3.60
	Ⅱ	2.00	4.00	0		Ⅱ	2.00	4.00	6.00
	Ⅲ	3.00	6.00	0		Ⅲ	3.00	6.00	9.00

5.3.1.5　验收极限方式的确定

标准给出的验收极限是在车间条件下使验收具有一定置信水平的有效措施。验收极限可以按照下列两种方式之一确定。

(1)验收极限从规定的最大实体尺寸(MMS)和最小实体尺寸(LMS)分别向工件公差带内移动一个安全裕度(A)来确定,如图 5-12 所示。A 值按工件公差 T 的 1/10 确定。

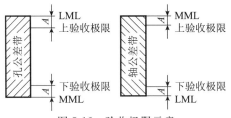

图 5-12　验收极限示意

孔尺寸的验收极限:

上验收极限＝最小实体尺寸(LMS)－安全裕度(A)

下验收极限＝最大实体尺寸(MMS)＋安全裕度(A)

轴尺寸的验收极限:

上验收极限＝最大实体尺寸(MMS)－安全裕度(A)

下验收极限＝最小实体尺寸(LMS)＋安全裕度(A)

(2)验收极限等于规定的最大实体尺寸(MMS)和最小实体尺寸(LMS),即 A 值等于零。

5.3.1.6　验收极限方式的选择

验收极限方式的选择见表 5-8,具体的验收极限如图 5-13 所示。

表 5-8　验收极限方式

	确定验收极限的方式	验收极限	应用
内缩方式	将工件的验收极限从工件的极限尺寸向工件的公差带内缩一个安全裕度 A	上验收极限尺寸＝最大极限尺寸－A 下验收极限尺寸＝最小极限尺寸＋A 生产公差＝上验收极限尺寸－下验收极限尺寸	双边内缩:配合尺寸,高精度尺寸。 单边内缩:偏态分布的尺寸
不内缩方式	安全裕度 A＝0	上验收极限尺寸＝最大极限尺寸 下验收极限尺寸＝最小极限尺寸	低精度非配合尺寸,一般公差尺寸,$C_p \geqslant 1$ 时

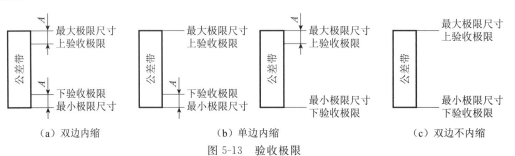

（a）双边内缩　　　　　　（b）单边内缩　　　　　　（c）双边不内缩

图 5-13　验收极限

5.3.2 计量器具的选择

针对检验国标的核心问题,人们进行了大量的理论分析和实验验证。综合考虑风险、质量和效益,以"立足国内,不迁就落后"的原则进行计量器具的选择。

在选择计量器具时应考虑以下因素:

(1)选择计量器具应与被测工件的外形、位置、尺寸的大小及被测参数特性相适应,使所选计量器具的测量范围能满足工件的要求。

(2)选择计量器具应考虑工件的尺寸公差,使所选计量器具的测量不确定度值既能保证测量精度要求,又能符合经济性要求。

对于常用计量器具的测量极限误差见表 5-9。

表 5-9　常用计量器具的测量极限误差

单位:$\pm\mu m$

计量器具名称	分度值/mm	所用量块		尺寸范围/mm							
		检定级别	精度级别	≤10	>10~50	>50~80	>80~120	>120~180	>180~260	>260~360	>360~500
光学计测外尺寸	0.001	4	1	0.4	0.6	0.8	1.0	1.2	1.8	2.5	3.0
		5	2	0.7	1.0	1.3	1.6	1.8	2.5	3.5	4.5
测长仪测外尺寸	0.001	绝对测量		1.1	1.5	1.9	2.0	2.3	2.6	3.0	3.5
卧式测长仪测内尺寸	0.001	绝对测量		2.5	3.0	3.3	3.5	3.8	4.2	4.8	—
测长机	0.001	绝对测量		1.0	1.3	1.6	2.0	2.5	4.0	5.0	6.0
万能工具显微镜	0.001	绝对测量		1.5	2	2.5	2.5	3	3.5	—	—
大型工具显微镜	0.1	绝对测量		5	5						
接触式干涉仪				≤0.1							

按照 5.2 节测量不确定度的确定方法可得到各种计量器具的测量不确定度,见表 5-10~表 5-12。

表 5-10　千分尺和游标卡尺的不确定度值

单位：mm

尺寸范围		分度值 0.01 mm 外径千分尺	分度值 0.01 mm 内径千分尺	分度值 0.02 mm 游标卡尺	分度值 0.05 mm 游标卡尺	分度值 0.1 mm 游标卡尺
>	至					
	50	0.004				
50	100	0.005	0.008		0.050	
100	150	0.006		0.020		
150	200	0.007				
200	250	0.008	0.013			0.100
250	300	0.009				
300	350	0.010			0.100	
350	400	0.011	0.020	0.040		
400	450	0.012				
450	500	0.013	0.025			
测量深度 0～20				0.020	0.050	

表 5-11　比较仪的测量不确定度

单位：mm

尺寸范围		分度值为 0.0005 mm 的比较仪	分度值为 0.001 mm 的比较仪	分度值为 0.002 mm 的比较仪	分度值为 0.005 mm 的比较仪
>	至				
	25	0.0006	0.0010	0.0017	
25	40	0.0007			
40	65	0.0008	0.0011	0.0018	0.0030
65	90	0.0008			
90	115	0.0009	0.0012	0.0019	
115	165	0.0010	0.0013		
165	215	0.0012	0.0014	0.0020	
215	265	0.0014	0.0016	0.0021	0.0035
265	315	0.0016	0.0017	0.0022	

表 5-12　百分表和千分表的测量不确定度

单位：mm

尺寸范围		分度值为 0.001 的千分表（0 级在全程范围内）、分度值为 0.002 的千分表（在 1 级范围内）	分度值为 0.001、0.002、0.005 的千分表（1 级在全程范围内）、分度值为 0.01 的百分表（0 级在任意 1 mm 内）	分度值为 0.01 的百分表（0 级在全程范围内，1 级在任意 1 mm 内）	分度值为 0.01 的百分表（1 级在全程范围内）
>	至				
	115	0.005	0.010	0.018	0.030
115	315	0.006			

按照计量器具的测量不确定度允许值 u_1 选择计量器具,应使所选用的计量器具的不确定度等于或小于标准规定的 u_1 值。

计量器具的测量不确定度允许值 u_1 值大小分为Ⅰ、Ⅱ、Ⅲ档,分别约为工件公差的 1/10、1/6、1/4。对于 IT6～IT11,国标中规定了Ⅰ、Ⅱ、Ⅲ档,而对于 IT12～IT18,只规定了Ⅰ、Ⅱ档。计量器具的测量不确定度允许值 u_1 约为测量不确定度 u 的 0.9 倍。选择时,优先选用Ⅰ档,其次选用Ⅱ档、Ⅲ档,具体数值见表 5-13。

例 5-3 工件尺寸为 $\phi140f7$ Ⓔ,工艺能力指数 $C_p=1$,试选择适当的计量器具并确定验收极限。

(1)确定工件的极限偏差 $\phi140f7$ Ⓔ,es＝－0.043mm,ei＝－0.043－0.040＝－0.083 mm。

(2)确定安全裕度 A 和计量器具的测量不确定度允许值 u_1。该工件公差为 0.040 mm,查表 5-5 得 $A=0.004$ mm,值 $u_1=0.0036$ mm。

(3)选择计量器具。按基本尺寸 140 mm,查表 5-11 分度值 0.005 的比较仪不确定度 0.0030 mm,小于允许值 0.0036 mm,可满足使用要求。

(4)计算验收极限:包容要求,内缩方式,上验收极限＝$d_{max}－A$＝139.957－0.004＝139.953 mm。

$C_p=1$,不内缩方式,下验收极限＝d_{min}＝139.917 mm。

例 5-4 工件尺寸为 $\phi60H10$,工艺能力指数 $C_p=0.68$,试选择适当的计量器具并确定验收极限。

(1)确定工件的极限偏差 $\phi60H10$,EI＝0 mm,ES＝0+0.120＝+0.120 mm。

(2)确定安全裕度 A 和计量器具的测量不确定度允许值 u_1。该工件公差为 0.120 mm,查得 $A=0.012$ mm,值 $u_1=0.0011$ mm。

(3)选择计量器具。按基本尺寸 60 mm,查表 5-10 分度值 0.01 的内径千分尺不确定度 0.008 mm,小于允许值 0.0011 mm,可满足使用要求。

(4)计算验收极限:$C_p=0.68$,内缩方式:

上验收极限＝$D_{max}－A$＝60.120－0.012＝60.108 mm;

下验收极限＝$D_{min}+A$＝60+0.012＝60.012 mm。

5.4 光滑极限量规的设计

光滑极限量规是指被检验工件为光滑孔或光滑轴所用的极限量规的总称,简称量规。在大批量生产时,为了提高产品质量和检验效率而采用量规,其结构简单、使用方便、省时可靠,并能保证互换性。因此,量规在机械制造中得到了广泛的应用。

5.4.1 光滑极限量规

光滑极限量规是一种没有刻线的专用量具。其具有以下特点:

(1)检验孔、轴时,不能测出孔、轴尺寸的具体数字,但能判断孔、轴尺寸是否合格。

表 5-13 安全裕度（A）与计量器具的测量不确定度允许值（u_1）

单位：μm

公差等级 6～11

基本尺寸/mm >	至	6 T	6 A	6 u_1 I	6 u_1 II	6 u_1 III	7 T	7 A	7 u_1 I	7 u_1 II	7 u_1 III	8 T	8 A	8 u_1 I	8 u_1 II	8 u_1 III	9 T	9 A	9 u_1 I	9 u_1 II	9 u_1 III	10 T	10 A	10 u_1 I	10 u_1 II	10 u_1 III	11 T	11 A	11 u_1 I	11 u_1 II	11 u_1 III
—	3	6	0.6	0.54	0.9	1.4	10	1.0	0.9	1.5	2.3	14	1.4	1.3	2.1	3.2	25	2.5	2.3	3.8	5.6	40	4.0	3.6	6.0	9.0	60	6.0	5.4	9.0	14
3	6	8	0.8	0.72	1.2	1.8	12	1.2	1.1	1.8	2.7	18	1.8	1.6	2.7	4.1	30	3.0	2.7	4.5	6.8	48	4.8	4.3	7.2	11	75	7.5	6.8	11	17
6	10	9	0.9	0.81	1.4	2.0	15	1.5	1.4	2.3	3.4	22	2.2	2.0	3.3	5.0	36	3.6	3.3	5.4	8.1	58	5.8	5.2	8.7	13	90	9.0	8.1	14	20
10	18	11	1.1	1.0	1.7	2.5	18	1.8	1.7	2.7	4.1	27	2.7	2.4	4.1	6.1	43	4.3	3.9	6.5	9.7	70	7.0	6.3	11	16	110	11	10	17	25
18	30	13	1.3	1.2	2.0	2.9	21	2.1	1.9	3.2	4.7	33	3.3	3.0	5.0	7.4	52	5.2	4.7	7.8	12	84	8.4	7.6	13	19	130	13	12	20	29
30	50	16	1.6	1.4	2.4	3.6	25	2.5	2.3	3.8	5.6	39	3.9	3.5	5.8	8.8	62	6.2	5.6	9.3	14	100	10	9.0	15	23	160	16	14	24	36
50	80	19	1.9	1.7	2.9	4.3	30	3.0	2.7	4.5	6.8	46	4.6	4.1	6.9	10	74	7.4	6.7	11	17	120	12	11	18	27	190	19	17	29	43
80	120	22	2.2	2.0	3.3	5.0	35	3.5	3.2	5.3	7.9	54	5.4	4.9	8.1	12	87	8.7	7.8	13	20	140	14	13	21	32	220	22	20	33	50
120	180	25	2.5	2.3	3.8	5.6	40	4.0	3.6	6.0	9.0	63	6.3	5.7	9.5	14	100	10	9.0	15	23	160	16	15	24	36	250	25	23	38	56
180	250	29	2.9	2.6	4.4	6.5	46	4.6	4.1	6.9	10	72	7.2	6.5	11	16	115	12	10	17	26	185	18	17	28	42	290	29	26	44	65
250	315	32	3.2	2.9	4.8	7.2	52	5.2	4.7	7.8	12	81	8.1	7.3	12	18	130	13	12	19	29	210	21	19	32	47	320	32	29	48	72
315	400	36	3.6	3.2	5.4	8.1	57	5.7	5.1	8.6	13	89	8.9	8.0	13	20	140	14	13	21	32	230	23	21	35	52	360	36	32	54	81
400	500	40	4.0	3.6	6.0	9.0	63	6.3	5.7	9.5	14	97	9.7	8.7	15	22	155	16	14	23	35	250	25	23	38	56	400	40	36	60	90

公差等级 12～18

基本尺寸/mm >	至	12 T	12 A	12 u_1 I	12 u_1 II	13 T	13 A	13 u_1 I	13 u_1 II	13 u_1 III	14 T	14 A	14 u_1 I	14 u_1 II	14 u_1 III	15 T	15 A	15 u_1 I	15 u_1 II	15 u_1 III	16 T	16 A	16 u_1 I	16 u_1 II	16 u_1 III	17 T	17 A	17 u_1 I	17 u_1 II	18 T	18 A	18 u_1 I	18 u_1 II
—	3	100	10	9.0	15	140	14	13	21	15	250	25	23	38	25	400	40	36	60	40	600	60	54	90	54	1000	100	90	150	1400	140	135	210
3	6	120	12	11	18	180	18	16	27	18	300	30	27	45	30	480	48	43	72	48	750	75	68	110	68	1200	120	110	180	1800	180	160	270
6	10	150	15	14	23	220	22	20	33	22	360	36	32	54	36	580	58	52	87	58	900	90	81	140	81	1500	150	140	230	2200	220	200	330
10	18	180	18	16	27	270	27	24	41	27	430	43	39	65	43	700	70	63	110	70	1100	110	100	170	100	1800	180	160	270	2700	270	240	400
18	30	210	21	19	32	330	33	30	50	33	520	52	47	78	52	840	84	76	130	84	1300	130	120	200	120	2100	210	190	320	3300	330	300	490
30	50	250	25	23	38	390	39	35	59	39	620	62	56	93	62	1000	100	90	150	100	1600	160	140	240	140	2500	250	230	380	3900	390	350	580
50	80	300	30	27	45	460	46	41	69	46	740	74	67	110	74	1200	120	110	180	120	1900	190	170	290	170	3000	300	270	450	4600	460	410	690
80	120	350	35	32	53	540	54	49	81	54	870	87	78	130	87	1400	140	130	210	140	2200	220	200	330	200	3500	350	320	530	5400	540	480	810
120	180	400	40	36	60	630	63	57	95	63	1000	100	90	150	100	1600	160	140	240	160	2500	250	230	380	230	4000	400	360	600	6300	630	570	940
180	250	460	46	41	69	720	72	65	110	72	1150	115	100	170	115	1800	180	160	270	180	2900	290	260	440	260	4600	460	410	690	7200	720	650	1080
250	315	520	52	47	78	810	81	73	120	81	1300	130	120	190	130	2100	210	190	320	210	3200	320	290	480	290	5200	520	470	780	8100	810	730	1210
315	400	570	57	51	86	890	89	80	130	89	1400	140	130	210	140	2300	230	210	350	230	3600	360	320	540	320	5700	570	510	850	8900	890	800	1330
400	500	630	63	57	95	970	97	87	150	97	1500	150	140	230	150	2500	250	230	380	250	4000	400	360	600	360	6300	630	570	950	9700	970	870	1450

（2）量规结构简单、制造容易、使用方便。

（3）量规是用来判断孔、轴尺寸是否在规定的两极限尺寸范围内，因此量规都成对使用，其中之一为"通规"，另一为"止规"。

①通规：用以判断 d_{fe}、D_{fe} 有否从公差带内超出最大实体尺寸。

②止规：用以判断 d_a、D_a 有否从公差带内超出最小实体尺寸。

检验时，通规能过，止规不能过，说明合格。

5.4.1.1　分类

根据被检验工件的不同，量规分为塞规和卡规。光滑极限量规是塞规和卡规的统称。

（1）塞规：检验孔用的极限量规，如图 5-14 所示。

①通规：按被测孔的最大实体尺寸制造，使用时通过被检验孔，表示被测孔径大于最小极限尺寸，即按 D_{min} 设计，防止 $D_{fe}<D_{min}$。

②止规：按被测孔的最小实体尺寸制造，使用时塞不进被检验孔，表示被测孔径小于最大极限尺寸，即按 D_{max} 设计，防止 $D_a>D_{max}$。

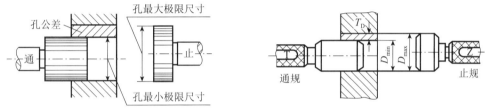

图 5-14　塞规

（2）卡规（环规）：检验轴用量规，如图 5-15 所示。

①通规：按被测轴的最大实体尺寸制造，使用时能顺利滑过被检验轴，表示被测轴径小于最大极限尺寸，即按 d_{max} 设计，防止 $d_{fe}>d_{max}$。

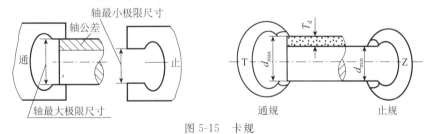

图 5-15　卡规

②止规：按被测轴的最小实体尺寸制造，使用时滑不过去，表示被测轴径大于最小极限尺寸，即按 d_{min} 设计，防止 $d_a<d_{min}$。

塞规和卡规一样，把通规和止规联合起来使用（成对使用），就能判断被测孔径和轴径是否在规定的极限尺寸范围内。

5.4.1.2　量规的种类

量规按其用途不同分为以下 3 种。

（1）工作量规：工人在生产过程中检验工件用的量规。它的通规和止规分别用"T"和"Z"表示。

（2）验收量规：检验部门或用户验收产品时使用的量规。

（3）校对量规：是校对轴用工作量规的量规。

轴用工作量规在制造或使用过程中常会发生碰撞变形，且通规经常通过零件易磨损，所以要定期校对。

孔用工作量规虽也需定期校对，但它很方便地用通用量仪检测，故不规定专用的校对量规。

轴用校对量规有3种，其名称、代号、用途等见表5-14。

表 5-14　轴用校对量规

检验对象	量规形状	量规名称	量规代号	使用规则	检验合格的标志
轴用工作量规	通规	塞规	校通—通	TT	整个长度都应进入新制的通规工作环规孔内，而且应在孔的全长上进行检验，防止通规制造尺寸过小	通过
	通规		校通—损	TS	不应进入完全磨损的校对工作环规孔内，如有可能，应在孔的两端进行检验，防止通规使用中尺寸磨损过大	不通过
	止规		校止—通	ZT	整个长度都应进入新制的通规工作环规孔内，而且应在孔的全长上进行检验，防止止规制造时尺寸过小	通过

校通—通 TT，用在轴用通规制造时，以防止通规尺寸小于其最小极限尺寸，故其公差带是从通规的下偏差起，向轴用通规公差带内分布。检验时，该校对塞规应通过轴用通规，否则应判断该轴用通规不合格。

校通—损 TS，用于检验使用中的轴用通规是否磨损，其作用是防止通规在使用中超出磨损极限尺寸，故其公差带是从通规的磨损极限起，向轴用通规公差带内分布。

校止—通 ZT，用在轴用止规制造时，以防止止规尺寸小于其最小极限尺寸，故其公差带是从止规的下偏差起，向轴用止规公差带内分布。检验时，该校对塞规应通过轴用止规，否则应判断该轴用止规不合格。

5.4.2　量规的公差带

虽然量规是一种精密的检验工具，其制造精度要求比被检验工件更高，但在制造时也不可避免地会产生误差，因此对量规也必须规定制造公差。

由于通规在使用过程中经常通过工件，因而会逐渐磨损。为了使通规具有一定的使用寿命，应留有适当的磨损储量，因此对通规规定磨损极限，即将通规公差带从最大实体尺寸向工件公差带内缩一个距离；而止规通常不通过工件，所以不需要留磨损储量，故将止规公差带放在工件公差带内，紧靠最小实体尺寸处。校对量规也不需要留磨损储量。

5.4.2.1　工作量规的公差带

制造公差的大小决定了量规制造的难易程度，形位公差应在工作量规制造公差范围内，其公差为量规制造公差的50%。工作量规的公差带分布如图5-16所示。

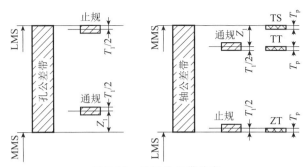

图 5-16　量规公差带分布

对于通规,制造公差带对称于 Z_1 值(通端工作量规尺寸公差带的中心线到工件最大实体尺寸间的距离),磨损公差与使用寿命有关,磨损极限与工件的最大实体尺寸重合。

对于止规,制造公差带从工件的最小实体尺寸起,向工件的公差带内分布,未规定磨损公差。

国标规定的 T 值、T_1 值(工作量规尺寸公差)和 Z_1 值见表 5-15,通规的磨损极限尺寸等于工件的最大实体尺寸。

5.4.2.2　校对量规的公差带

校对量规的尺寸公差为被校对的轴用工作量规尺寸公差的 50%,其形状公差应在校对量规尺寸公差带内。由于校对量规精度高,制造困难,而目前测量技术又在不断发展,因此在实际生产中逐步用量块或计量仪器代替校对量规。

5.4.3　量规设计

工作量规的设计就是根据工件图样上的要求,设计出能够把尺寸工件控制在允许公差范围内的适用的量具。量规设计包括选择量规结构形式、确定量规结构尺寸、计算量规工作尺寸以及绘制量规工作图。

5.4.3.1　量规的设计原则及结构

在设计量规时,原则上量规的测量面应符合泰勒原则(极限尺寸判断原则),以保证极限与配合标准中规定的配合性质。

符合泰勒原则的量规型式如下:

(1)通规用于控制零件的作用尺寸,它的测量面应是与孔或轴形状相对应的完整表面(通常称为全形量规),其尺寸等于孔或轴的最大实体尺寸,且长度等于配合长度。

(2)止规用于控制零件的实际尺寸,它的测量面应是点状的(即不全形量规),两测量面之间的尺寸等于孔或轴的最小实体尺寸。

(3)符合泰勒原则的量规,如在某些场合下应用不方便或有困难时,可在保证被检验工件的形状误差不致影响配合性质的条件下,使用偏离泰勒原则的量规。

例如,为采用标准量规,通规的长度可能短于工件的配合长度,检验曲轴轴颈的通规无法用全形的环规,而用卡规代替;点状止规,检验中点接触易于磨损,往往改用小平面或球面来代替。

表 5-15　量规制造公差 T_1 和位置要素 Z_1 值

单位：μm

基本尺寸/mm >	至	IT6 T	IT6 T_1	IT6 Z_1	IT7 T	IT7 T_1	IT7 Z_1	IT8 T	IT8 T_1	IT8 Z_1	IT9 T	IT9 T_1	IT9 Z_1	IT10 T	IT10 T_1	IT10 Z_1	IT11 T	IT11 T_1	IT11 Z_1	IT12 T	IT12 T_1	IT12 Z_1	IT13 T	IT13 T_1	IT13 Z_1	IT14 T	IT14 T_1	IT14 Z_1	IT15 T	IT15 T_1	IT15 Z_1	IT16 T	IT16 T_1	IT16 Z_1
—	3	6	1.0	1.0	10	1.2	1.6	14	1.6	2.0	25	2.0	3	40	2.4	4	60	3	6	100	4	9	140	6	14	250	9	20	400	14	30	600	20	40
3	6	8	1.2	1.4	12	1.4	2.0	18	2.0	2.6	30	2.4	4	48	3.0	5	75	4	8	120	5	11	180	7	16	300	11	25	480	16	35	750	25	50
6	10	9	1.4	1.6	15	1.8	2.4	22	2.4	3.2	36	2.8	5	58	3.6	6	90	5	9	150	6	13	220	8	20	360	13	30	580	20	40	900	30	60
10	18	11	1.6	2.0	18	2.0	2.8	27	2.8	4.0	43	3.4	6	70	4.0	8	110	6	11	180	7	15	270	10	24	430	15	35	700	24	50	1100	35	75
18	30	13	2.0	2.4	21	2.4	3.4	33	3.4	5.0	52	4.0	7	84	5.0	9	130	7	13	210	8	18	330	12	28	520	18	40	840	28	60	1300	40	90
30	50	16	2.4	2.8	25	3.0	4.0	39	4.0	6.0	62	5.0	8	100	6.0	11	160	8	16	250	10	22	390	14	34	620	22	50	1000	34	75	1600	50	110
50	80	19	2.8	3.4	30	3.6	4.6	46	4.6	7.0	74	6.0	9	120	7.0	13	190	9	19	300	12	26	460	16	40	740	26	60	1200	40	90	1900	60	130
80	120	22	3.2	3.8	35	4.2	5.4	54	5.4	8.0	87	7.0	10	140	8.0	15	220	10	22	350	14	30	540	20	46	870	30	70	1400	46	100	2200	70	150
120	180	25	3.8	4.4	40	4.8	6.0	63	6.0	9.0	100	8.0	12	160	9.0	18	250	12	25	400	16	35	630	22	52	1000	35	80	1600	52	120	2500	80	180
180	250	29	4.4	5.0	46	5.4	7.0	72	7.0	10.0	115	9.0	14	185	10.0	20	290	14	29	460	18	40	720	26	60	1150	40	90	1850	60	130	2900	90	200
250	315	32	4.8	5.6	52	6.0	8.0	81	8.0	11.0	130	10.0	16	210	12.0	22	320	16	32	520	20	45	810	28	66	1300	45	100	2100	66	150	3200	100	220
315	400	36	5.4	6.2	57	7.0	9.0	89	9.0	12.0	140	11.0	18	230	14.0	25	360	18	36	570	22	50	890	32	74	1400	50	110	2300	74	170	3600	110	250
400	500	40	6.0	7.0	63	8.0	10.0	97	10.0	14.0	155	12.0	20	250	16.0	28	400	20	40	630	24	55	970	36	80	1550	55	120	2500	80	190	4000	120	280

(4)当量规型式不符合泰勒原则时,有可能将不合格品判为合格品。从图 5-17 分析,当孔的实际轮廓已经超出尺寸公差带,应为废品。用全形通规检验时,不能通过;而用两点状止规检验时,只要沿水平方向不能通过,该孔就被正确地判断为废品。反之,若使用两点状通规检验,可能在竖直方向通过;用全形止规检验则不能通过,这样由于量规形状不正确,就把该孔误判断为合格品。所以,应该在保证被检验的孔、轴的形状误差(尤其是轴线的直线度、圆度)不致影响配合性质的条件下,才能允许使用偏离泰勒原则的量规。

量规的结构型式很多,在 GB/T 1957—2001《光滑极限量规技术条件》中,对结构、尺寸、适用范围有详细的介绍。

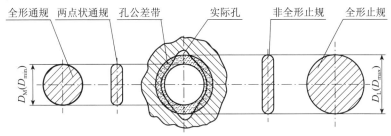

图 5-17 量规形状对检验结果的影响

5.4.3.2 量规的技术要求

(1)量规材料:量规测量部位的材料可用淬硬钢(合金工具钢、碳素工具钢、渗碳钢)或硬质合金等耐磨材料制造,也可在测量面上镀以厚度大于磨损量的镀铬层、氮化层等耐磨材料。钢制量规测量面硬度不应小于 700HV(或 60HRC),并应经过稳定性处理。塞规的测头与手柄的联结应牢固可靠,在使用过程中不应松动。

(2)几何公差:国标规定了 IT6～IT16 工件的量规公差。量规的几何误差应在其尺寸公差带内。其公差一般为量规尺寸公差的 50%。考虑到制造和测量的困难,当量规的尺寸公差小于或等于 0.002 mm 时,其几何公差为 0.001 mm。

(3)表面粗糙度:量规的测量面不应有锈迹、毛刺、黑斑、划痕等明显影响外观使用质量的缺陷。其他表面不应有锈蚀和裂纹。量规表面粗糙度值的大小,一般不低于光滑极限量规国标推荐的表面粗糙度数值,见表 5-16。

表 5-16 量规测量面的表面粗糙度 R_a 值

单位:μm

工作量规	基本尺寸/mm		
	≤120	>120～315	>315～500
IT6 级孔用工作塞规	0.05	0.10	0.20
IT7～IT9 级孔用工作塞规	0.10	0.20	0.40
IT10～IT12 级孔用工作塞规	0.20	0.40	0.80
IT13～IT16 级孔用工作塞规	0.40	0.80	0.80
IT6～IT9 级轴用工作环规	0.10	0.20	0.40
IT10～IT12 级轴用工作环规	0.20	0.40	0.80
IT13～IT16 级轴用工作环规	0.40	0.80	0.80

续表

工作量规	基本尺寸/mm		
	≤120	>120～315	>315～500
IT6～IT9 级轴用工作环规的校对塞规	0.05	0.10	0.20
IT10～IT12 级轴用工作环规的校对塞规	0.10	0.20	0.40
IT13～IT16 级轴用工作环规的校对塞规	0.20	0.40	0.40

（4）工作量规的型式和应用尺寸范围见表 5-17 和图 5-18。

表 5-17　工作量规的型式和应用尺寸范围

用途	推荐顺序	量规的工作尺寸/mm			
		～18	>18～100	>100～315	>315～500
工件孔用的通端量规型式	1	全形塞规		不全形塞规	球端杆规
	2	—	不全形塞规或片形塞规	片形塞规	
工件孔用的止端量规型式	1	全形塞规	全形塞规或片形塞规		球端杆规
	2		不全形塞规		
工件轴用的通端量规型式	1	环规		卡规	
	2	卡规		—	
工件轴用的止端量规型式	1	卡规			
	2	环规	—		

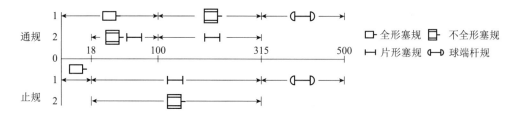

（a）测孔量规的型式及应用范围

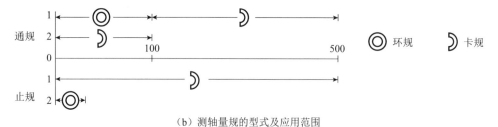

（b）测轴量规的型式及应用范围

图 5-18　工作量规的型式和应用尺寸范围

5.4.3.3　量规工作尺寸的计算

光滑极限量规工作尺寸计算的一般步骤如下：

（1）从国家标准 GB/T 1800.2—2020《产品几何技术规范（GPS）　线性尺寸公差 ISO 代号体系　第 2 部分：标准公差带代号和孔、轴的极限偏差表》中查出孔与轴的尺寸极限偏差，然后计算出最大和最小实体尺寸。

(2)查得量规制造公差 T_1 和位置要素 Z_1 值。按工作量规制造公差 T_1,确定工作量规的形状和校对量规的制造公差。

(3)画出工件和量规的公差带图。

(4)计算量规的工作尺寸或极限偏差。

(5)计算量规的极限尺寸以及磨损极限尺寸。

(6)按量规的常用型式绘制并标注量规图样。

5.4.3.4 量规设计应用举例

例 5-5 计算 ϕ25H8/f7 孔和轴用量规的极限偏差。

解:(1)由国标 GB/T 1800.2—2020 查出孔与轴的上、下偏差为

ϕ25H8 孔:ES=+0.033 mm,EI=0。

ϕ25f7 轴:es=-0.020 mm,ei=-0.041 mm。

(2)查得工作量规的制造公差 T_1 和位置要素 Z_1,并确定量规的形状公差和校对量规的制造公差。

塞规:制造公差 T_1=0.0034 mm,位置要素 Z_1=0.005 mm,形状公差 $T_1/2$=0.0017 mm。

卡规:制造公差 T_1=0.0024 mm,位置要素 Z_1=0.0034 mm,形状公差 $T_1/2$=0.0012 mm。

校对量规的制造公差 T_p=0.0012 mm。

(3)画出工件和量规的公差带图,如图 5-19 所示。

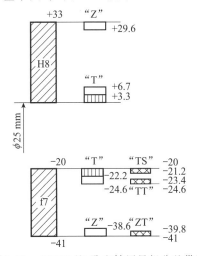

图 5-19 ϕ25H8/f7 孔和轴用量规公差带图

(4)计算量规的工作尺寸或极限偏差。

①ϕ25H8 孔用塞规

通规:上偏差 T_s=EI+Z+T/2=(0+0.005+0.0017) mm=+0.0067 mm。

下偏差 T_i=EI+Z-T/2=(0+0.005-0.0017) mm=+0.0033 mm。

磨损极限=EI=0。

止规:上偏差 Z_s=ES=+0.033 mm。

下偏差 Z_i=ES-T=(0.033-0.0034) mm=+0.0296 mm。

②$\phi 25f7$ 轴用卡规：

通规：上偏差 $T_{sl}=es-Z+T/2=(-0.020-0.0034+0.0012)$ mm$=-0.0222$ mm。

下偏差 $T_{il}=es-Z-T/2=(-0.020-0.0034-0.0012)$ mm$=-0.0246$ mm。

磨损极限$=es=-0.020$ mm。

止规：上偏差 $Z_{sl}=ei+T=(-0.041+0.0024)$ mm$=-0.0386$ mm。

下偏差 $Z_{il}=ei=-0.041$ mm。

(5)计算量规的极限尺寸以及磨损极限尺寸。

①$\phi 25H8$ 孔用塞规：

通规：最大极限尺寸 $T_{max}=D+T_s=(25+0.0067)$ mm$=25.0067$ mm。

最小极限尺寸 $T_{min}=D+T_i=(25+0.0033)$ mm$=25.0033$ mm。

磨损极限尺寸 $D_{min}=25$ mm。

止规：最大极限尺寸 $Z_{max}=D+Z_s=(25+0.033)$ mm$=25.033$ mm。

最小极限尺寸 $Z_{min}=D+Z_i=(25+0.0296$ mm$)=25.0296$ mm。

②$\phi 25f7$ 轴用卡规：

通规：最大极限尺寸 $T_{lmax}=d+T_{sl}=(25-0.0222)$ mm$=24.9778$ mm。

最小极限尺寸 $T_{lmin}=d+T_{il}=(25-0.0246)$ mm$=24.9754$ mm。

磨损极限尺寸 $T_{ul}=d_{max}=(25-0.020)$ mm$=24.980$ mm。

止规：最大极限尺寸 $Z_{lmax}=d+Z_{sl}=(25-0.0386)$ mm$=24.9614$ mm。

最小极限尺寸 $Z_{lmin}=d+Z_{il}=(25-0.041)$ mm$=24.9590$ mm。

所得计算结果列于表 5-18 中。

表 5-18　量规工作尺寸的计算结果

被检工件	量规种类		量规极限偏差/mm		量规极限尺寸/mm		通规磨损极限尺寸/mm	量规工作尺寸的标注/mm
			上偏差	下偏差	最大	最小		
孔 $\phi 25H8$	塞规	通规	+0.0067	+0.0033	25.0067	25.0033	25	$\phi 25^{+0.0067}_{+0.0033}$
		止规	+0.0330	+0.0296	25.0330	25.0296	—	$\phi 25^{+0.0330}_{+0.0296}$
轴 $\phi 25f7$	卡规	通规	−0.0222	−0.0246	24.9778	24.9754	24.980	$\phi 25^{-0.0222}_{-0.0246}$
		止规	−0.0386	−0.0410	24.9614	24.9590	—	$\phi 25^{-0.0386}_{-0.0410}$

量规的通规在使用过程中会不断磨损，塞规尺寸可以小于 25.033 mm，卡规尺寸可以大于 24.9778 mm，但当其尺寸接近磨损极限时，就不能再用作工作量规，而只能转为验收量规；当塞规尺寸磨损到 25 mm，卡规尺寸磨损到 24.980 mm 后，通规应报废。

(6)按量规的常用形式绘制并标注量规图样。

绘制量规的工作图样，就是把设计结果通过图样表示出来，从而为量规的加工制造提供技术依据。上述设计例子中 $\phi 25f7$ 轴用量规选用单头双极限卡规，如图 5-20(a)所示，$\phi 25H8$ 孔用量规选用锥柄双头塞规，如图 5-20(b)所示。

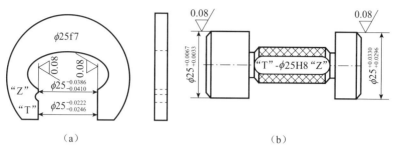

图 5-20 φ25H8/f7 工作量规工作图样

最后给出检具选择经验,见表 5-19。

表 5-19 检具选择经验

测量方式	检具投入成本	检验效率	可读数	技能要求	适用场合
	高	高	可以	中	量产中关键尺寸
	偏高	超高	否	低	量产
三坐标测量机 卡尺等通用量具	低(无须新增)	低	可以	高	样件

检具设计中孔和轴的大小计算:

$$孔的位置度检具＝MMC－位置度公差$$
$$轴的位置度检具＝MMC＋位置度公差$$

5.5 实训七 立式光学比较仪测量塞规

5.5.1 实验目的

(1)了解立式光学比较仪的测量原理。

(2)掌握用立式光学比较仪测量外径的方法。

5.5.2 仪器说明及测量原理

立式光学比较仪是一种精度较高而结构简单的常用光学量仪,图 5-21 所示为其结构图,用量块作为长度基准,按比较测量法来测量各种工件的外尺寸。

光学比较仪是利用光学杠杆放大原理进行测量的仪器,其光学系统如图 5-22 所示。照明光线经反射镜 1 照射到刻度尺 8 上,再经直角棱镜 2、物镜 3 照射到反射镜 4 上。由于刻度尺 8 位于物镜 3 的焦平面上,故从刻度尺 8 上发出的光线经物镜 3 后成为一平行光束。若反射镜 4 与物镜 3 之间相互平行,则反射光线折回到焦平面,刻度尺像 7 与刻度尺 8 对称。若被测尺寸变动使测杆 5 推动反射镜 4 绕支点转动某一角度 α[图 5-22(a)],则反射光线相对于入射光线偏转 2α 角度,从而使刻度尺像 7 产生位移 t[图 5-22(c)],它代表被测尺寸的变动量。物镜至刻度尺 8 间的距离为物镜焦距 f,设 b 为测杆中尽至反射镜支点的距离,S 为测杆 5 移动的距离,则仪器的放大比 K 为

$$K = t/S = f \mathrm{tg}\, 2\alpha/b \mathrm{tg}\, \alpha$$

当很小时,$\mathrm{tg}\,\alpha \approx \alpha$,则

$$K = 2f/b$$

光学计的目镜放大倍数为 20.625,$f = 200$ mm,$b = 5$,故仪器的总放大倍数 n 为

$$n = 12K = 12 \times 2f/b = 20.625 \times 2 \times 200/5 = 1650$$

1—底座;2—工作台调节螺钉;3—粗调螺母;4—支臂紧固螺钉;5—支臂;6—微调螺钉;7—立柱;
8—调节凸轮;9—细调紧固螺钉;10—测杆;11—测头提升杠杆;12—测头;13—工作台;14—水平仪。

图 5-21 立式光学比较仪结构

由此说明,当测杆移动 0.001 mm 时,在目镜中可见到 1.65 mm 的位移量。

5.5.3 实验步骤

(1)测头的选择:测头有球形、平面形和刃口形 3 种,根据被测零件表面的几何形状来选择,使测头与被测表面尽量满足点的接触。所以,测量平面或圆柱面工件时,选用球形测头;测量球面工件时,选用平面形测头;测量小于 10 mm 的圆柱面工件时,选用刃口形测头。

(2)按被测零件的基本尺寸组合量块。

(3)调整仪器零位:

①参看图 5-21,选好量块组后,将下测量面置于工作台 13 的中央,并使测头 12 对准上测量面中央。

②粗调节:松开支臂紧固螺钉 4,转动粗调螺母 3,使支臂 5 缓慢下降,直到量头与量块

上测量面轻微接触，并能在视场中看到刻度尺像时，将螺钉 4 锁紧。

③细调节：松开细调紧固螺钉 9，转动调节凸轮 8，直到在目镜中观察到刻度尺零线与指示线 μ 接近为止[图 5-23(a)]，然后拧紧细调紧固螺钉 9。

④微调节：转动刻度尺微调钉 6[图 5-22(b)]，使刻度尺的零线影像与指示线 μ 重合 [图 5-23(b)]，然后压下测头提升杠杆 11 数次，使零位稳定。

⑤将测头抬起，取下量块。

（4）测量零件：按实验规定的部位（在 3 个横截面上两个相互垂直的径向位置上）进行测量，把测量结果填入实验报告中（表 5-20）。实验过程中的随机误差据相关内容进行处理。

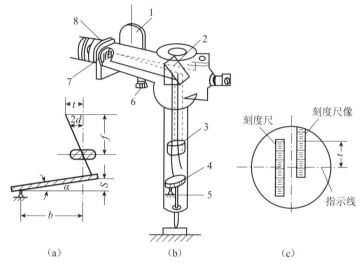

1—反射镜；2—直角棱镜；3—物镜；4—反射镜；5—测杆；6—微调螺钉；7—刻度尺像；8—刻度尺。

图 5-22　光学系统

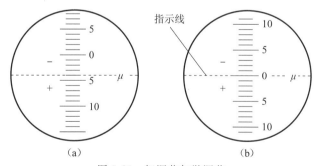

图 5-23　细调节与微调节

表 5-20　塞规的外径测量实验报告

班级 ＿＿＿＿＿＿＿＿　　　姓名 ＿＿＿＿＿＿＿＿　　学号 ＿＿＿＿＿＿＿＿＿　　成绩 ＿＿＿＿＿＿＿＿

| 仪器刻度值：＿＿＿＿＿＿＿＿＿＿＿＿＿＿ | 日期 ＿＿＿＿＿＿＿＿ |
| 示值范围：＿＿＿＿＿＿＿＿＿＿＿＿＿＿＿ | |

测量示意图：

被测件精度：＿＿＿＿＿＿＿＿＿＿＿

块规组尺寸：＿＿＿＿＿＿＿＿＿＿＿

		位置					
	方向	实际偏差/μm			实际尺寸/mm		
		Ⅰ-Ⅰ	Ⅱ-Ⅱ	Ⅲ-Ⅲ	Ⅰ-Ⅰ	Ⅱ-Ⅱ	Ⅲ-Ⅲ
测量数据	AA'						
	BB'						
	$A'A$						
	$B'B$						

测量结果：	合格性结论：
理由：	教师评定：

思考题

1. 测量的定义是什么？机械制造技术测量包含哪几个问题？技术测量的基本任务是什么？

2. 量块是怎样分级、分等的？使用时有何区别？

3. 测量误差按性质分为哪 3 类？各有什么特征？

4. 误收和误废是怎样造成的？

5. 为什么要设置安全裕度？标准公差、生产公差有何区别？

6. 极限量规有什么特点？如何用它判断工件的合格性？

7. 量规分几类？各有什么用途？孔用工作量规为什么没有校对量规？

8. 量规的尺寸公差带与工件的尺寸公差带有何关系？

6 典型零部件的互换性

（1）根据滚动轴承作为标准件的特点，理解滚动轴承内圈与轴颈采用基孔制配合、外圈与外壳孔采用基轴制配合的依据。

（2）根据滚动轴承的使用要求理解滚动轴承旋转精度和游隙的概念。

（3）掌握圆锥结合的特点及锥度与锥角、圆锥公差中的术语定义。

（4）掌握圆锥公差项目及给定方法。

（5）掌握圆锥配合的形成方法以及结构型圆锥配合的确定方法。

（6）了解位移型圆锥配合的确定方法。

（7）了解键、花键结合的种类、特点及形位公差。

（8）掌握键、花键结合的精度设计。

（9）了解螺纹结合的种类及使用要求。

（10）掌握普通螺纹主要几何参数及其误差对互换性的影响。

（11）掌握螺纹作用中径的概念及旋合条件。

（12）通过对螺纹公差带分布的分析掌握普通螺纹公差与配合的特点及螺纹精度的选择。

（13）了解影响机床丝杠位移精度的因素。

（14）掌握丝杠和螺母的公差与配合及丝杠公差在图样上的标注方法。

6.1 滚动轴承与孔、轴结合的互换性

滚动轴承是机器上广泛应用的一种作为传动支承的标准部件，本节主要介绍其精度以及与轴、外壳孔的配合问题。

有关滚动轴承的现行国家标准包括：

GB/T 307.1—2017《滚动轴承　向心轴承　产品几何技术规范(GPS)和公差值》。

GB/T 307.2—2005《滚动轴承　测量和检验的原则及方法》。

GB/T 307.3—2017《滚动轴承　通用技术规则》。

GB/T 307.4—2017《滚动轴承　推力轴承　产品几何技术规范(GPS)和公差值》。

GB/T 274—2000《滚动轴承　倒角尺寸　最大值》。

GB/T 275—2015《滚动轴承　配合》。

GB/T 276—2013《滚动轴承　深沟球轴承　外形尺寸》。

GB/T 6930—2002《滚动轴承　词汇》。

GB/T 4199—2003《滚动轴承　公差　定义》。

GB/T 4604.1—2012《滚动轴承　游隙　第1部分:向心轴承的径向游隙》。

GB/T 4604.2—2013《滚动轴承　游隙　第2部分:四点接触球轴承的轴向游隙》。

6.1.1　滚动轴承的精度等级及应用

6.1.1.1　滚动轴承的组成和型式

滚动轴承由专业工厂生产,供各种机械选用。滚动轴承的型式很多,按滚动体的形状不同,可分为球轴承和滚柱(圆柱或圆锥体)轴承;按滚动体结构不同,可分为球轴承、滚子轴承、滚针轴承;按承受载荷方向不同,可分为向心轴承、推力轴承和向心推力轴承。滚动轴承一般由内圈、外圈、滚动体和保持架组成,如图6-1所示。

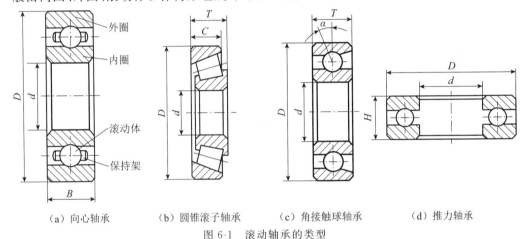

（a）向心轴承　　（b）圆锥滚子轴承　　（c）角接触球轴承　　（d）推力轴承

图6-1　滚动轴承的类型

通常,滚动轴承内圈装在传动轴的轴颈上,随轴一起旋转,以传递扭矩,内圈与轴为过盈配合;外圈固定在机体孔中,与轴承座为过盈配合,起支承作用。考虑到运动过程中轴会受热变形延伸,一端轴承应能够进行轴向调节,调节好后应轴向锁紧。因此,内圈的内径 d 和外圈的外径 D 是滚动轴承与结合件配合的基本尺寸。

滚动轴承有内外两种互换性,内互换指的是滚动轴承组成零件间的互换性,遵循不完全互换的原则;外互换指的是滚动轴承配合尺寸的互换性,遵循完全互换的原则。

机械设计过程中如果需要采用滚动轴承时,除了确定滚动轴承的型号,还必须选择滚动轴承的精度等级、滚动轴承与轴和外壳孔的配合、轴和外壳孔的几何公差及表面粗糙度参数。

6.1.1.2　滚动轴承的精度等级

滚动轴承的国家标准不仅规定了滚动轴承本身的尺寸公差、旋转精度(跳动公差等)、测量方法,还规定可与滚动轴承相配的箱体孔和轴颈的尺寸公差、几何公差和表面粗糙度。

滚动轴承的精度是按其尺寸公差和旋转精度分级的。外形尺寸公差是指成套轴承的内径、外径和宽度的尺寸公差;旋转精度主要指轴承内、外圈的径向跳动,端面对滚道的跳动和端面对内孔的跳动等。

滚动轴承按其内、外圈基本尺寸的公差和旋转精度分级。向心轴承(圆锥滚子轴承除外)分为普通级、6、5、4、2 共 5 级。圆锥滚子轴承分为普通级、6X、5、4、2 共 5 级。推力轴承分为普通级、6、5、4 共 4 级。

普通级公差的分离型角接触球轴承(S70000 型),普通级、6X 级公差的圆锥滚子轴承,其分部件应能互换。普通级公差的圆柱滚子轴承,有内、外圈及保持架的滚针轴承,当用户有互换性要求时,应按互换提交。

6.1.1.3 滚动轴承精度等级的选择

滚动轴承各级精度的应用情况如下:

(1)普通级:用于旋转精度要求不高的一般机构中。

(2)6(6X)、5、4 级:用于旋转精度要求较高或转速较高的机构中。

(3)2 级:用于高精度、高转速的特别精密部件上。

转速高时,由于与轴承配合的旋转轴或孔可能随轴承的跳动而跳动,势必造成旋转的不平稳,产生振动和噪声,因此应选用精度高的轴承,同时控制滚动体与套圈之间有合适的径向游隙和轴向游隙。

径向游隙和轴向游隙过大,就会引起轴承较大的振动和噪声,引起转轴较大的径向圆跳动和轴向窜动;游隙过小则会因为轴承与轴径、外壳孔的过盈配合使轴承滚动体与套圈产生较大的接触应力,并增加轴承摩擦发热,以致降低轴承寿命。

6.1.1.4 滚动轴承内径与外径的公差带及其特点

(1)公差带:任何尺寸的公差带由两个因素决定:公差带的大小和公差带的位置。滚动轴承的公差带也不例外,其公差带如图 6-2 所示。

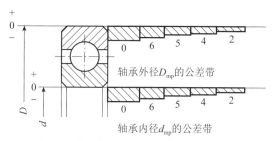

图 6-2 轴承单一平面平均内、外径公差带

轴承内、外径公差带的特点是:所有公差带都单向偏置在零线下方,即上偏差为 0,下偏差为负值。

(2)d_{mp}、D_{mp}公差带分布在零线下方的作用:

①防止轴承内圈与轴发生相对运动,避免结合面磨损。

②使轴颈按标准偏差加工,符合标准化和互换性要求。

(3)原因:多数情况下轴承内圈随轴一起转动,两者之间配合必须有一定过盈,但过盈量又不宜过大,以保证拆卸方便,防止内圈应力过大。d_{mp}的公差带分布在零线下方,当其与 k、m、n 等轴配合时,以获得比一般过渡配合规定的过盈量稍大的过盈配合;当与 g、h 等轴配合时不再是间隙配合,而成为过渡配合。

D_{mp}公差带分布在零线下方,与一般基轴制相同。

(4)滚动轴承的基本尺寸及公差要求。

滚动轴承的基本尺寸是指滚动轴承的内径 d、外径 D 和轴承宽度 B。

由于轴承内、外圈均为薄壁结构,制造和存放时易变形,但在装配后能够得到矫正。为了便于制造,允许有一定的变形。为保证轴承与结合件的配合性质,所限制的仅是内、外圈在其单一平面内的平均直径,即轴承的配合尺寸。

外径:$D_{mp} = (D_{smax} + D_{smin})/2$。

内径:$d_{mp} = (d_{smax} + d_{smin})/2$。

其中,D_{smax}、D_{smin} 为加工后测得的最大、最小单一外径。d_{smax}、d_{smin} 为加工后测得的最大、最小单一内径。

国家标准对轴承内径和外径尺寸公差做了两种规定:一是规定了任意截面内轴圈内径、座圈外径的平均尺寸与其公称尺寸的偏差 Δd_{mp} 和 ΔD_{mp}(表 6-1),其目的是限制变形量;二是规定了任意截面内轴圈内径、座圈外径的两点尺寸的范围 V_{dsp} 和 V_{Dsp}(表 6-2),目的是用于轴承的配合。两者应符合国家标准。

表 6-1　部分向心轴承 Δd_{mp} 和 ΔD_{mp} 的极限值

项目	公差等级		0		6(6X)		5		4	
	基本尺寸/mm		极限偏差/μm							
	大于	到	U	L	U	L	U	L	U	L
轴圈 Δd_{mp}	—	18	0	−8	0	−8	0	−8	0	−7
	18	30	0	−10	0	−10	0	−10	0	−8
	30	50	0	−12	0	−12	0	−12	0	−10
	50	80	0	−13	0	−15	0	−15	0	−12
	80	120	0	−15	0	−20	0	−20	0	−15
座圈 ΔD_{mp}	10	18	0	−11	0	−11	0	−11	0	−7
	18	30	0	−13	0	−13	0	−13	0	−8
	30	50	0	−16	0	−16	0	−16	0	−9
	50	80	0	−19	0	−19	0	−19	0	−11
	80	120	0	−22	0	−22	0	−22	0	−13

注:U 为上极限偏差;L 为下极限偏差。

表 6-2　部分向心轴承 V_{dsp} 和 V_{Dsp} 的公差

项目	公差等级		0	6(6X)	5	4
	基本尺寸/mm		公差/μm			
	>	≤				
轴圈 V_{dsp}	—	18	6	6	6	5
	18	30	8	8	8	6
	30	50	9	9	9	8
	50	80	11	11	11	9
	80	120	15	15	15	11

续表

项目	公差等级		0	6(6X)	5	4
	基本尺寸/mm		公差/μm			
	>	≤				
座圈 V_{Dsp}	10	18	8	8	8	5
	18	30	10	10	10	6
	30	50	12	12	12	7
	50	80	14	14	14	8
	80	120	17	17	17	10

滚动轴承的旋转精度是指轴承内、外圈的径向跳动公差,轴承内、外圈的端面对内孔轴线的端面跳动公差等。

滚动轴承的配合表面和端面的表面粗糙度值见表 6-3。

表 6-3 轴承配合表面和端面的表面粗糙度值 R_{amax}

单位:μm

表面名称	轴承公差等级	轴承公称直径/mm					
		≤30	30~80	80~200	200~500	500~1600	1600~2500
内圈内孔表面	普通级	0.8	0.8	0.8	1	1.25	1.6
	6(6X)	0.63	0.63	0.8	1	1.25	—
	5	0.5	0.5	0.63	0.8	1	—
	4	0.25	0.25	0.4	0.5	—	—
	2	0.16	0.2	0.32	0.4	—	—
外圈外圆柱表面	普通级	0.63	0.63	0.63	0.8	1	1.25
	6(6X)	0.32	0.32	0.5	0.63	1	—
	5	0.32	0.32	0.5	0.63	0.8	—
	4	0.25	0.25	0.4	0.5	—	—
	2	0.16	0.2	0.32	0.4	—	—
套圈端面	普通级	0.8	0.8	0.8	1	1.25	1.6
	6(6X)	0.63	0.63	0.8	1	1	—
	5	0.5	0.5	0.63	0.8	0.8	—
	4	0.4	0.4	0.5	0.63	—	—
	2	0.32	0.32	0.4	0.4	—	—

注:内圈内孔及其端面按内孔直径查表,外圈外圆柱面及其端面按外径查表。单向推力轴承垫圈及其端面,按轴承内孔直径查表,双向推力轴承垫圈(包括中圈)及其端面按座圈圆柱的内孔直径查表。

6.1.2 配合选择的基本原则

6.1.2.1 滚动轴承与轴和轴承座孔配合的选择

正确选择轴承的配合,与保证机器正常运转、提高轴承使用寿命、充分发挥其承载能力关系很大。本节规定的配合适用于下列情况:轴承外形尺寸符合 GB/T 273.3—2015,且公称内径≤500 mm;轴承公差符合普通级、6(6X)级;轴承游隙符合 GB/T 4604.1—2012 中的 N 组;轴为实心或厚壁钢制轴;轴承座为钢或铸铁件。不适用于无内(外)圈轴承和特殊用途轴承(如)条件选择时,主要考虑下列因素:飞机机架轴承、仪器轴承、机床主轴轴承等。

配合选择的基本原则包括:

(1)运转条件:套圈相对于载荷方向旋转或摆动,应选择过盈配合;套圈相对于载荷方向固定时,可选择间隙配合,见表 6-4。载荷方向难以确定时,宜选择过盈配合。

表 6-4 套圈运转及承载情况

套圈运转情况	典型示例	示意图	套圈承载情况	推荐的配合
内圈旋转 外圈静止 载荷方向固定	皮带驱动轴		内圈承受旋转载荷 外圈承受静止载荷	内圈过盈配合 外圈间隙配合
内圈静止 外圈旋转 载荷方向恒定	传送带托辊 汽车轮毂轴承		内圈承受静止载荷 外圈承受旋转载荷	内圈间隙配合 外圈过盈配合
内圈旋转 外圈静止 载荷随内圈旋转	离心机、振动筛、振动机械		内圈承受循环载荷 外圈承受静止载荷	内圈过盈配合 外圈间隙配合
内圈静止 外圈旋转 载荷随外圈旋转	回转式破碎机		内圈承受静止载荷 外圈承受循环载荷	内圈间隙配合 外圈过盈配合

(2)载荷大小:载荷越大,选择的配合过盈量应越大。当承受冲击载荷或重载荷时,一般应选择比正常、轻载荷时更紧的配合。对向心轴承,载荷的大小用径向当量动载荷 P_r 与径向额定动载荷 C_r 的比值区分,见表 6-5。

表 6-5 向心轴承载荷大小

载荷大小	P_r/C_r
轻载荷	≤0.06
正常载荷	>0.06~0.12
重载荷	>0.12

(3)轴承尺寸:随着轴承尺寸的增大,选择的过盈配合过盈量应越大或间隙配合间隙量应越大。

(4)轴承游隙:采用过盈配合会导致轴承游隙减小,应检验安装后轴承的游隙是否满足使用要求,以便正确选择配合和轴承游隙。

(5)温度:轴承在运转时,其温度通常要比相邻零件的温度高,造成轴承内圈与轴的配合变松,外圈可能因为膨胀而影响轴承在轴承座中的轴向移动。因此,应考虑轴承与轴和轴承座的温差和热的流向。

(6)旋转精度:对旋转精度和运转平稳性有较高要求的场合,一般不采用间隙配合。在提高轴承公差等级的同时,轴承配合部位也应相应提高精度。与普通级、6(6X)级轴承配合的轴,其尺寸公差等级一般为 IT6,轴承座孔一般为 IT7。

（7）轴和轴承座的结构和材料：对于剖分式轴承座，外圈不宜采用过盈配合。当轴承用于空心轴或薄壁、轻合金轴承座时，应采用比实心轴或厚壁钢或铸铁轴承座更紧的过盈配合。

（8）安装和拆卸：间隙配合更易于轴承的安装和拆卸。对于要求采用过盈配合且便于安装和拆卸的应用场合，可采用可分离轴承或锥孔轴承。

（9）游动端轴承的轴向移动：当以不可分离轴承作为游动支承时，应以相对于载荷方向固定的套圈作为游动套圈，选择间隙或过渡配合。

6.1.2.2 公差带的选择

（1）向心轴承和轴的配合，轴公差带按表 6-6 选择。

表 6-6　向心轴承和轴的配合——轴公差带

圆柱孔轴承						
载荷情况		举例	深沟球轴承、调心球轴承和角接触球轴承	圆柱滚子轴承和圆锥滚子轴承	调心滚子轴承	公差带
			轴承公称直径/mm			
内圈承受旋转载荷或方向不定载荷	轻载荷	输送机、轻载齿轮箱	≤18	—	—	h5
			>18~100	≤40	≤40	j6[1]
			>100~200	>40~140	>40~100	k6[1]
			—	>140~200	>100~200	m6[1]
	正常载荷	一般通用机械、电动机、泵、内燃机、正齿轮传动装置	≤18			j5、js5
			>18~100	≤40	≤40	k5[2]
			>100~140	>40~100	>40~65	m5[2]
			>140~200	>100~140	>65~100	m6
			>200~280	>140~200	>100~140	n6
			—	>200~400	>140~280	p6
					>280~500	r6
	重载荷	铁路机车车辆轴箱、牵引机车、破碎机等	—	>50~140	>50~100	n6[3]
				>140~200	>100~140	p6[3]
				>200	>140~200	r6[3]
				—	>200	r7[3]
内圈承受固定载荷	所有载荷 内圈需在轴向易移动	非旋转轴上的各种轮子	所有尺寸			f6、g6
	所有载荷 内圈不需在轴向易移动	张紧轮、绳轮				h6、j6
仅有轴向载荷			所有尺寸			j6、js6
圆锥孔轴承						
所有载荷		铁路机车车辆轴箱	装在推卸套上	所有尺寸		h8(IT6)[4,5]
		一般机械传动	装在紧定套上	所有尺寸		H9(IT7)[4,5]

注：1.凡精度要求较高的场合，应用 j5、k5、m5 代替 j6、k6、m6。

2.圆锥滚子轴承、角接触球轴承配合对游隙影响不大，可用 k6、m6 代替 k5、m5。

3.重载荷下轴承游隙应选大于 N 组。

4.凡精度要求较高或转速要求较高的场合，应选用 h7(IT5)代替 h8(IT6)等。

5.IT6、IT7 表示圆柱度公差数值。

（2）向心轴承和轴承座孔的配合，孔公差带按表 6-7 选择。

表 6-7　向心轴承和轴承座孔的配合——孔公差带

载荷情况		举例	其他状况	公差带[1]	
				球轴承	滚子轴承
外圈承受固定载荷	轻、正常、重	一般机械、铁路机车车辆轴箱	轴向易移动，可采用剖分式轴承座	H7、G7[2]	
	冲击		轴向易移动，可采用剖分式轴承座	J7、JS7	
方向不定载荷	轻、正常	电机、泵、曲轴主轴承			
	正常、重		轴向不移动，采用整体式轴承座	K7	
	重、冲击	牵引电机		M7	
外圈承受旋转载荷	轻	皮带张紧轮		J7	K7
	正常	轮毂轴承		M7	N7
	重			—	N7、P7

注：1. 并列公差带随尺寸的增大从左至右选择。对旋转精度有较高要求时，可相应提高一个公差等级。

2. 不适用于剖分式轴承座。

（3）推力轴承和轴的配合，轴公差带按表 6-8 选择。

表 6-8　推力轴承和轴的配合——轴公差带

载荷情况		轴承类型	轴承公称内径/mm	公差带
仅有轴向载荷		推力球和推力圆柱滚子轴承	所有尺寸	j6、js6
径向和轴向联合载荷	轴圈承受固定载荷	推力调心滚子轴承、推力角接触球轴承、推力圆锥滚子轴承	≤250	j6
			>250	js6
	轴圈承受旋转载荷或方向不定载荷		≤200	k6[1]
			>200～400	m6
			>400	n6

注：1. 要求较小过盈时，可分别用 j6、k6、m6 代替 k6、m6、n6。

（4）推力轴承和轴承座孔的配合，孔公差带按表 6-9 选择。

表 6-9　推力轴承和轴承座孔的配合——孔公差带

载荷情况		轴承类型	公差带
仅有轴向载荷		推力球轴承	H8
		推力圆柱、圆锥滚子轴承	H7
		推力调心滚子轴承	—[1]
径向和轴向联合载荷	座圈承受固定载荷	推力角接触球轴承、推力调心滚子轴承、推力圆锥滚子轴承	H7
	座圈承受旋转载荷或方向不定载荷		K7[2]
			M7[3]

注：1. 轴承座孔与座圈间隙为 0.001D（D 为轴承公称外径）。

2. 一般工作条件。

3. 有较大径向载荷时。

6.1.3 轴和外壳孔与滚动轴承的配合

6.1.3.1 轴和外壳孔的公差带

国标 GB/T 275—2015 对普通级公差轴承与轴和轴承座孔配合的常用公差带如图 6-3 和图 6-4 所示。轴径规定了 17 种公差带,座孔规定了 16 种公差带。

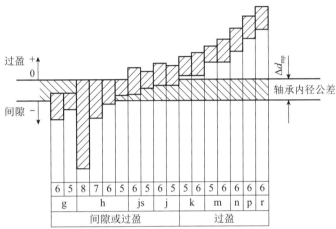

图 6-3 普通级公差轴承与轴配合的常用公差带关系

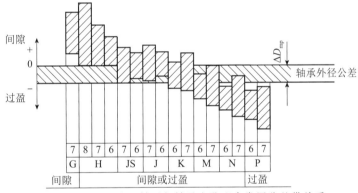

图 6-4 普通级公差轴承与轴承座孔配合常用公差带关系

6.1.3.2 配合表面及挡肩的几何公差

轴承和轴承座孔表面的圆柱度公差、轴肩及轴承孔肩的轴向圆跳动(图 6-5 和图 6-6)按表 6-10 的规定。

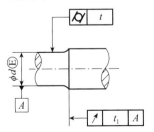

图 6-5 轴颈的圆柱度公差和轴肩的
轴向圆跳动

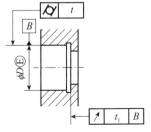

图 6-6 轴承座孔表面的圆柱度公差和
孔肩的轴向圆跳动

表 6-10 轴和轴承座孔的几何公差

公称尺寸/mm		圆柱度 $t/\mu m$				轴向圆跳动 $t_1/\mu m$			
		轴颈		轴承座孔		轴颈		轴承座孔	
		轴承公差等级							
>	≤	0	6(6X)	0	6(6X)	0	6(6X)	0	6(6X)
—	6	2.5	1.5	4	2.5	5	3	8	5
6	10	2.5	1.5	4	2.5	6	4	10	6
10	18	3	2	5	3	8	5	12	8
18	30	4	2.5	6	4	10	6	15	10
30	50	4	2.5	7	4	12	8	20	12
50	80	5	3	8	5	15	10	25	15
80	120	6	4	10	6	15	10	25	15
120	180	8	5	12	8	20	12	30	20
180	250	10	7	14	10	20	12	30	20
250	315	12	8	16	12	25	15	40	25
315	400	13	9	18	13	25	15	40	25
400	500	15	10	20	15	25	15	40	25
500	630	—	—	22	16	—	—	50	30
630	800	—	—	25	18	—	—	50	30
800	1000	—	—	28	20	—	—	60	40
1000	1250	—	—	33	24	—	—	60	40

6.1.3.3 表面粗糙度

表面粗糙度值的高低直接影响着配合质量和联结强度,因此凡是与轴承内、外圈配合的表面通常都对表面粗糙度提出较高的要求。具体选择参见表 6-11。

表 6-11 配合表面及端面的表面粗糙度 R_a

单位:μm

轴或轴承座孔直径/mm		轴或轴承座孔配合表面直径公差等级					
		IT7		IT6		IT5	
>	≤	磨	车	磨	车	磨	车
—	80	1.6	3.2	0.8	1.6	0.4	0.8
80	500	1.6	3.2	1.6	3.2	0.8	1.6
500	1250	3.2	6.3	1.6	3.2	1.6	3.2
端面		3.2	6.3	6.3	6.3	6.3	3.2

6.1.4 滚动轴承配合选用示例及图样标注

例 6-1 在 C616 车床主轴后支承上,装有两个单列向心球轴承(图 6-7),其外形尺寸为 $d \times D \times B = 55\ mm \times 100\ mm \times 20\ mm$,试选定轴承的公差等级,轴承与轴和轴承座孔的配合。

解:分析确定轴承的公差等级:

(1)C616 车床属于轻载的卧式车床,主轴承受轻负荷。

(2)C616 车床主轴的旋转精度和转速较高,选择 6 级精度的滚动轴承。

分析确定轴承与轴和轴承座孔的配合:

(1)轴承内圈与主轴配合一起旋转,外圈装在轴承座孔中不转。

(2)主轴后支承主要承受齿轮传动力,故内圈承受旋转载荷,外圈承受静止载荷,前者配合较紧,后者配合略松。

(3)参考表 6-7、表 6-8 选出轴承座孔公差带为 H7,轴公差带为 j6。

(4)机床主轴前轴承已轴向定位,若后轴承外圈与轴承座孔配合无间隙,则不能补偿由温度变化引起的主轴的伸缩性;若外圈与轴承座孔配合有间隙,则会引起主轴跳动,影响车床的加工精度。为了满足使用要求,将轴承座孔公差等级提高一级,改用 H6。

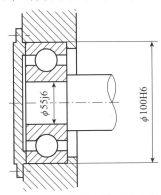

图 6-7 C616 车床主轴后轴承结构

(5)按滚动轴承公差等级国家标准,由表 6-1 查出 6 级轴承单一平面平均内径偏差(Δd_{mp})为 $^{0}_{-0.012}$ mm,单一平面平均外径偏差(ΔD_{mp})为 $^{0}_{-0.022}$ mm。

根据 GB/T 1800.1—2020,查得轴为 $\phi 55j6\ (^{+0.012}_{-0.007})$ mm,轴承座孔为 $\phi 100H6\ (^{+0.022}_{0})$。根据第二章极限与配合相关内容可以绘制轴与孔配合公差带图,并计算极限盈隙。请同学们自行完成。

根据 C616 车床主轴后轴承的极限与配合图解,轴承内径与轴的配合,$X_{max} = +0.007$ mm,$Y_{max} = -0.024$ mm,$Y_{av} = -0.0085$ mm。轴承外径与轴承座孔的配合,$X_{max} = +0.044$ mm,$X_{min} = 0$ mm,$X_{av} = +0.022$ mm。由此可见,轴承与轴的配合比与轴承座孔的配合要紧些。

(6)按表 6-10、表 6-11 查出轴和轴承座孔的几何公差和表面粗糙度,标注在零件图上,如图 6-8 和图 6-9 所示。

注意:在装配图上,不用标注轴承的公差等级代号,只需标注与之相配合的轴承座孔及轴的公差等级代号。在零件图上,应标注以下参数:尺寸公差、几何公差和表面粗糙度。

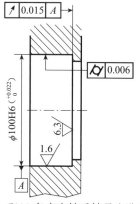

图 6-8　C616 车床主轴后轴承座孔的标注

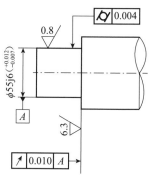

图 6-9　C616 车床主轴后轴承主轴的标注

6.2　圆锥结合的互换性

在机械产品中,圆锥配合应用较广泛。与圆柱配合相比较,圆锥配合具有如下特点:

(1)间隙或过盈可以调整。通过内、外圆锥面的轴向位移,可以调整间隙或过盈来满足不同的工作要求,能补偿磨损,延长使用寿命。

(2)对中性好,即易保证配合的同轴度要求。由于间隙可以调整,因而可以消除间隙,实现内、外圆锥轴线的对中。同时容易拆卸,且经多次拆装不降低同轴度。

(3)圆锥结合具有较好的自锁性和密封性。

(4)结构复杂,影响互换性的参数比较多,加工和检验都比较困难,不适用于孔轴轴向相对位置要求较高的场合。

有关圆锥结合的现行国家标准包括:

GB/T 157—2001《产品几何量技术规范(GPS)　圆锥的锥度与锥角系列》。

GB/T 11334—2005《产品几何量技术规范(GPS)　圆锥公差》。

GB/T 12360—2005《产品几何量技术规范(GPS)　圆锥配合》。

GB/T 11852—2003《圆锥量规公差与技术条件》。

6.2.1　圆锥配合的定义

(1)圆锥表面:与轴线成一定角度,且一端相交于轴线点的一条直线段(母线),围绕着该轴线旋转形成的表面,如图 6-10 所示。

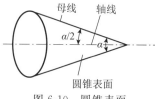

图 6-10　圆锥表面

(2)圆锥:由圆锥表面与一定尺寸所限定的几何体。

(3)锥度(C):两个垂直圆锥轴线截面的圆锥直径 D 和 d 之差与该两截面之间的轴向距

之比:

$$C = \frac{D-d}{L}$$

锥度 C 与圆锥角 α 的关系为

$$C = 2\tan\frac{\alpha}{2} = 1 : \frac{1}{2}\cot\frac{\alpha}{2}$$

锥度一般用比例或分式形式表示。

6.2.2　圆锥的锥度和锥角系列

为了减少加工圆锥工件所用的专用刀具、量具种类和规格,满足生产需要,国家标准规定了一般用途(21 个基本值系列)和特定用途(24 个基本值系列)圆锥的锥度与锥角系列。

一般用途圆锥的锥度与锥角系列见表 6-12。选用时,应优先选用系列 1,其次选用系列 2。

为便于圆锥件的设计、生产和控制,表 6-12 中还给出了圆锥角或锥度的推算值,其有效位数可按需要确定。

表 6-12　一般用途圆锥的锥度与锥角系列

基本值		推算值			
系列 1	系列 2	圆锥角			锥度 C
		(°)(′)(″)	(°)	rad	
120°		—	—	2.09439510	1 : 0.2886751
90°		—	—	1.57079633	1 : 0.5000000
	75°	—	—	1.30899694	1 : 0.6516127
60°		—	—	1.04719755	1 : 0.8660254
45°		—	—	0.78539816	1 : 1.2071068
30°		—	—	0.52359878	1 : 1.8660254
1 : 3		18°55′28.7199″	18.92464442°	0.33029735	—
	1 : 4	14°15′0.1177″	14.25003270°	0.24870999	—
1 : 5		11°25′16.2706″	11.42118627°	0.19933730	—
	1 : 6	9°31′38.2202″	9.52728338°	0.16628246	—
	1 : 7	8°10′16.4408″	8.17123356°	0.14261493	—
	1 : 8	7°9′9.6075″	7.15266875°	0.12483762	—
1 : 10		5°43′29.3176″	5.72481045°	0.09991679	—
	1 : 12	4°46′18.7970″	4.77188806°	0.08328516	—
	1 : 15	3°49′5.8975″	3.81830487°	0.06664199	—
1 : 20		2°51′51.0925″	2.86419237°	0.04998959	—
1 : 30		1°54′34.8570″	1.90968251°	0.03333025	—
1 : 50		1°8′45.1586″	1.14587740°	0.01999933	—
1 : 100		34′22.6309″	0.57295302°	0.00999992	—
1 : 200		17′11.3219″	0.28647830°	0.00499999	—
1 : 500		6′52.5295″	0.11459152°	0.00200000	—

注:系列 1 中 120°~(1:3)的数值近似按 R10/2 优先数系列,(1:5)~(1:500)按 R10/3 优先数系列。

特定用途的圆锥见表6-13。

表6-13　特定用途的圆锥

基本值	推算值			锥度 C	标准号 GB/T (ISO)	用途
	圆锥角					
	(°)(′)(″)	(°)	rad			
11°54′	—	—	0.20769418	1：4.7974511	(5237) (8489-5)	纺织机械和附件
8°40′	—	—	0.15126187	1：6.5984415	(8489-3) (8489-4) (324.575)	
7°	—	—	0.12217305	1：8.1749277	(8489-2)	
1：38	1°30′27.7080″	1.50769667°	0.02631427	—	(368)	
1：64	0°53′42.8220″	0.89522834°	0.01562468	—	(368)	
7：24	16°35′39.4443″	16.59429008°	0.28962500	1：3.4285714	3837.3 (297)	机床主轴工具配合
1：12.262	4°40′12.1514″	4.67004205°	0.08150761	—	(239)	贾各锥度 No.2
1：12.972	4°24′52.9039″	4.41469552°	0.07705097	—	(239)	贾各锥度 No.1
1：15.748	3°38′13.4429″	3.63706747°	0.06347880	—	(239)	贾各锥度 No.33
6：100	3°26′12.1776″	3.43671600°	0.05998201	1：16.6666667	1962 (594-1) (594-2) (594-3)	医疗设备
1：18.779	3°3′1.2070″	3.05033527°	0.05323839	—	(239)	贾各锥度 No.3
1：19.002	3°0′52.3956″	3.01455434°	0.05261390	—	1443(296)	莫氏锥度 No.5
1：19.180	2°59′11.7258″	2.98659050°	0.05212584	—	1443(296)	莫氏锥度 No.6
1：19.212	2°58′53.8255″	2.98161820°	0.05203905	—	1443(296)	莫氏锥度 No.0
1：19.254	2°58′30.4217″	2.97511713°	0.05192559	—	1443(296)	莫氏锥度 No.4
1：19.264	2°58′24.8644″	2.97357343°	0.05189865	—	(239)	莫氏锥度 No.6
1：19.922	2°52′31.4463″	2.87540176°	0.05018523	—	1443(296)	莫氏锥度 No.3
1：20.020	2°51′40.7960″	2.86133223°	0.04993967	—	1443(296)	莫氏锥度 No.2
1：20.047	2°51′26.9283″	2.85748008°	0.04987244	—	1443(296)	莫氏锥度 No.1
1：20.288	2°49′24.7802″	2.82355006°	0.04928025	—	(239)	贾各锥度 No.0
1：23.904	2°23′47.6244″	2.39656232°	0.04182790	—	1443(296)	布朗夏普锥度 No.1 至 No.3
1：28	2°2′45.8174″	2.04606038°	0.03571049	—	(8382)	复苏器(医用)
1：36	1°35′29.2096″	1.59144711°	0.02777599	—	(5356-1)	麻醉器具
1：40	1°25′56.3516″	1.43231989°	0.02499870	—		

6.2.3 圆锥公差术语和定义

(1)圆锥角(α):在通过圆锥轴线的截面内,两条素线之间的夹角,如图 6-11 所示。

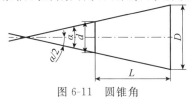

图 6-11 圆锥角

(2)公称圆锥:由设计给定的理想形状的圆锥,如图 6-12 所示。

公称圆锥可用两种形式确定:

①一个公称圆锥直径(最大圆锥直径 D、最小圆锥直径 d、给定截面圆锥直径 d_x)、公称圆锥长度 L、公称圆锥角 α 或公称锥度 C;

②两个公称圆锥直径和公称圆锥长度 L。

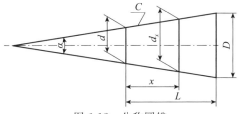

图 6-12 公称圆锥

(3)实际圆锥:实际存在并与周围介质分隔的圆锥。

(4)实际圆锥直径 d_a:实际圆锥上的任意直径,如图 6-13 所示。

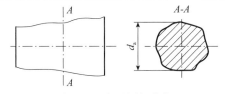

图 6-13 实际圆锥直径

(5)实际圆锥角:实际圆锥的任一轴向截面内,包容其素线且距离为最小的两对平行直线之间的夹角,如图 6-14 所示。

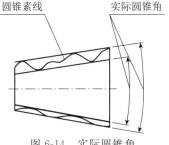

图 6-14 实际圆锥角

(6)极限圆锥:与公称圆锥共轴且圆锥角相等,直径分别为上极限直径和下极限直径的两个圆锥。在垂直圆锥轴线的任一截面上,这两个圆锥的直径差都相等,如图 6-15 所示。

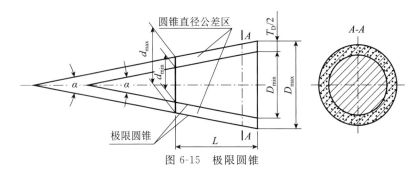

图 6-15　极限圆锥

（7）极限圆锥直径：极限圆锥上的任一直径，如图 6-15 中的 D_{max}、D_{min}、d_{max}、d_{min}。

（8）极限圆锥角：允许的上极限或下极限圆锥角，如图 6-16 所示。

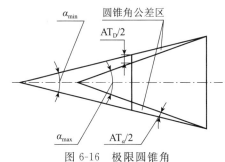

图 6-16　极限圆锥角

（9）圆锥直径公差 T_D：圆锥直径的允许变动量，如图 6-15 所示。该公差是一个没有符号的绝对值。

（10）圆锥直径公差区：两个极限圆锥所限定的区域。用示意图表示在轴向截面内的圆锥直径公差区时，如图 6-15 所示。

（11）圆锥角公差 AT（AT_a 或 AT_D）：圆锥角的允许变动量，如图 6-16 所示。该公差是一个没有符号的绝对值。

（12）圆锥角公差区：两个极限圆锥角所限定的区域。用示意图表示圆锥角公差区时，如图 6-16 所示。

（13）给定截面圆锥直径公差 T_{DS}：在垂直圆锥轴线的给定截面内，圆锥直径允许的变动量，如图 6-17 所示。该公差是一个没有符号的绝对值。

（14）给定截面圆锥直径公差区：在给定的圆锥截面内，由两个同心圆所限定的区域。用示意图表示给定截面圆锥直径公差区时，如图 6-17 所示。

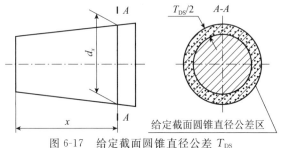

图 6-17　给定截面圆锥直径公差 T_{DS}

6.2.4 圆锥公差的项目、给定方法和数值

(1)圆锥公差的项目：GB/T 11334—2005 适用于圆锥体锥度(1∶3)~(1∶500)，圆锥长度 $L=6\sim630\text{mm}$ 的光滑圆锥工件。标准中规定了 4 项圆锥公差项目：

①圆锥直径公差 T_D。

②圆锥角公差 AT，用角度值 AT_α，或线性值 AT_D 给定。

③圆锥的形状公差 T_F，包括素线直线度公差和截面圆度公差。

④给定截面圆锥直径公差 T_{DS}。

圆锥公差项目具体见表 6-14。圆锥角公差的数值见表 6-15。圆锥直径、圆锥角与给定截面圆锥直径公差带如图 6-18~图 6-20 所示。圆锥角极限偏差如图 6-21 所示。

表 6-14 圆锥公差项目

圆锥公差项目及代号	定义	公差值及有关规定
圆锥直径公差 T_D 及圆锥直径公差带	T_D 是圆锥直径的允许变动量。它等于两个极限圆锥直径之差，并适用于圆锥的全长，可表示为 $T_D=D_{max}-D_{min}=d_{max}-d_{min}$。其公差带是由两个极限圆锥所限定的区域，如图 6-18 所示	T_D 的公差等级和数值及公差带的代号以公称圆锥直径(一般取最大圆锥直径 D)为公称尺寸按 GB/T 1800.2—2020 标准规定的标准公差选取。 对于有配合要求的圆锥，其内、外圆锥直径公差带位置，按 GB/T 12360—1990 中有关规定选取。 对于无配合要求的圆锥，其内、外圆锥直径公差带位置，建议选用基本偏差 JS、js 确定内、外圆锥的公差带位置
圆锥角公差 AT 及其公差带	AT 是圆锥角的允许变动量，其数值为上极限与下极限圆锥角之差，可表示为 $AT=\alpha_{max}-\alpha_{min}$。圆锥角公差的公差带是两个极限圆锥角所限定的区域，如图 6-19 所示	AT 共分为 12 个公差等级，用 AT1，AT2，…，AT12 表示。圆锥角公差的数值见表 6-15。表 6-15 中数值用于棱体的角度时，以该角短边长度作为 L 选取公差值。 圆锥角公差 AT，可用角度值 AT_α 或线性值 AT_D 给定。AT_α 与 AT_D 的换算关系为 $AT_D=AT_\alpha\times L\times10$，其中 AT_D 的单位为 μm；AT_α 的单位为微弧度(μrad)；L 的单位为 mm。L 在 $6\sim630$ mm 范围内，划分 10 个尺寸分段。如需更高或更低等级的圆锥角公差时，按公比 1∶1.6 向两端延伸得到。更高等级用 AT0，AT01，…表示，更低等级用 AT13，AT14，…表示。如需更高或更低等级的圆锥角公差时，按公比 1.6 向两端延伸得到。更高等级用 AT0，AT01，…表示。更低等级用 AT13，AT14，…表示。 圆锥角极限偏差可按单向($\alpha+AT$ 或 $\alpha-AT$)或双向取值。双向取时可以对称($\alpha\pm AT/2$)，也可以是不对称的，如图 6-21 所示。为保证内外圆锥的接触均匀，多采用双向对称取值
圆锥的形状公差 T_F	包括圆锥素线直线度公差和截面圆度公差，如图 6-20 所示	T_F 在一般情况下不单独给出，而是由对应的两极限圆锥公差带限制；当对形状精度有更高要求时，应单独给出相应的形状公差。其数值可从 GB/T 1184—1996 附录中选取，但应不大于圆锥直径公差值的一半
给定截面圆锥直径公差 T_{DS} 及其公差带	T_{DS} 指在垂直于圆锥轴线的给定截面内，圆锥直径的允许变动量；给定截面圆锥直径公差带是在给定圆锥截面内，由直径等于两极限圆锥直径的同心圆所限定的区域，如图 6-20 所示	$T_{DS}=d_{xmax}-d_{xmin}$，T_{DS} 是以给定截面圆锥直径 d_x 为公称尺寸，按 GB/T 1800.2—2020 中规定的标准公差选取。 要注意 T_{DS} 与圆锥直径公差 T_D 的区别，T_D 对整个圆锥上任意截面的直径都起作用，其公差区限定的是空间区域，而 T_{DS} 只对给定的截面起作用，其公差区限定的是平面区域

表 6-15　圆锥角公差的数值

公称圆锥长度 L/mm	AT5			AT6			AT7			AT8			AT9			AT10		
	AT$_\alpha$ μrad	(')(")	AT$_D$ μm	AT$_\alpha$ μrad	(')(")	AT$_D$ μm	AT$_\alpha$ μrad	(')(")	AT$_D$ μm	AT$_\alpha$ μrad	(')(")	AT$_D$ μm	AT$_\alpha$ μrad	(')(")	AT$_D$ μm	AT$_\alpha$ μrad	(')(")	AT$_D$ μm
>25~40	160	33"	>4.0~6.3	250	52"	>6.3~10.0	400	1'22"	>10.0~16.0	630	2'10"	>16.0~20.5	1000	3'26"	>25.0~40.0	1600	5'30"	>40.0~63.0
>40~63	125	26"	>5.0~8.0	200	41"	>8.0~12.5	315	1'05"	>12.5~20.0	500	1'43"	>20.0~32.0	800	2'45"	>32.0~50.0	1250	4'18"	>50.0~80.0
>63~100	100	21"	>6.3~10.0	160	33"	>10.0~16.0	250	52"	>16.0~25.0	400	1'22"	>25.0~40.0	630	2'10"	>40.0~63.0	1000	3'26"	>63.0~100
>100~160	80	16"	>8.0~12.5	125	26"	>12.5~20.0	200	41"	>20.0~32.0	315	1'05"	>32.0~50.0	500	1'43"	>50.0~80.0	800	2'45"	>80.0~125
>160~250	63	13"	>10.0~16.0	100	21"	>16.0~25.0	160	33"	>25.0~40.0	250	52"	>40.0~63.0	400	1'22"	>63.0~100	630	2'10"	>100~160

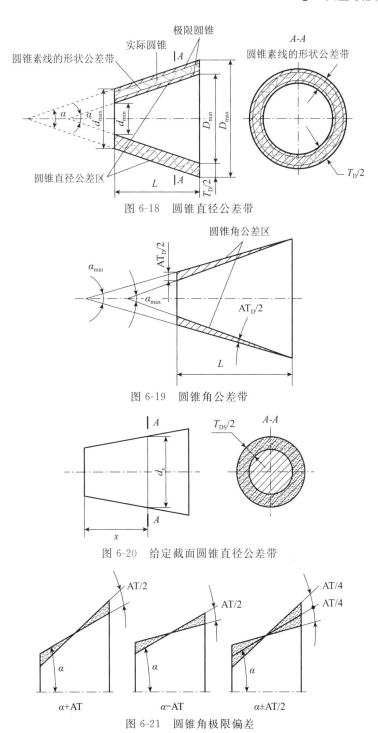

图 6-18　圆锥直径公差带

图 6-19　圆锥角公差带

图 6-20　给定截面圆锥直径公差带

图 6-21　圆锥角极限偏差

（2）圆锥公差的给定方法（两种）：

①给出圆锥的公称圆锥角 α（或锥度 C）和圆锥直径公差 T_D。由 T_D 确定两个极限圆锥。此时圆锥角误差和圆锥的形状误差均应在极限圆锥所限定的区域内，如图 6-22 和图 6-23 所示。

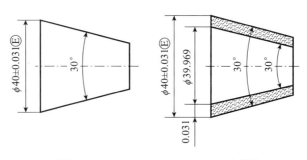

（a）标注　　　　　　　　　　（b）公差带

图 6-22　圆锥公差给定方法一（包容要求）标注

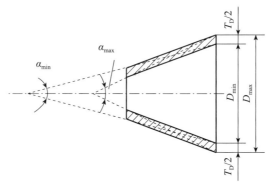

图 6-23　用圆锥直径误差 T_D 控制圆锥误差

当对圆锥角公差、圆锥的形状误差有更高的要求时,可给出圆锥角公差 AT、圆锥的形状公差 T_F。此时 AT 和 T_F 仅占 T_D 的一部分。

此方法通常运用于有配合要求的内、外圆锥。

②给出给定截面圆锥直径公差 T_{DS} 和圆锥角公差 AT。此时,给定截面圆锥直径和圆锥角应分别满足这两项公差的要求,如图 6-24 所示。T_{DS} 和 AT 的关系如图 6-25 所示。

该方法是在假定圆锥素线为理想直线的情况下给出的。

当对圆锥形状公差有更高的要求时,可给出圆锥的形状公差 T_F。

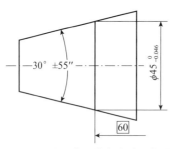

图 6-24　圆锥公差给定方法二标注

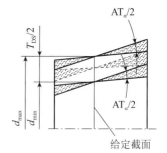

图 6-25　给定截面圆锥直径公差 T_{DS} 与
圆锥角公差 AT 的关系

6.2.5　圆锥配合的形成

基本圆锥相同的内、外圆锥直径之间,由于结合不同所形成的相互关系,称为圆锥配合。圆锥配合的配合特征是通过相互配合的内、外圆锥规定的轴向位置来形成间隙或过盈的。间隙或过盈是在垂直于圆锥表面方向起作用,但按垂直于圆锥轴线方向给定并测量;对锥度小于或等于 1：3 的圆锥,垂直于圆锥表面与垂直于圆锥轴线给定的数值之间的差异可忽略不计。

圆锥配合有结构型圆锥配合和位移型圆锥配合两种。

结构型圆锥配合是由圆锥结构确定装配位置,内、外圆锥公差区之间的相互关系。这种方式可以是间隙配合、过渡配合或过盈配合。图 6-26 所示为由轴肩接触得到间隙配合的示例,图 6-27 所示为由结构尺寸 a 得到过盈配合的示例。

位移型圆锥配合是内、外圆锥在装配时做一定的相对轴向位移(E_a)确定的相互关系。这种方式可以是间隙配合或过盈配合。图 6-28 所示为给定轴向位移 E_a 得到间隙配合的示例,图 6-29 所示为给定装配力 F_s 得到过盈配合的示例。

圆锥配合的特点及配合的确定见表 6-16。

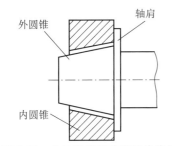

图 6-26 由轴肩接触确定最终位置

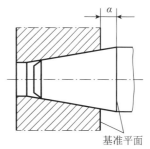

图 6-27 由结构尺寸确定最终位置

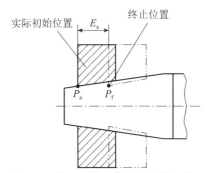

图 6-28 做一定轴向位移确定轴向位置

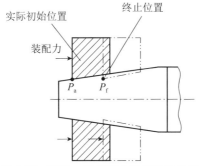

图 6-29 附加一定装配力确定轴向位置

表 6-16　圆锥配合的特点及配合的确定

<table>
<tr><th colspan="2">配合的特点</th><th>配合的确定</th></tr>
<tr><td rowspan="2">结构型圆锥配合</td><td>(1)可形成间隙配合、过盈配合、过渡配合。
(2)其配合性质完全取决于相互结合的内、外圆锥直径公差带的相对位置</td><td>(1)结构型圆锥配合推荐优先采用基孔制,即内圆锥直径基本偏差为 H。内、外圆锥直径公差带及配合按 GB/T 1801 选取。如常用配合仍不能满足需要,可按 GB/T 1800 规定的基本偏差与标准公差组成所需配合。
(2)圆锥直径配合公差 T_{Df} 等于两结合圆锥内、外直径公差之和。其公差值的大小,直接影响配合精度。推荐内、外圆锥直径公差不低于 IT9 级。如对接触精度有更高要求,可按圆锥公差国标(GB/T 11334—2005)规定的圆锥角公差 AT 系列值(表 6-15),给出圆锥角极限偏差及圆锥的形状公差。
(3)配合的基本偏差,通常在 D(d)至 ZC(zc)中选择,应按优先、常用、任意公差带组成配合为顺序选用配合</td></tr>
<tr><td>位移型圆锥配合</td><td>(1)可形成间隙配合、过盈配合,通常不用于形成过渡配合。
(2)其配合性质是由内、外圆锥的轴向位移量或装配力决定的。配合性质与相互结合的内、外圆锥直径公差带无关。直径公差仅影响接触的初始位置和终止位置及接触精度</td><td>(1)位移型圆锥配合的圆锥直径公差带可根据对终止位置基面距的要求和对接触精度的要求来选取,如对基面距有要求,公差等级一般在 IT8～IT12 之间选取,必要时,应通过计算来选取和校核内、外圆锥的公差带;若对基面距无严格要求,可选较低的直径公差等级,以便使加工更经济;如对接触精度要求较高,可用给圆锥角公差的办法来满足;若对基面距无严格要求,可选较低的直径公差等级。
(2)内、外圆锥直径公差带的基本偏差推荐选用 H、h 或 JS、js。
(3)其轴向位移的极限值按 GB/T 1801 规定的极限间隙或极限过盈来计算。轴向位移量极限值(E_{amax}、E_{amin})和轴向位移公差(T_E)按下式计算:
对于间隙配合　$E_{amax}=X_{max}/C$　　对于过盈配合　$E_{amax}=Y_{max}/C$
　　　　　　　$E_{amin}=X_{min}/C$　　　　　　　　　$E_{amin}=Y_{min}/C$
轴向位移公差(允许位移的变动量)$T_E=E_{amax}-E_{amin}$</td></tr>
</table>

6.2.6　圆锥公差及选用

6.2.6.1　圆锥几何参数误差对互换性的影响

圆锥的直径和锥度误差以及形状误差,都会对圆锥配合产生影响。

(1)直径误差:

①对于结构型圆锥,基面距一定,直径误差影响圆锥配合的实际间隙或过盈的大小。

②对于位移型圆锥,直径误差影响圆锥配合的实际初始位置,即影响装配后的基面距。

(2)圆锥角误差:当内、外圆锥角误差不等时会影响接触的均匀性,对于位移性圆锥有时还会影响基面距。有些圆锥配合要求实际基面距控制在一定范围内。因为当内、外圆锥长度一定时,基面距太大,会使配合长度减小,影响结合的稳定性和传递转矩;若基面距太小,则补偿圆锥表面磨损的调节范围就将减小。

(3)圆锥形状误差:圆锥形状误差是指素线直线度误差和横截面的圆度误差。它们主要影响配合面的接触精度。对于间隙配合,如其间隙大小不均匀,则磨损加快,影响使用寿命;对于过盈配合,由于接触面积减小,联结强度降低;对于紧密配合,其密封性受到影响。

6.2.6.2　各种配合的使用场合

(1)间隙配合:由轴向移动调整,常用于有相对运动的机构中,如车床主轴的圆锥轴颈与圆锥滑动轴承衬套的配合。

(2)过渡配合:完全消除间隙,主要用于定心或密封场合,如锥形旋塞、发动机中的气阀与阀座的配合,通常将内、外锥成对研磨,一般无互换性。

（3）过盈配合:利用接触表面间所产生的摩擦来传递扭矩,可调整过盈量,如钻头或绞刀的圆锥柄与机床主轴圆锥孔的配合、圆锥形摩擦离合器中的配合等。

6.2.7 圆锥的检测方法

6.2.7.1 量规检验法

大批量生产条件下,圆锥的检验多用圆锥量规。

圆锥量规用来检验实际内、外圆锥工件的锥度和直径偏差。检验内圆锥用圆锥塞规,检验外圆锥用圆锥环规,如图 6-30 所示。

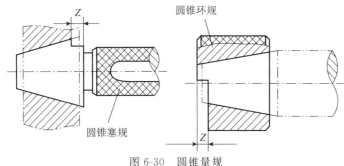

图 6-30　圆锥量规

6.2.7.2 间接测量法

通过平板、量块、正弦规、指示计和滚柱(或钢球)等常用计量器具组合,测量锥度或角度有关的尺寸,按几何关系换算出被测的锥度或角度。

图 6-31 所示是用正弦规测量外圆锥锥度。测量前先按公式 $h=L\sin\alpha$(式中 α 为公称圆锥角; L 为正弦规两圆柱中心距)计算并组合量块组,然后按图 6-31 进行测量。

工件锥度偏差:

$$\Delta C=(h_a-h_b)L$$

式中, h_a、h_b 分别为指示表在 a、b 两点的读数; L 为 a、b 两点间距离。

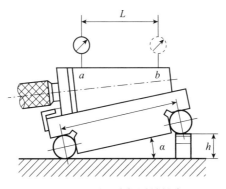

图 6-31　用正弦规测量锥度

图 6-32 和图 6-33 所示是用标准圆柱、钢球分别测量外、内圆锥的圆锥角。

对于外圆锥:被测角度 $\operatorname{tg}\dfrac{\alpha}{2}=\dfrac{(M-m)}{2h}$。

对于内圆锥：被测角度 $\sin\dfrac{\alpha}{2}=\dfrac{D_0-d_0}{2(H-h)+d_0-D_0}$。

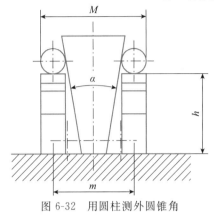

图 6-32 用圆柱测外圆锥角

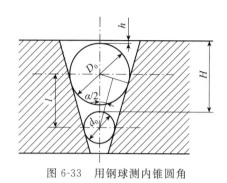

图 6-33 用钢球测内锥圆角

6.3 键和花键的互换性

机器中键和花键的结合主要用来联结轴和轴上传动件（齿轮、皮带轮、链轮、联轴器等）以传递扭矩，当轴与传动件之间有轴向相对运动要求时，键还能起导向作用。例如，变速箱中的齿轮可以沿花键轴移动以达到变换速度的目的。

键的种类很多，主要可分为平键、半圆键和楔键等几种，统称为单键，其中平键应用最广。平键又可分为普通平键和导向平键。普通平键一般用于固定联结，而导向平键用于可移动的联结。

花键按键廓的形状不同分为矩形花键、渐开线花键和三角形花键等，其中矩形花键应用最多。本节主要讨论平键和矩形花键的互换性。

有关键和花键的现行国家标准包括：

GB/T 1095—2003《平键 键槽的剖面尺寸》。

GB/T 1096—2003《普通型 平键》。

GB/T 1097—2003《导向型 平键》。

GB/T 1098—2003《半圆键 键槽的剖面尺寸》。

GB/T 1099.1—2003《普通型 半圆键》。

GB/T 1144—2001《矩形花键尺寸、公差和检验》。

GB/T 10919—2021《矩形花键量规》。

6.3.1 平键联结的互换性及检测

6.3.1.1 平键联结的特点

平键联结是通过键的侧面与轮毂槽和轴槽的侧面相接触来传递扭矩，键的上表面与轮毂槽间留有一定的间隙（0.2～0.5 mm）。键和槽侧面的配合性质决定键联结的可靠性。所以键侧精度要求高。平键具有以下优点：对中性好，制造简单，便于装拆。

在平键联结中键宽、轴槽宽和轮毂槽宽 b 为配合尺寸，其他为非配合尺寸。平键联结的主要尺寸如图 6-34 所示，其中 t_1 与 t_2 分别为轴槽和轮毂槽的深度，h 为键高，d 为轴和轮毂槽直径。考虑到在键联结中,键是标准件,键的侧面同时与轮毂槽及轴槽联结,且往往要求不同的配合性质。为便于对它进行专门化生产,所以以键结合采用基轴制配合,即规定键宽的公差带不变,通过改变轴槽宽,轮毂槽宽的公差带达到不同的配合要求。在设计平键联结时,当轴颈 d 确定后,根据 d 就可确定平键的规格参数。

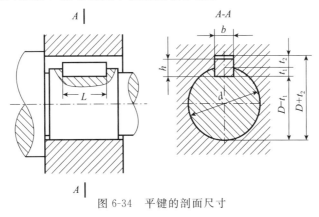

图 6-34　平键的剖面尺寸

6.3.1.2　平键联结的公差带和配合种类

由于配合性质往往不同,且平键一般用精拔钢(它有较高的尺寸、形位、表面粗糙度精度)制造,因此它是一个标准件,故在单键联结中采用了基轴制配合,并且在标准件中对于键宽仅仅规定了一种基准件的公差带 h8。

要改变配合的性质,往往通过改变轴槽和轮毂槽的公差带来实现,按照配合的松紧程度不同,分为松联结、正常联结和紧密联结。根据要求各规定了 3 组公差带:轴槽公差带 H9、N9 和 P9;轮毂槽公差带 D10、JS9 和 P9,见表 6-17。平键的公差与配合图解如图 6-35 所示。表 6-18、表 6-19 所列为普通平键键槽和平键的尺寸与公差。表 6-20 所列为普通平键的尺寸与公差。

表 6-17　键宽与轴槽及轮毂槽宽的公差与配合

配合种类	尺寸 b 的公差			配合性质及应用
	键	轴槽	轮毂槽	
松联结	h8	H9	D10	键在轴上及轮毂上均能滑动,主要用于导向平键,轮毂可在轴上做轴向移动
正常联结		N9	JS9	键在轴上及轮毂中均固定,用于载荷不大的场合
紧密联结		P9	P9	键在轴上及轮毂上均固定,而比上种配合更紧,主要用于载荷较大、载荷具有冲击性以及双向传递扭矩的场合

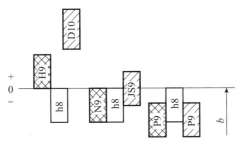

◪ 轴槽公差带　▢ 键公差带　◩ 轮毂槽公差

图 6-35　键联结中键宽与槽宽的公差带

表 6-18　普通平键键槽的尺寸与公差

单位:mm

键尺寸 $b \times h$	键槽											
	宽度 b						深度				半径 r	
	基本尺寸	极限偏差					轴 t_1		毂 t_2			
		正常联结		紧密联结	松联结		基本尺寸	极限偏差	基本尺寸	极限偏差		
		轴 N9	毂 JS9	轴和毂 P9	轴 H9	毂 D10					min	max
2×2	2	-0.004 -0.029	± 0.0125	-0.006 -0.031	$+0.025$ 0	$+0.060$ $+0.020$	1.2	$+0.10$ 0	1.0	$+0.10$ 0	0.08	0.16
3×3	3						1.8		1.4			
4×4	4	0 -0.030	± 0.015	-0.012 -0.042	$+0.030$ 0	$+0.078$ $+0.030$	2.5		1.8			
5×5	5						3.0		2.3			
6×6	6						3.5		2.8		0.16	0.25
8×7	8	0 -0.036	± 0.018	-0.015 -0.051	$+0.036$ 0	$+0.098$ $+0.040$	4.0		3.3			
10×8	10						5.0		3.3			
12×8	12	0 -0.043	± 0.0215	-0.018 -0.061	$+0.043$ 0	$+0.120$ $+0.050$	5.0		3.3			
14×9	14						5.5		3.8		0.25	0.40
16×10	16						6.0		4.3			
18×11	18						7.0	$+0.20$ 0	4.4	$+0.20$ 0		
20×12	20						7.5		4.9			
22×14	22	0 -0.052	± 0.026	-0.022 -0.074	$+0.052$ 0	$+0.149$ $+0.065$	9.0		5.4			
25×14	25						9.0		5.4		0.40	0.60
28×16	28						10.0		6.4			
32×18	32						11.0		7.4			
36×20	36	0 -0.062	± 0.031	-0.026 -0.088	$+0.062$ 0	$+0.180$ $+0.080$	12.0		8.4			
40×22	40						13.0		9.4			
45×25	45						15.0		10.4		0.70	1.00
50×28	50						17.0		11.4			
56×32	56						20.0	$+0.30$ 0	12.4	$+0.30$ 0		
63×32	63	0 -0.074	± 0.037	-0.032 -0.106	$+0.074$ 0	$+0.220$ $+0.100$	20.0		12.4		1.20	1.60
70×36	70						22.0		14.4			
80×40	80						25.0		15.4			
90×45	90	0 -0.087	± 0.0435	-0.037 -0.124	$+0.087$ 0	$+0.260$ $+0.120$	28.0		17.4		2.00	2.50
100×50	100						31.0		19.5			

表 6-19 普通平键的尺寸与公差

单位：mm

宽度 b 基本尺寸 (b8)	2	3	4	5	6	8	10	12	14	16	18	20	22	25	28	32	36	40	45	50	56	63	70	80	90	100
极限偏差 (h8)	0 −0.014	0 −0.014	0 −0.018	0 −0.018	0 −0.018	0 −0.022	0 −0.022	0 −0.027	0 −0.027	0 −0.027	0 −0.027	0 −0.033	0 −0.033	0 −0.033	0 −0.033	0 −0.039	0 −0.039	0 −0.039	0 −0.039	0 −0.039	0 −0.046	0 −0.046	0 −0.046	0 −0.046	0 −0.054	0 −0.054
高度 h 基本尺寸	2	3	4	5	6	7	8	8	9	10	11	12	14	14	16	18	20	22	25	28	32	32	36	40	45	50
极限偏差 矩形 (h11)	—	—	—	—	—	0 −0.090	0 −0.090	0 −0.090	0 −0.090	0 −0.090	0 −0.110	0 −0.110	0 −0.110	0 −0.110	0 −0.110	0 −0.110	0 −0.130	0 −0.130	0 −0.130	0 −0.130	0 −0.160	0 −0.160	0 −0.160	0 −0.160	0 −0.160	0 −0.160

表 6-20　导向平键的尺寸与公差

单位:mm

	基本尺寸	8	10	12	14	16	18	20	22	25	28	32	36	40	45
宽度 b	极限偏差 (h8)	0 −0.022		0 −0.027				0 −0.033				0 −0.039			
	基本尺寸	7	8	8	9	10	11	12	14	14	16	18	20	22	25
高度 h	极限偏差 (h11)	0 −0.090						0 −0.110				0 −0130			

6.3.1.3　平键联结的几何公差和表面粗糙度的选用及图样标注

为了保证键和键槽的侧面具有足够的接触面积和避免装配困难,国家标准对键和键槽的几何公差做了以下规定:

(1)键槽(轴槽及毂槽)对轴及轮毂轴线的对称度,根据不同的功能要求和键宽公称尺寸 b,一般可按照 GB/T 1184—1996《形状和位置公差　未注公差值》对称度公差 7~9 级选取。

(2)当键长 L 与键宽 b 之比大于或等于 8 时,键宽 b 的两侧面在长度方向的平行度应符合 GB/T 1184—1996《形状和位置公差　未注公差值》的规定,当 $b \leqslant 6$ mm 时按 7 级;当 b 在 8~36 mm 时按 6 级;当 $b \geqslant 40$ mm 时按 5 级。

同时还规定轴键槽、轮毂键槽宽 b 的两侧面的表面粗糙度 R_a 值的上限值一般取为 1.6~3.2 μm,轴键槽底面、轮毂键槽底面的表面粗糙度 R_a 值的上限值取为 6.3 μm。

当形状误差的控制可由工艺保证时,图样上可不给出公差。

6.3.1.4　平键的标记

普通平键的型式尺寸如图 6-36 所示。

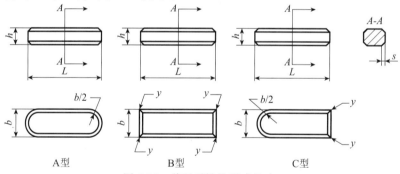

图 6-36　普通平键的型式尺寸

宽度 $b=16$ mm、高度 $h=10$ mm、长度 $L=100$ mm 普通 A 型平键的标记:
GB/T 1096 键 16×10×100

宽度 $b=16$ mm、高度 $h=10$ mm、长度 $L=100$ mm 普通 B 型平键的标记:
GB/T 1096 键 B16×10×100

宽度 $b=16$ mm、高度 $h=10$ mm、长度 $L=100$ mm 普通 C 型平键的标记:
GB/T 1096 键 C16×10×100

6.3.1.5　平键的检测

(1)键和槽宽:在单件、小批量生产时,一般采用游标卡尺、千分尺测量;在大批量生产时,用极限量规控制。

（2）轴槽和轮毂槽深：在单件、小批量生产时，一般采用游标卡尺、千分尺测量；在大批量生产时，用专用量规控制，如轮毂槽深度极限量规和轴槽深极限量规。

（3）键槽对轴线的对称度：在单件、小批量生产时，一般采用分度头、V形块和百分表测量，如图6-37所示。具体测量方法如下：基准轴线由V形块模拟，被测中心平面由定位块模拟，分两步测量：

①截面测量：调整被测件使定位块沿径面与平板平行，测量定位块至平板的距离，再将被测件旋转180°后重复上述测量，得到该截面上下两对应点的读数差 a，则该截面的对称度误差为

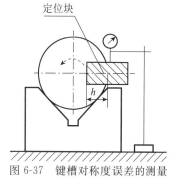

图6-37　键槽对称度误差的测量

$$f_{截}=\frac{a \cdot \dfrac{h}{2}}{R-\dfrac{h}{2}}=\frac{ah}{D-h}$$

式中，D 为轴的直径；h 为键槽深。

②长向测量：沿键槽长度方向测量，取长向两点最大读数差为长向对称度误差。

$$f_{长}=a_{高}-a_{低}$$

在大批量生产时，用综合量规检验，如对称度极限量规，只要量规通过即为合格。

此外，半圆键键槽的尺寸与公差参见 GB/T 1098—2003，普通半圆键的尺寸与公差参见 GB/T 1099.1—2003，在此不做冗述。

6.3.2　花键联结

6.3.2.1　花键联结的特点与要求

花键联结与键联结相比，其定心精度高，导向性好，承载能力强，因而在机械生产中获得了广泛的应用。花键联结的种类也很多（图6-38），但应用最广的是矩形花键。使用时具有联结强度高、传递扭矩大、定心精度和滑动联结的导向精度高、移动的灵活性，以及固定联结的可装配性等特点。其键数通常为偶数，按传递扭矩的大小，可分为轻系列、中系列和重系列。轻、中系列分6个、8个、10个键，小径、键宽都相同，仅大径不同（中系列大径大一些）。

轻系列：键数最少，键齿高度最小，主要用于机床制造工业。

中系列：在拖拉机、汽车工业中主要采用。

重系列：键数最多，键齿高度最大，主要用于重型机械。

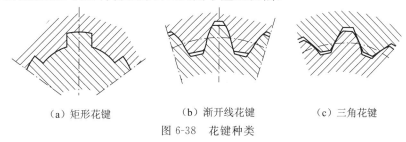

（a）矩形花键　　　　　　（b）渐开线花键　　　　　（c）三角花键

图6-38　花键种类

6.3.2.2　矩形花键的主要尺寸参数和定心方式

矩形花键联结由多表面构成，主要结构尺寸有大径（D），小径（d）和键宽（B），这些参数

中同样有配合尺寸和非配合尺寸(图 6-39)。从标准化角度看,无论是哪一类尺寸,其公差同样都可采用《产品几何技术规范(GPS) 极限与配合》国家标准。在矩形花键结合中,要使内、外花键的大径 D、小径 d、键宽 B 相应的结合面都同时耦合得很好是相当困难的。因为这 3 个尺寸都会有制造误差,而且即使这 3 个尺寸都做得很准,但其相应的表面之间还会有位置误差。为了保证使用性能,改善加工工艺,只选择一个结合面作为主要配合面,对其规定较高的精度,以保证配合性质和定心精度,该表面称为定心表面。由于花键结合面的硬度通常要求较高,在加工过程中往往需要热处理。为保证定心表面的尺寸精度和形状精度,热处理后需进行磨削加工。从加工工艺性来看,小径便于磨削,较易保证较高的加工精度和表面硬度,能提高花键的耐磨性和使用寿命。因此,矩形花键标准规定采用小径定心。花键孔的大径和键槽侧面难以进行磨削加工,对这几个非定心尺寸都可规定较低的公差等级,但由于靠键侧传递扭矩,故对键侧尺寸要求的公差等级较高。矩形花键的定心方式如图 6-40所示。

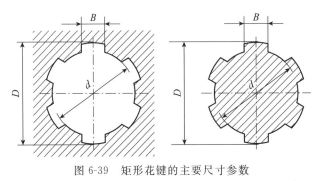

图 6-39　矩形花键的主要尺寸参数

(a) 大径定心　　　　　(b) 小径定心　　　　　(c) 键宽定心

图 6-40　矩形花键的定心方式

6.3.2.3　矩形花键精度的确定

为了确保定心结合面的配合性质和配合精度,GB 1144—2001 规定了圆柱直齿小径定心矩形花键的基本尺寸、公差与配合、检验规则和标记方法及量规的尺寸公差和数值表。此标准适用于矩形花键及其量规的设计、制造与检验。

(1)基本尺寸:矩形花键尺寸规定了轻、中两个系列,包括小径 d、大径 D 和键宽(键槽宽)B。键数 N 取偶数,分 6、8、10 共 3 种。按承载能力分为轻系列、中系列和重系列 3 种,3 种系列的区别仅在于大径不同。花键规格按 $N \times d \times D \times B$ 的方法表示,如 $8 \times 52 \times 58 \times 10$ 依次表示为键数为 8,小径为 52 mm,大径为 58 mm,键宽(键槽宽)为 10 mm。矩形花键的基本尺寸见表 6-21。

表 6-21　矩形花键基本尺寸系列

单位:mm

小径 d	轻系列				中系列			
	规格 N×d×D×B	键数 N	大径 D	键宽 B	规格 N×d×D×B	键数 N	大径 D	键宽 B
11	—	—	—	—	6×11×14×3	6	14	3
13					6×13×16×3.5		16	3.5
16					6×16×20×4		20	4
18					6×18×22×5		22	5
21					6×21×25×5		25	
23	6×23×26×6	6	26	6	6×23×28×6		28	6
26	6×26×30×6		30		6×26×32×6		32	
28	6×28×32×7		32	7	6×28×34×7		34	7
32	6×32×36×6		36	6	8×32×38×6	8	38	6
36	8×36×40×7	8	40	7	8×36×42×7		42	7
42	8×42×46×8		46	8	8×42×48×8		48	8
46	8×46×50×9		50	9	8×46×54×9		54	9
52	8×52×58×10		58	10	8×52×60×10		60	10
56	8×56×62×10		62		8×56×65×10		65	
62	8×62×68×12		68	12	8×62×72×12		72	
72	10×72×78×12	10	78		10×72×82×12	10	82	12
82	10×82×88×12		88		10×82×92×12		92	
92	10×92×98×14		98	14	10×92×102×14		102	14
102	10×102×108×16		108	16	10×102×112×16		112	16
112	10×112×120×18		120	18	10×112×125×18		125	18

(2)公差与配合:为保证较高的定心精度和导向精度,标准将矩形花键装配型式分为滑动、紧滑动和固定 3 种,按精度高低分为一般用和精密传动用两种。

配合的选择主要依据内、外花键相对运动要求的情况而定:相对运动要求频繁的,应用滑动配合;无相对运动要求的,应用固定配合;定心精度要求高的,亦应用固定配合;定心精度要求低的,可用滑动配合。对滑动配合,轴向滑动距离长,滑动频率高,则间隙应大,以保证配合表面间有足够的润滑油层。例如,汽车拖拉机等变速箱中的滑动齿轮与花键轴的联结。有反向转动要求,或传递较大扭矩时,为使键侧表面应力分布均匀,间隙均应适当减小。

内花键和外花键的尺寸公差带应符合 GB/T 1801 的规定,并按表 6-22 取值。

内外花键小径、大径、键与键槽宽度相应结合面的配合均采用基孔制。即内花键 d、D 和 B 的基本偏差不变,依靠改变外花键 d、D 和 B 的基本偏差,以获得不同松紧的配合。这样可减少定值刀具、量具的规格,以利于刀具、量具的专业化生产。大径为非定心直径,内、外花键 D 的相应结合面应有较大的间隙,因此标准规定采用 H10/a11 配合,无论是一般用还是精密传动用花键,都只用这一种配合。

表 6-22　内、外花键的尺寸公差带

内花键				外花键			装配型式
d	D	B		d	D	B	
		拉削后不热处理	拉削后热处理				
一般用							
H7	H10	H9	H11	f7	a11	d10	滑动
				g7		f9	紧滑动
				h7		h10	固定
精密传动用							
H5	H10	H7,H9		f5	a11	d8	滑动
				g5		f7	紧滑动
				h5		h8	固定
H6				f6		d8	滑动
				g6		f7	紧滑动
				h6		h8	固定

注:(1)精密传动用的内花键,当需要控制键侧配合间隙时,槽宽可选 H7,一般情况下可选 H9。

(2)d 为 H6 和 H7 的内花键,允许与提高一级的外花键配合。

(3)几何公差:

①小径 d 的极限尺寸应遵守包容要求。

小径 d 是花键联结中定心配合尺寸,保证花键的配合性能,其定心表面的形状公差和尺寸公差的关系应该遵守包容要求。即当小径 d 的实际尺寸处于最大实体状态时,它必须具有理想形状;只有当小径 d 的实际尺寸偏离最大实体状态时,才允许有形状误差存在。

②花键的位置度公差遵守最大实体要求。

花键的位置度公差综合控制花键各键之间的角位置,各键对轴线的对称度误差,以及各键对轴线的平行度误差等。位置度公差遵守最大实体要求,如图 6-41 所示。

在图 6-41 中,当键槽宽 $B=7$ mm(MMS),基准孔 $D=28$ mm(MMS),位置度为 0.02 mm;键槽宽 $B=7.09$ mm(LMS),基准孔 $D=28$ mm(MMS),位置度为 $0.02+0.09=0.11$ mm;键槽宽 $B=7.09$ mm(LMS),基准孔 $D=28.021$ mm(LMS),位置度为 $0.02+0.09+0.021=0.131$ mm。

③键和键槽的对称度公差和等分度公差遵守独立原则。

为保证装配,并能传递转矩运动,一般应使用综合量规检验,控制其几何误差,但当在单件、小批量生产时没有综合量规,这时为控制花键的几何误差,一般在图样上规定花键的对称度公差和等分度公差。花键的对称度公差、等分度公差均应遵守独立原则,其对称度公差在图样上标明,如图 6-42 所示。国标规定:花键的等分度公差值等于其对称度公差值。

国家标准对键和键槽规定的位置度公差见表 6-23,对称度公差见表 6-24,表面粗糙度值见表 6-25。

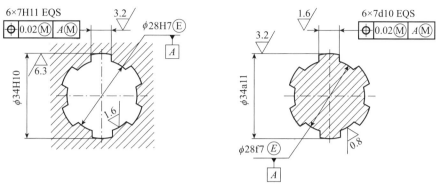

图 6-41　矩形花键的位置度公差标注

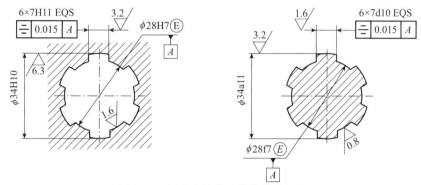

图 6-42　矩形花键的对称度公差标注

表 6-23　矩形花键的位置度公差

单位:mm

键槽宽或键宽 B		3	3.5~6	7~10	12~18
键槽宽		0.010	0.015	0.020	0.025
键宽	滑动、固定	0.010	0.015	0.020	0.025
	紧滑动	0.006	0.010	0.013	0.016

表 6-24　矩形花键的对称度公差

单位:mm

键槽宽或键宽 B	3	3.5~6	7~10	12~18
一般用	0.010	0.012	0.015	0.018
精密传动用	0.006	0.008	0.009	0.011

表 6-25　矩形花键表面粗糙度推荐值

单位:μm

加工表面	内花键	外花键
	$R_a \leqslant$	
小径	1.6	0.8
大径	6.3	3.2
键侧	6.3	1.6

6.3.2.4 矩形花键的标记

矩形花键的标记应按次序包括下列内容：键数 N、小径 d、大径 D 和键宽 B，基本尺寸及配合公差带代号和标准号，中间均用乘号相连，即 $N \times d \times D \times B$。小径、大径和键宽的配合代号和公差代号在各自的基本尺寸之后。如图 6-43(a) 所示为一花键副，其标注代号表示为键数 6，小径配合为 28H7/f7，大径配合为 34H10/a11，键宽配合为 7H11/d10。在零件图上，花键公差仍按花键规格顺序注出，如图 6-43(b) 和 (c) 所示。

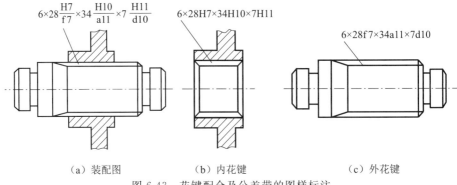

（a）装配图　　　　　　（b）内花键　　　　　　（c）外花键

图 6-43　花键配合及公差带的图样标注

6.3.2.5 矩形花键的检测

矩形花键的检验有单项检验法和综合检验法两类。

单件小批量生产中，用通用量具分别对各尺寸(d、D、B)进行单项测量，并检验键宽的对称度，键齿(槽)的等分度和大、小径的同轴度等几何误差项目。

大批量生产，一般都采用量规进行检验。

如图 6-44 所示，内花键的检验，用花键综合通规同时检验小径 d、大径 D 和键宽(键槽宽) B 的作用尺寸和大径对小径的同轴度，键槽的位置度用单项检验法检验等分度、对称度公差代替位置度公差，然后用单项止规(或其他量具)分别检验尺寸 d、D、B 的最大极限尺寸。

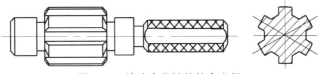

图 6-44　检验内花键的综合塞规

如图 6-45 所示，外花键的检验，用花键综合通规同时检验小径 d、大径 D 和键宽(键槽宽) B 的作用尺寸和大径对小径的同轴度，键的位置度用单项检验法检验等分度、对称度公差代替位置度公差，然后用单项止规(或其他量具)分别检验尺寸 d、D、B 的最大极限尺寸。

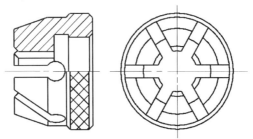

图 6-45　检验外花键的综合环规

检验时,综合通规通过,单项止规不通过,则花键合格。当综合通规不通过时,花键不合格。花键综合通规、单项止规的公差带和数值见 GB/T 1144—2001。当无综合通规时,可采用单项检验法检验花键的尺寸偏差和位置度误差。

6.4 螺纹结合的互换性

螺纹结合在机械制造和仪器制造中应用广泛。它是由相互结合的内、外螺纹组成,通过相互旋合及牙侧面的接触作用来实现零部件间的联结、紧固和相对位移等功能。

螺纹按其结合性质和使用要求可分为 3 类:

(1)普通螺纹:通常也称紧固螺纹,主要用于联结和紧固各种机械零件,其牙型为三角形。这类螺纹结合的使用要求是可旋合性(便于装配和拆换)和联结的可靠性。

(2)传动螺纹:这类螺纹通常用于传递运动或动力。其牙型为梯形、三角形、锯齿形和矩形等。螺纹结合的使用要求是传递动力的可靠性或传递位移的准确性。

(3)紧密螺纹 :这类螺纹用于密封联结。螺纹的使用要求是结合紧密,不漏水、不漏气和不漏油。

本章主要介绍应用最广泛的公制普通螺纹的公差和配合及应用。

有关普通螺纹的现行国家标准包括:

GB/T 14791—2013《螺纹 术语》。

GB/T 192—2003《普通螺纹 基本牙型》。

GB/T 193—2003《普通螺纹 直径与螺距系列》。

GB/T 196—2003《普通螺纹 基本尺寸》。

GB/T 197—2018《普通螺纹 公差》。

GB/T 2516—2003《普通螺纹 极限偏差》。

GB/T 9144—2003《普通螺纹 优选系列》。

GB/T 9145—2003《普通螺纹 中等精度、优选系列的极限尺寸》。

GB/T 9146—2003《普通螺纹 粗糙精度、优选系列的极限尺寸》。

GB/T 15756—2008《普通螺纹 极限尺寸》。

GB/T 3934—2003《普通螺纹量规 技术条件》。

6.4.1 螺纹牙型相关术语

(1)原始三角形(fundamental triangle):由延长基本牙型的牙侧获得的 3 个连续交点所形成的三角形,如图 6-46 所示。

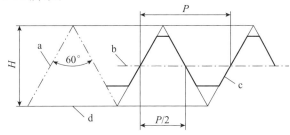

a—原始三角形;b—中径线;c—基本牙型;d—底边。

图 6-46 原始三角形和基本牙型

（2）原始三角形高度（fundamental triangle height）H：由原始三角形底边到与此底边相对的原始三角形顶点间的径向距离，如图 6-46 所示。

（3）削平高度（truncation）：在螺纹牙型上，从牙顶或牙底到它所在原始三角形的最邻近顶点间的径向距离，如图 6-47 所示。

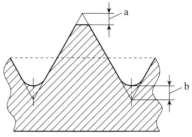

a—牙顶削平高度；b—牙底削平高度。

图 6-47　削平高度

（4）螺纹牙型（profile of thread）：在螺纹轴线平面内的螺纹轮廓形状。

（5）基本牙型（basic profile）：在螺纹轴线平面内，由理论尺寸、角度和削平高度所形成的内、外螺纹共有的理论牙型。它是确定螺纹设计牙型的基础，如图 6-48 所示。

（6）设计牙型（design profile）：在基本牙型基础上，具有圆弧或平直形状牙顶和牙底的螺纹牙型，如图 6-48 所示。

设计牙型是内、外螺纹极限偏差的起始点。

（7）最大实体牙型（maximum material profile）：具有最大实体极限的螺纹牙型。

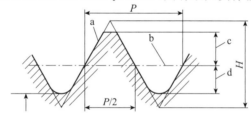

a—设计牙型；b—中径线；c—牙顶高；d—牙底高。

图 6-48　基本牙型与设计牙型

（8）最小实体牙型（minimum material profile）：具有最小实体极限的螺纹牙型。

（9）牙侧（flank）：由不平行于螺纹中径线的原始三角形一个边所形成的螺旋表面，如图 6-49 所示。

相邻牙侧（adjacent flanks）：由不平行于螺纹中径线的原始三角形两个边所形成的牙侧。

同名牙侧（homologous flanks）：处在同一螺旋面上的牙侧。

（10）牙体（ridge）：相邻牙侧间的材料实体，如图 6-49 所示。

（11）牙槽（groove）：相邻牙侧间的非实体空间，如图 6-49 所示。

（12）牙顶（crest）：联结两个相邻牙侧的牙体顶部表面，如图 6-49 所示。

（13）牙底（root）：联结两个相邻牙侧的牙槽底部表面，如图 6-49 所示。

（14）牙型高度（thread height）：从一个螺纹牙体的牙顶到其牙底间的径向距离，如图 6-49 所示。

（15）牙顶高（addendum）：从一个螺纹牙体的牙顶到其中径线间的径向距离，如图 6-48

所示。

（16）牙底高（dedendum）：从一个螺纹牙体的牙底顶到其中径线间的径向距离,如图 6-48 所示。

（17）牙侧角（flank angle）β（米制螺纹）：在螺纹牙型上,一个牙侧与垂直于螺纹轴线平面间的夹角,如图 6-49 所示。

（18）牙型角（thread angle）α（米制螺纹）：在螺纹牙型上,两相邻牙侧间的夹角,如图 6-49 所示。

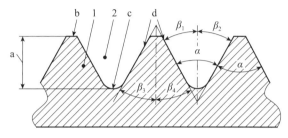

1—牙体;2—牙槽;a—牙高;b—牙顶;c—牙底;d—牙侧。

图 6-49　牙侧、牙体、牙槽、牙顶、牙高、牙底、牙型角和牙侧角

6.4.2　与螺纹直径相关术语

（1）公称直径（nominal diameter）：代表螺纹尺寸的直径。对紧固螺纹和传动螺纹,其大径基本尺寸是螺纹的代表尺寸。对管螺纹,其管子公称尺寸是螺纹的代表尺寸。对内螺纹,使用直径的大写字母代号（D）;对外螺纹,使用直径的小写字母代号（d）。

（2）大径（major diameter）（D 或 d）：与外螺纹牙顶或内螺纹牙底相切的假想圆柱或圆锥的直径。

（3）小径（minor diameter）（D_1 或 d_1）：与外螺纹牙底或内螺纹牙顶相切的假想圆柱或圆锥的直径。

（4）顶径（crest diameter）（D_1 或 d）：与螺纹牙顶相切的假想圆柱或圆锥的直径。它是外螺纹的大径 d 或内螺纹的小径 D_1。

（5）底径（root diameter）（D 或 d_1）：与螺纹牙底相切的假想圆柱或圆锥的直径。它是外螺纹的小径 d_1 或内螺纹的大径 D。

（6）中径圆柱（pitch cylinder）：一个假想圆柱,该圆柱母线通过圆柱螺纹上牙厚与牙槽宽相等的地方。

（7）中径圆锥（pitch cone）：一个假想圆锥,该圆锥母线通过圆锥螺纹上牙厚与牙槽宽相等的地方。

（8）中径线（pitch line）：中径圆柱或中径圆锥的母线,如图 6-48 所示。

（9）中径（pitch diameter）（D_2 或 d_2）：中径圆柱或中径圆锥的直径,如图 6-50 所示。

（10）单一中径（simple pitch diameter）（D_{2a} 或 d_{2a}）：一个假想圆柱或圆锥的直径,该圆柱或圆锥的母线通过实际螺纹上牙槽宽度等于半个螺距的地方。通常采用最佳量针或量球进行测量,如图 6-51 所示。

（11）作用中径（virtual pitch diameter）（D_{2m} 或 d_{2m}）：在规定的旋合长度内,恰好包容（没有过盈或间隙）实际螺纹牙侧的一个假想理想螺纹的中径。该理想螺纹具有基本牙型,并且包容时与实际螺纹在牙顶和牙底处不发生干涉,如图 6-52 所示。

故作用中径是螺纹旋合时,在旋合长度内实际起作用的中径。

(12)中径轴线或螺纹轴线(axis of pitch diameter or axis of screw thread):中径圆柱或中径圆锥的轴线,如图 6-50 所示。

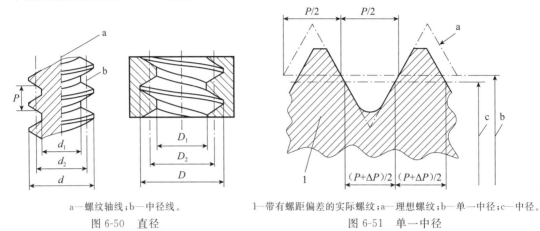

a—螺纹轴线;b—中径线。

图 6-50　直径

1—带有螺距偏差的实际螺纹;a—理想螺纹;b—单一中径;c—中径。

图 6-51　单一中径

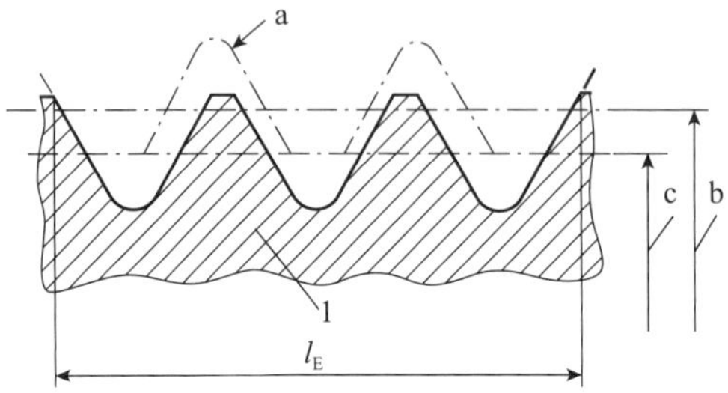

1—实际螺纹;l_E—螺纹旋合长度;a—理想螺纹;b—作用中径;c—中径。

图 6-52　作用中径

6.4.3　与螺纹螺距和导程相关术语

(1)螺距(pitch)P:相邻两牙体上的对应牙侧与中径线相交两点间的轴向距离,如图 6-53 所示。

(2)牙槽螺距(two flank pitch)P_2:相邻两牙槽的对称线在中径线上对应两点间的轴向距离,如图 6-53 所示。通常采用最佳量针或量球进行测量。

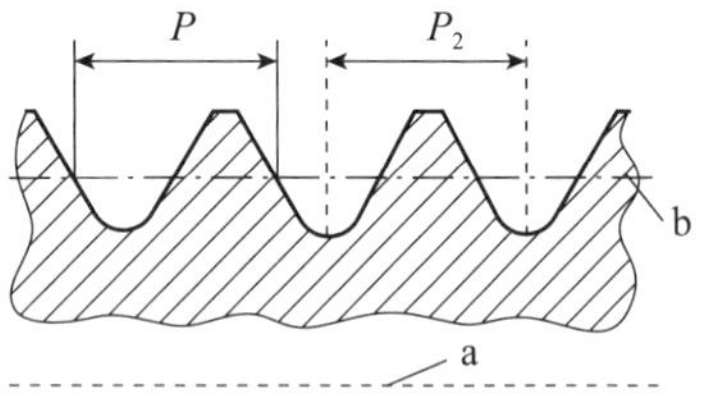

(3)累积螺距(cumulative pitch)P_Σ:相距两个或两个以上螺距的两个牙体间的各个螺距之和。

a—螺纹轴线;b—中径线。

图 6-53　螺距和牙槽螺距

(4)牙数(thread per inch)n:每 25.4 mm 轴向长度内所包含的螺纹螺距个数。此术语主要用于寸制螺纹,牙数是英寸螺距值的导数。

(5)导程(lead)P_h:最邻近的两同名牙侧与中径线相交两点间的轴向距离,如图 6-54 所示。导程是一个点沿着在中径圆柱或中径圆锥上的螺旋线旋转一周所对应的轴向位移。

(6)牙槽导程(two-flank lead)P_{h2}:处于同一牙槽内的两最邻近牙槽的对称线在中径线上对应两点间的轴向距离,如图 6-54 所示。通常采用最佳量针或量球进行测量。

(7)升角(lead angle):在中径圆柱或中径圆锥上的螺旋线的切线与垂直于螺纹轴线平

面间的夹角。对米制螺纹,其计算公式为 $\tan\varphi=\dfrac{P_{\text{h}}}{\pi d_2}$;对寸制螺纹,其计算公式为 $\tan\lambda=\dfrac{L}{\pi d_2}$。

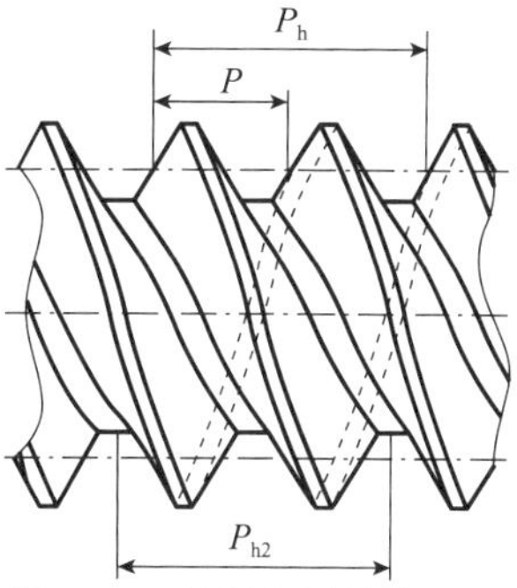

图 6-54 导程和牙槽导程

(8)牙厚(ridge thickness):一个牙体的相邻牙侧与中径线相交两点间的轴向距离。

(9)牙槽宽(groove width):一个牙槽的相邻牙侧与中径线相交两点间的轴向距离。

6.4.4 与螺纹配合相关术语

(1)牙侧接触高度(flank overlap)H_1:在两个同轴配合螺纹的牙型上,其牙侧重合部分的径向高度,如图 6-55 所示。

(2)螺纹接触高度(thread overlap)H_0:在两个同轴配合螺纹的牙型上,外螺纹牙顶至内螺纹牙顶间的径向距离,即内、外螺纹的牙型重叠径向高度,如图 6-55 所示。

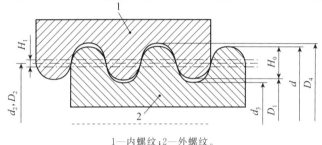

1—内螺纹;2—外螺纹。

图 6-55 螺纹接触高度和牙侧接触高度

(3)螺纹旋合长度(length of thread engagement)l_{E}:两个配合螺纹的有效螺纹相互接触的轴向长度,如图 6-56 所示。

(4)螺纹装配长度(length of assembly)l_{A}:两个配合螺纹旋合的轴向长度,如图 6-56 所示。螺纹装配长度允许包含引导螺纹的倒角和(或)螺纹收尾。

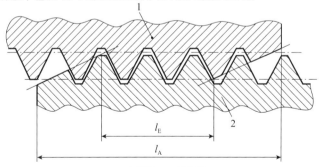

1—内螺纹;2—外螺纹。

图 6-56 螺纹旋合长度和螺纹装配长度

(5)行程(kinematic travel):两个配合螺纹相对转动某一角度所产生的相对轴向位移量。此术语通常用于传动螺纹。

6.4.5 与螺纹公差和检验相关术语

(1)螺距偏差(pitch deviation)ΔP:螺距的实际值与其基本值之差。

（2）牙槽螺距偏差（two-flank pitch deviation）ΔP_2：牙槽螺距的实际值与其基本值之差。

（3）累积螺距偏差（cumulative pitch devia-tion）$\Delta P_\sum$：在规定的螺纹长度内，任意两牙体间的实际累积螺距值与其基本累积螺距值之差中绝对值最大的那个偏差，如图 6-57 所示。

（4）导程偏差（lead deviation）ΔP_h：导程的实际值与其基本值之差。

（5）牙槽导程偏差（two-flank lead devia-tion）：牙槽导程的实际值与其基本值之差。

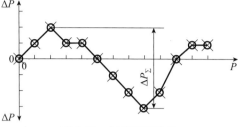

图 6-57　累积螺距偏差

（6）行程偏差（kinematic travel deviation）：行程的实际值与其基本值之差。

（7）累积导程偏差（cumulative lead deviation）$\Delta P_{h\sum}$：在规定的螺纹长度内，同一螺旋面上任意两牙侧与中径线相交两点间的实际轴向距离与其基本值之差中绝对值最大的那个偏差，如图 6-58 所示。

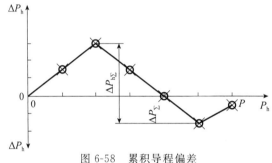

图 6-58　累积导程偏差

（8）牙侧角偏差（flank angle deviation）$\Delta\beta$：牙侧角的实际值与其基本值之差。

（9）中径当量（pitch diameter equivalent）：由螺距偏差或导程偏差和（或）牙侧角偏差所引起作用中径的变化量。通常利用螺纹指示规的差示检验法进行测量。对外螺纹，其中径当量是正值；对内螺纹，其中径当量为负值。中径当量也可细分为"螺距偏差的中径当量"和"牙侧角偏差的中径当量"。

（10）公差带代号（class of thread）：由数字和字母组成的公差带标记代号，表示螺纹的标准公差等级和位置。

6.4.6　螺纹几何参数对互换性的影响

螺纹联结要实现其互换性，必须保证良好的旋合性和一定的联结强度。

影响螺纹互换性的主要几何参数有 5 个：大径、小径、中径、螺距和牙侧角。这几个参数在加工过程中不可避免地会产生一定的加工误差，不仅会影响螺纹的旋合性、接触高度、配合松紧，还会影响联结的可靠性，从而影响螺纹的互换性。

内、外螺纹加工后，外螺纹的大径和小径要分别小于内螺纹的大径和小径，才能保证旋合性。

由于螺纹旋合后主要是依靠螺牙侧面工作，如果内、外螺纹的牙侧接触不均匀，就会造成负荷分布不均，势必降低螺纹的配合均匀性和联结强度，因此对螺纹互换性影响较大的参数是中径、螺距和牙侧角。

6.4.6.1 螺距偏差的影响

螺距偏差可分为单个螺距偏差和螺距累积偏差两种。

单个螺距偏差与旋合长度无关。螺距累积偏差与旋合长度有关。螺距累积偏差对互换性的影响更为明显。

如图 6-59 所示,假设内螺纹具有基本牙型,仅与存在螺距偏差的外螺纹结合。外螺纹 N 个螺距的累积误差为 $\Delta P_\Sigma (\mu m)$。内、外螺纹牙侧产生干涉而不能旋合。为防止干涉,为使具有 ΔP_Σ 的外螺纹旋入理想的内螺纹,就必须使外螺纹的中径减小一个数值 $f_p (\mu m)$。

同理,假设外螺纹具有基本牙型,仅与存在螺距偏差的内螺纹结合。设在 N 个螺牙的旋合长度内,内螺纹存在 ΔP_Σ。为保证旋合性,就必须将内螺纹中径增大一个数值 f_p。f_p 就是为补偿螺距累积误差而折算到中径上的数值,称为螺距误差的中径当量。两种情况下的当量计算公式为

$$f_p = 1.732 \left| \Delta P_\Sigma \right|$$

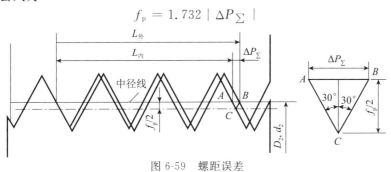

图 6-59　螺距误差

6.4.6.2 牙侧角偏差的影响

牙侧角偏差对旋合性的影响如图 6-60 所示。

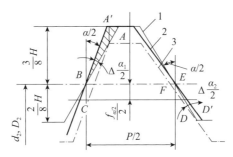

图 6-60　牙侧角偏差对旋合性的影响

外螺纹:外螺纹存在牙侧角偏差时,必须将外螺纹牙型沿垂直螺纹轴线的方向下移,从而使外螺纹的中径减小一个数值 $f_{\alpha/2}$。

内螺纹:内螺纹存在牙侧角偏差时,必须将内螺纹中径增大一个数值 $f_{\alpha/2}$,该值称为牙侧角偏差的中径当量。

牙型半角偏差的计算公式如下:

$$f_{\frac{\alpha}{2}} = 0.073 P \left(K_1 \left| \frac{\alpha_1}{2} \right| + K_2 \left| \frac{\alpha_2}{2} \right| \right)$$

6.4.6.3 中径偏差的影响

中径偏差是指中径的实际尺寸(以单一中径体现)与基本尺寸之代数差。

就外螺纹而言,中径若比内螺纹大,必然影响旋合性;若过小,则会使牙侧间的间隙增大,联结强度降低。为此,要控制螺纹的中径偏差。国标中规定了普通螺纹的中径公差。

6.4.7 普通螺纹实现互换性的条件

6.4.7.1 作用中径(D_{2m}或d_{2m})

对于普通螺纹,影响其互换性的主要参数是中径、螺距和牙侧角。由于螺距偏差和牙侧角偏差对螺纹互换性的影响均可以折算成中径当量,并与中径尺寸偏差形成作用中径。考虑到作用中径的存在,可以不单独规定螺距公差和牙侧角公差,而仅规定一项中径公差,用以控制中径本身的尺寸偏差、螺距偏差和牙侧角偏差的综合影响。

外(内)螺纹作用中径d_{2m}(D_{2m}),它可以表达为

外螺纹:$d_{2m}=d_{2a}+(f_p+f_{a/2})$。

内螺纹:$D_{2m}=D_{2a}-(f_p+f_{a/2})$。

显然,为了使相互结合的内、外螺纹能自由旋合,应保证$D_{2m}\geqslant d_{2m}$。

6.4.7.2 螺纹中径合格性的判断原则

由于作用中径的存在以及螺纹中径公差的综合性,因此中径合格与否是衡量螺纹互换性的主要依据。判断中径的合格性应遵循泰勒原则:实际螺纹的作用中径不允许超出最大实体牙型的中径,任何部位的单一中径不允许超出最小实体牙型的中径。

据中径合格性判断原则,合格的螺纹应满足下列关系式:

对于外螺纹:$d_{2m}\leqslant d_{2max}$;

$$d_{2a}\geqslant d_{2min}。$$

对于内螺纹:$D_{2m}\geqslant D_{2min}$;

$$D_{2a}\leqslant D_{2max}。$$

6.4.8 螺纹的公差配合及选用

6.4.8.1 普通螺纹的公差与配合

螺纹配合由内外螺纹公差带组合而成,国家标准《普通螺纹 公差》GB/T 197—2018规定普通螺纹的公差制由公差等级和公差带位置构成。公差等级用数字表示,如4、6和8。公差带位置用字母表示,如H、G、h和g。公差带标记是数字与字母的组合,例如6H和6g。

(1)公差带位置:按下面规定选取内、外螺纹的公差带位置。

内螺纹:G——其基本偏差(EI)为正值,如图6-61所示。

H——其基本偏差(EI)为零,如图6-62所示。

外螺纹:a、b、c、d、e、f、g——其基本偏差(es)为负值,如图6-63所示。

h——其基本偏差(es)为零,如图6-64所示。

选取公差带位置时,一般考虑螺纹表面涂镀层厚度和螺纹配合间隙因素。内、外螺纹的基本偏差值应符合表6-26的规定。

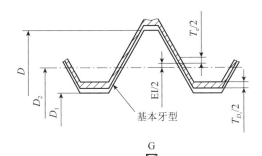

图 6-61 公差带位置为 G 的内螺纹

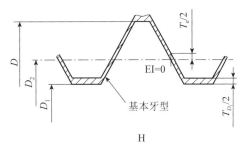

图 6-62 公差带位置为 H 的内螺纹

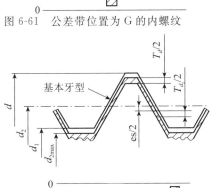

图 6-63 公差带位置为 a、b、c、d、e、f、g 的外螺纹

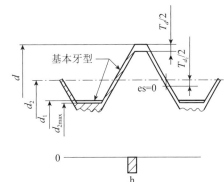

图 6-64 公差带位置为 h 的外螺纹

表 6-26 内、外螺纹的基本偏差

螺距 P/mm	基本偏差/μm									
	内螺纹		外螺纹							
	G	H	a	b	c	d	e	f	g	h
	EI	EI	es	es	es	es	es	es	es	es
0.2	+17	0	—	—	—	—	—	—	−17	0
0.25	+18	0	—	—	—	—	—	—	−18	0
0.3	+18	0	—	—	—	—	—	—	−18	0
0.35	+19	0	—	—	—	—	—	−34	−19	0
0.4	+19	0	—	—	—	—	—	−34	−19	0
0.45	+20	0	—	—	—	—	—	−35	−20	0
0.5	+20	0	—	—	—	—	−50	−36	−20	0
0.6	+21	0	—	—	—	—	−53	−36	−21	0
0.7	+22	0	—	—	—	—	−56	−38	−22	0
0.75	+22	0	—	—	—	—	−56	−38	−22	0
0.8	+24	0	—	—	—	—	−60	−38	−24	0
1	+26	0	−290	−200	−130	−85	−60	−40	−26	0
1.25	+28	0	−295	−205	−135	−90	−63	−42	−28	0
1.5	+32	0	−300	−212	−140	−95	−67	−45	−32	0

续表

螺距 P/mm	基本偏差/μm									
	内螺纹		外螺纹							
	G EI	H EI	a es	b es	c es	d es	e es	f es	g es	h es
1.75	+34	0	−310	−220	−145	−100	−71	−48	−34	0
2	+38	0	−315	−225	−150	−105	−71	−52	−38	0
2.5	+42	0	−325	−235	−160	−110	−80	−58	−42	0
3	+48	0	−335	−245	−170	−115	−85	−63	−48	0
3.5	+53	0	−345	−255	−180	−125	−90	−70	−53	0
4	+60	0	−355	−265	−190	−130	−95	−75	−60	0
4.5	+63	0	−365	−280	−200	−135	−100	−80	−63	0
5	+71	0	−375	−290	−212	−140	−106	−85	−71	0
5.5	+75	0	−385	−300	−224	−150	−112	−90	−75	0
6	+80	0	−395	−310	−236	−155	−118	−95	−80	0
8	+100	0	−425	−340	−265	−180	−140	−118	−100	0

（2）公差等级：螺纹顶径和中径的公差等级见表 6-27。公差带的大小由公差值确定，表示螺纹中径尺寸的允许变动量。其中 6 级为基本级，3 级公差值最小，精度最高；9 级精度最低。因为内螺纹加工困难，所以在同一公差等级中，内螺纹中径公差比外螺纹中径公差大 32% 左右。

表 6-27　螺纹公差等级

螺纹直径	公差等级
内螺纹小径 D_1	4、5、6、7、8
外螺纹大径 d	4、6、8
内螺纹中径 D_2	4、5、6、7、8
外螺纹中径 d_2	3、4、5、6、7、8、9

为保证螺纹具有足够的接触高度和满足中径公差不大于其顶径公差，公差表没有给出一些小螺距螺纹的公差值。

内螺纹小径公差值（T_{D_1}）应符合表 6-28 的规定。

表 6-28　内螺纹小径公差（T_{D_1}）

单位：μm

螺距 P/mm	公差等级				
	4	5	6	7	8
0.2	38	—	—	—	—
0.25	45	56	—	—	—
0.3	53	67	85	—	—
0.35	63	80	100	—	—
0.4	71	90	112	—	—

螺距 P/mm	公差等级				
	4	5	6	7	8
0.45	80	100	125	—	—
0.5	90	112	140	180	—
0.6	100	125	160	200	—
0.7	112	140	180	224	—
0.75	118	150	190	236	—
0.8	125	160	200	250	315
1	150	190	236	300	375
1.25	170	212	265	335	425
1.5	190	236	300	375	475
1.75	212	265	335	425	530
2	236	300	375	475	600
2.5	280	355	450	560	710
3	315	400	500	630	800
3.5	355	450	560	710	900
4	375	475	600	750	950
4.5	425	530	670	850	1060
5	450	560	710	900	1120
5.5	475	600	750	950	1180
6	500	630	800	1000	1250
8	630	800	1000	1250	1600

外螺纹大径公差值(T_d)应符合表 6-29 的规定。

表 6-29　外螺纹大径公差值(T_d)

单位:μm

螺距 P/mm	公差等级		
	4	6	8
0.2	36	56	—
0.25	42	67	—
0.3	48	75	—
0.35	53	85	—
0.4	60	95	—
0.45	63	100	—

续表

螺距 P/mm	公差等级		
	4	6	8
0.5	67	106	—
0.6	80	125	—
0.7	90	140	—
0.75	90	140	—
0.8	95	150	236
1	112	180	280
1.25	132	212	335
1.5	150	236	375
1.75	170	265	425
2	180	280	450
2.5	212	335	530
3	236	375	600
3.5	265	425	670
4	300	475	750
4.5	315	500	800
5	335	530	850
5.5	355	560	900
6	375	600	950
8	450	710	1180

内螺纹中径公差值(T_{D_2})应符合表 6-30 的规定。

表 6-30　内螺纹中径公差(T_{D_2})

单位：μm

基本大径 D/mm		螺距 P/mm	公差等级				
>	≤		4	5	6	7	8
0.99	1.4	0.2	40	—	—	—	—
		0.25	45	56	—	—	—
		0.3	48	60	75	—	—
1.4	2.8	0.2	42	—	—	—	—
		0.25	48	60	—	—	—
		0.35	53	67	85	—	—
		0.4	56	71	90	—	—
		0.45	60	75	95	—	—

续表

基本大径 D/mm		螺距 P/mm	公差等级				
>	≤		4	5	6	7	8
2.8	5.6	0.35	56	71	90	—	—
		0.5	63	80	100	125	—
		0.6	71	90	112	140	—
		0.7	75	95	118	150	—
		0.75	75	95	118	150	—
5.6	11.2	0.75	80	100	132	160	200
		1	95	118	150	190	236
		1.25	100	125	160	200	250
		1.5	112	140	180	224	280
11.2	22.4	1	100	125	160	200	250
		1.25	112	140	180	224	280
		1.5	118	150	190	236	300
		1.75	125	160	200	250	315
		2	132	170	212	265	335
		2.5	140	180	224	280	355
22.4	45	1	106	132	170	212	—
		1.5	125	160	200	250	315
		2	140	180	224	280	355
		3	170	212	265	335	425
		3.5	180	224	280	355	450
		4	190	236	300	375	475
		4.5	200	250	315	400	500
45	90	1.5	132	170	212	265	335
		2	150	190	236	300	375
		3	180	224	280	355	450
		4	200	250	315	400	500
		5	212	265	335	425	530
		5.5	224	280	355	450	560
		6	236	300	375	475	600
90	180	2	160	200	250	315	400
		3	190	236	300	375	475
		4	212	265	335	425	530
		6	250	315	400	500	630
		8	280	355	450	560	710

续表

基本大径 D/mm		螺距 P/mm	公差等级				
>	≤		4	5	6	7	8
180	355	3	212	265	335	425	530
		4	236	300	375	475	600
		6	265	335	425	530	670
		8	300	375	475	600	750

外螺纹中径公差值(T_{d_2})应符合表 6-31 的规定。

表 6-31　外螺纹中径公差(T_{d_2})

单位：μm

基本大径 d/mm		螺距 P/mm	公差等级						
>	≤		3	4	5	6	7	8	9
0.99	1.4	0.2	24	30	38	48	—	—	—
		0.25	26	34	42	53	—	—	—
		0.3	28	36	45	56	—	—	—
1.4	2.8	0.2	25	32	40	50			
		0.25	28	36	45	56	—	—	—
		0.35	32	40	50	63	80	—	—
		0.4	34	42	53	67	85	—	—
		0.45	36	45	56	71	90	—	—
2.8	5.6	0.35	34	42	53	67	85	—	—
		0.5	38	48	60	75	95	—	—
		0.6	42	53	67	85	106	—	—
		0.7	45	56	71	90	112	—	—
		0.75	45	56	71	90	112	—	—
		0.8	48	60	75	95	118	150	190
5.6	11.2	0.75	50	63	80	100	125	—	—
		1	56	71	90	112	140	180	224
		1.25	60	75	95	118	150	190	236
		1.5	67	85	106	132	170	212	265
11.2	22.4	1	60	75	95	118	150	190	236
		1.25	67	85	106	132	170	212	265
		1.5	71	90	112	140	180	224	280
		1.75	75	95	118	150	190	236	300
		2	80	100	125	160	200	250	315
		2.5	85	106	132	170	212	265	335

续表

基本大径 d/mm		螺距 P/mm	公差等级						
>	≤		3	4	5	6	7	8	9
22.4	45	1	63	80	100	125	160	200	250
		1.5	75	95	118	150	190	236	300
		2	85	106	132	170	212	265	335
		3	100	125	160	200	250	315	400
		3.5	106	132	170	212	265	335	425
		4	112	140	180	224	280	355	450
		4.5	118	150	190	236	300	375	475
45	90	1.5	80	100	125	160	200	250	315
		2	90	112	140	180	224	280	355
		3	106	132	170	212	265	335	425
		4	118	150	190	236	300	375	475
		5	125	160	200	250	315	400	500
		5.5	132	170	212	265	335	425	530
		6	140	180	224	280	355	450	560
90	180	2	95	118	150	190	236	300	375
		3	112	140	180	224	280	355	450
		4	125	160	200	250	315	400	500
		6	150	190	236	300	375	475	600
		8	170	212	265	335	425	530	670
180	355	3	125	160	200	250	315	400	500
		4	140	180	224	280	355	450	560
		6	160	200	250	315	400	500	630
		8	180	224	280	355	450	560	710

(3)旋合长度:螺纹旋合长度分为三组,分别为短组(S)、中等组(N)和长组(L)。各组的长度范围符合表 6-32 的规定。

表 6-32 螺纹旋合长度

单位:mm

基本大径 D、d		螺距 P	旋合长度			
>	≤		S	N		L
			≤	>	≤	>
0.99	1.4	0.2	0.5	0.5	1.4	1.4
		0.25	0.6	0.6	1.7	1.7
		0.3	0.7	0.7	2	2

续表

1.4	2.8	0.2	0.5	0.5	1.5	1.5
		0.25	0.6	0.6	1.9	1.9
		0.35	0.8	0.8	2.6	2.6
		0.4	1	1	3	3
		0.45	1.3	1.3	3.8	3.8
2.8	5.6	0.35	1	1	3	3
		0.5	1.5	1.5	4.5	4.5
		0.6	1.7	1.7	5	5
		0.7	2	2	6	6
		0.75	2.2	2.2	6.7	6.7
		0.8	2.5	2.5	7.5	7.5
5.6	11.2	0.75	2.4	2.4	7.1	7.1
		1	3	3	9	9
		1.25	4	4	12	12
		1.5	5	5	15	15
11.2	22.4	1	3.8	3.8	11	11
		1.25	4.5	4.5	13	13
		1.5	5.6	5.6	16	16
		1.75	6	6	18	18
		2	8	8	24	24
		2.5	10	10	30	30
22.4	45	1	4	4	12	12
		1.5	6.3	6.3	19	19
		2	8.5	8.5	25	25
		3	12	12	36	36
		3.5	15	15	45	45
		4	18	18	53	53
		4.5	21	21	63	63
45	90	1.5	7.5	7.5	22	22
		2	9.5	9.5	28	28
		3	15	15	45	45
		4	19	19	56	56
		5	24	24	71	71
		5.5	28	28	85	85
		6	32	32	95	95

续表

基本大径 D、d		螺距 P	旋合长度			
			S	N		L
>	≤		≤	>	≤	>
90	180	2	12	12	36	36
		3	18	18	53	53
		4	24	24	71	71
		6	36	36	106	106
		8	45	45	132	132
180	355	3	20	20	60	60
		4	26	26	80	80
		6	40	40	118	118
		8	50	50	150	150

6.4.8.2 推荐公差带

为减少量刃具数量,应优先按表 6-33 和表 6-34 选取螺纹公差带。

依据螺纹公差精度(精密、中等、粗糙)和旋合长度组别(S、N、L)确定螺纹公差带。

如果不知道螺纹的实际旋合长度(如标准螺栓),推荐按中等组别(N)确定螺纹公差带。

表 6-33 内螺纹推荐公差带

公差精度	公差带位置			公差带位置		
	S	N	L	S	N	L
精密				4H	5H	6H
中等	(5G)	**6G**	(7G)	**5H**	**6H**	**7H**
粗糙		(7G)	(8G)		7H	8H

表 6-34 外螺纹推荐公差带

公差精度	公差带位置			公差带位置			公差带位置			公差带位置		
	S	N	L	S	N	L	S	N	L	S	N	L
精密								(4g)	(5g4g)	(3h4h)	**4h**	(5h4h)
中等		**6e**	(7e6e)		**6f**		(5g6g)	**6g**	(7g6g)	(5h6h)	6h	(7h6h)
粗糙		(8e)	(9e8e)					8g	(9g8g)			

(1)公差精度:根据使用场合,螺纹的公差精度分为下面 3 级:

精密级——用于精密螺纹。

中等级——用于一般用途螺纹。

粗糙级——用于制造螺纹有困难场合,如在热轧棒料上和深盲孔内加工螺纹。

(2)推荐公差带的优选顺序:表 6-33 和表 6-34 的公差带优先选用顺序是:粗字体公差带、一般字体公差带、括号内公差带。在粗黑框内的粗字体公差带常用于大量生产的紧固件螺纹。

6.5 实训八 影像法测量螺纹的主要参数

6.5.1 实训目的

(1)了解工具显微镜的测量原理及结构特点。
(2)掌握用大型工具显微镜测量外螺纹中径、螺距和牙侧角的方法。

6.5.2 实训设备

大型工具显微镜,螺纹量规。

6.5.3 测量原理及计量器具说明

工具显微镜用于测量螺纹规、螺纹刀具、齿轮滚刀以及轮廓样板等。它分为小型、大型、万能和重型4种形式。它们的测量精度和测量范围各不相同,但基本原理是相似的。用工具显微镜测外螺纹常用的测量方法有影像法和轴切法两种。本实验用影像法。下面以大型工具显微镜为例,阐述用影像法测量外螺纹中径、牙侧角和螺距的方法。

图 6-65 所示为大型工具显微镜的外形图,它主要由目镜、工作台、底座、支座、立柱、横臂、千分尺等部分组成。转动手轮 11,可使立柱绕支座左右摆动,转动千分尺 6 和 10,可使工作台横纵向移动,转动手轮 8,可使工作台绕轴心线旋转。

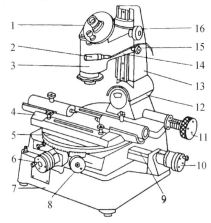

1—目镜;2—照明灯;3—物镜;4—支架;5—工作台;6、10—千分尺;7—底座;8、11—手轮;
9—量块;12—支座;13—立柱;14—横臂;15—锁紧螺钉;16—高度调节手轮。

图 6-65 大型工具显微镜的外形

图 6-66 所示为工具显微镜的光学系统,由主光源 1 发出的光束经聚光镜 2、滤光片 3、透镜 4、光阑 5、反射镜 6、透镜 7 和玻璃工作台 8,将被测工件 9 进行投影。被测工件的投影轮廓经物镜 10、反射棱镜 11 投射到目镜 15 的焦平面 13 处的米字线分划板上,从而在目镜 15 中观察到放大的轮廓影像。另外,也可用反射光源,照亮被测工件表面,同样在目镜 15 中观察到放大的轮廓影像。

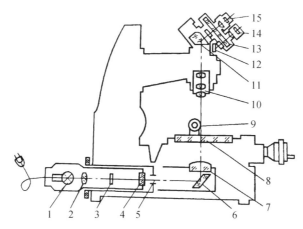

1—主光源；2—聚光镜；3—滤光片；4、7—透镜；5—光阑；6—反射镜；8—玻璃工作台；
9—被测工件；10—物镜；11—反射棱镜；12—反光镜；13—焦平面；14—角度目镜；15—目镜。

图 6-66　工具显微镜的光学系统

　　图 6-67(a)所示为仪器的目镜外形图，它由分划板、中央目镜、角度读数目镜、反射镜和手轮等组成。目镜的结构原理如图 6-67(b)所示，从中央目镜可观察到被测工件的轮廓影像和分划板的米字刻线，如图 6-67(c)所示。从角度读数目镜中，可以观察到分划板上 $0°\sim360°$ 的度值刻线和固定游标分划板 $0'\sim60'$ 的分值刻线，如图 6-67(d)所示。转动手轮，可使刻有米字刻线和度值刻线分划板转动，它转动的角度可从角度读数目镜中读出。当该目镜中固定游标的零刻线与度值刻线的零位对准时，则米字刻线中间虚线 $A\text{-}A$ 正好垂直于仪器工作台的纵向移动方向。

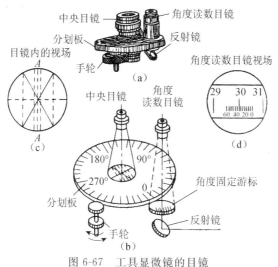

图 6-67　工具显微镜的目镜

6.5.4　实训步骤

　　(1)擦净仪器被测螺纹，将工件小心地安装在两顶尖之间，拧紧顶尖的锁紧螺钉(要当心工件掉下砸坏玻璃工作台)。同时，检查工作台圆周刻度是否对准零位。

　　(2)接通电源，接反射照明灯时注意用变压器。

　　(3)用调焦筒(仪器专用附件)调节主光源 1(图 6-66)，旋转主光源外罩上的 3 个调节螺钉,直至灯丝位于光轴中央成像清晰,则表示灯丝已经位于光轴上并在聚光镜 2 的焦点上。

(4)根据被测螺纹的尺寸,按表 6-35 选择光圈的大小,并加以调节。

(5)由于螺旋面对轴线是倾斜的,为了获得清晰的影像,转动手轮 11(图 6-65)使立柱 13 倾斜一个角度 φ,其大小按下式计算(要注意倾斜方向),也可由表 6-36 查出。

$$\tan\varphi = \frac{P_h}{\pi d_2}$$

(6)如图 6-65 所示,调整目镜 1 的手轮 11,使米字刻线和度值分值刻线清晰。松开锁紧螺钉 15,旋转高度调节手轮 16,调整仪器的焦距,使被测轮廓影像清晰。若要求严格,可用专用的调焦棒在两顶尖中心线的水平面内调焦,然后旋紧锁紧螺钉 15。

表 6-35 光圈直径

螺纹中径/mm	光圈直径		螺纹中径/mm	光圈直径	
	螺纹牙型角			螺纹牙型角	
	55°	60°		55°	60°
8	11.8	12.1	20	8.7	8.9
10	10.9	11.2	25	8.1	8.3
12	10.3	10.6	30	7.6	7.8
14	9.8	10.0	40	6.9	7.1
16	9.4	9.6	50	6.4	6.6
18	9.0	9.2	60	6.0	6.2

表 6-36 立柱倾斜角

螺纹外径 d/mm	螺距 p/mm	立柱倾斜角 φ	螺纹外径 d/mm	螺距 p/mm	立柱倾斜角 φ
直径为 2.3~76 mm 的米制螺纹					
2.3	0.4	3°34′	22	2.5	2°13′
1.6	0.45	2°56′	24	3	2°27′
3	0.5	3°24′	27	3	2°10′
(2.6)	0.6	3°3′	30	3.5	2°17′
4	0.7	3°36′	(33)	3.5	2°03′
5	0.8	3°15′	36	4	2°10′
6	1	3°24′	(39)	4	2°00′
(7)	1	2°56′	42	4.5	2°07′
8	1.35	3°12′	(45)	4.5	1°57′
(6)	1.25	3°47′	48	5	2°00′
10	1.5	3°01′	(52)	5	1°53′
(11)	1.5	3°43′	56	5.5	1°53′
12	1.75	2°56′	(60)	5.5	1°47′
14	1	2°52′	64	6	1°50′

续表

螺纹外径 d/mm	螺距 P/mm	立柱倾斜角 φ	螺纹外径 d/mm	螺距 P/mm	立柱倾斜角 φ
直径为 2.3～76 mm 的米制螺纹					
16	1	2°59′	68	6	1°43′
18	2.5	2°47′	72	6	1°37′
20	2.5	2°27′	76	6	1°30′

(7)测量螺纹主要参数。

①测量中径。

螺纹中径 d_2 是一个假想圆柱的直径。该圆柱的母线通过牙型上沟槽和凸起宽度相等的地方。对于单线螺纹,它的中径也等于在轴截面内,沿着与轴线垂直的方向量得的两个相对牙型侧面间的距离。为了使轮廓影像清晰,需将立柱顺着螺旋线方向倾斜一个螺旋升角 φ。

如图 6-68 所示,测量时,转动横向千分尺和纵向千分尺以移动工作台,使目镜中的 A-A 虚线与螺纹投影牙型的侧面重合,记下横向千分尺的第一次读数。然后,将显微镜立柱反射倾斜螺旋升角 φ,转动横向千分尺,使 A-A 虚线与对面牙型轮廓重合,记下横向千分尺的第二次读数。两次读数之差,即为螺纹的实际中径。为了消除被测螺纹安装误差的影响,须测出 $d_{2左}$ 和 $d_{2右}$,取两者的平均值作为实际中径。

$$d_{2实际}=\frac{d_{2左}+d_{2右}}{2}$$

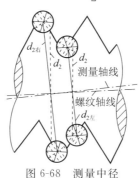

图 6-68 测量中径

②测量牙侧角。

螺纹牙侧角 β 是指在螺纹牙型上,牙侧与螺纹轴线的垂线间的夹角。

如图 6-69 所示,测量时,转动纵向和横向千分尺并调节手轮,使镜中的 A-A 虚线与螺纹投影牙型的某一侧面重合。此时,角度读数目镜中显示的读数,即为该牙侧角数值。

在角度读数目镜中,当角度读数为 0 时,则表示 A-A 虚线垂直于工作台纵向轴线,如图 6-70(a)所示。当 A-A 虚线与被测螺纹牙型边对准时,如图 6-70(b)所示,得到该牙型牙侧角的数值为

$$\beta_{右}=360°-330°4′=29°56′$$

同理,当 A-A 虚线与被测螺纹牙型另一边对准时,如图 6-70(c)所示,则得到该另一牙型牙侧角的数值为

$$\beta_左 = 30°8'$$

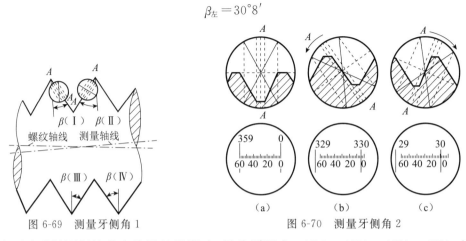

图 6-69 测量牙侧角 1　　　　　图 6-70 测量牙侧角 2

为了消除被测螺纹的安装误差的影响,需分别测出 $\beta(I)$、$\beta(II)$、$\beta(III)$、$\beta(IV)$,并按下属方式处理:

$$\beta_左 = \frac{\beta(II) + \beta(IV)}{2}$$

$$\beta_右 = \frac{\beta(I) + \beta(III)}{2}$$

将它们与牙侧角公称值 β 比较,则得牙侧角偏差为

$$\Delta\beta_左 = \beta_左 - \beta$$

$$\Delta\beta_右 = \beta_右 - \beta$$

$$\Delta\beta = \frac{|\Delta\beta_左| + |\Delta\beta_右|}{2}$$

为了使轮廓影像清晰,测量牙侧角时,同样要使立柱倾斜一个螺旋升角 φ。

③测量螺距。

螺距 P 是指相邻两牙在中径线上对应两点间的轴向距离。

如图 6-71 所示,测量时,转动纵向和横向千分尺,以移动工作台,利用目镜中的 A-A 虚线与螺纹投影牙型的一侧重合,记下纵向千分尺第一次读数。然后,移动纵向工作台,使牙型纵向移动几个螺距的长度,以同侧牙形与目镜中的 A-A 虚线重合,记下纵向千分尺第二次读数。两次读数之差,即为 n 个螺距的实际长度。

为了消除被测螺纹安装误差的影响,同样要测量出 $nP_{左(实)}$ 和 $nP_{右(实)}$。然后,取它们的平均值作为螺纹 n 个螺距的实际尺寸:

$$nP_实 = \frac{nP_{左(实)} + nP_{右(实)}}{2}$$

n 个螺距的累积偏差为

$$\Delta P = nP_实 - nP$$

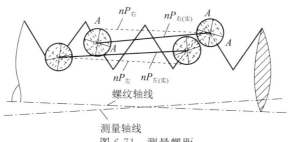

图 6-71　测量螺距

(8)按图样给定的技术要求,判断被测螺纹塞规的适用性。

实验结果均记录于表 6-37 中。

表 6-37　实验记录

仪器	名称		分度值		测量范围	
被测螺纹 参数	基本尺寸		牙侧角		中径公差	
			$\beta=$			
测量记录	中径		牙侧角		螺距	
	$d_{2左}$		$\beta_左$		$nP_{实(左)}$	
	$d_{2右}$		$\beta_右$		$nP_{实(右)}$	
测量 结果	$d_{2实际}=\dfrac{d_{2左}+d_{2右}}{2}$		$\Delta\beta=\dfrac{|\Delta\beta_左|+|\Delta\beta_右|}{2}$		$\Delta P=nP_实-nP$	
合格性 结论						
理由						

6.5.5　思考题

(1)用影像法测量螺纹时,立柱为什么要倾斜一个螺纹升角 φ?

(2)用工具显微镜测量外螺纹的主要参数,为什么测量结果要取平均值?

(3)测量平面样板时,如何安置被测样板?立柱是否需要倾斜?

6.6　实训九　外螺纹中径的测量

6.6.1　实训目的

熟悉测量外螺纹中径的原理和方法。

6.6.2　实训设备

螺纹千分尺、针规、杠杆千分尺。

6.6.3 测量原理及计量器具说明

6.6.3.1 用螺纹千分尺测量外螺纹中径

螺纹千分尺的外形如图 6-72 所示。它的构造与外径千分尺基本相同,只是在测量砧和测头上装有特殊的测头 1 和 2,用它来直接测量外螺纹的中径。螺纹千分尺的分度值为 0.01 mm。测量前,用尺寸样板 3 来调整零位。每对测头只能测量一定螺距范围内的螺纹,使用时根据被测螺纹的螺距大小,按螺纹千分尺附表来选择。测量时可由螺纹千分尺直接读出螺纹中径的实际尺寸。

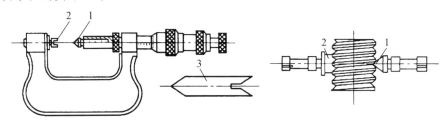

1、2—测头;3—尺寸样板。

图 6-72　螺纹千分尺的外形

螺纹千分尺使用频率不高,而且设备成本较高,不少非专业的单位都没有备用,应用的场合不多。

6.6.3.2 用三针法测量外螺纹中径

三针法测量外螺纹中径的原理如图 6-73 所示,这是一种间接测量螺纹中径的方法。测量时,将 3 根精度很高、直径相同的量针放在被测量螺纹的牙槽中,用测量外尺寸的计量器具(如千分尺、机械比较仪、光学比较仪、测长仪等)测量出尺寸 M,再根据被测螺纹的螺距 P、牙侧角 β 和量针直径 d_m,计算出螺纹中径 d_2。

由图 6-74 可知,

$$d_2 = M - 2AC = M - 2(AD - CD)$$

而 $AD = AB + BD = \dfrac{d_m}{2} + \dfrac{d_m}{2\sin\beta} = \dfrac{d_m}{2}\left(1 + \dfrac{1}{\sin\beta}\right)$

$$CD = \frac{P\cot\beta}{4}$$

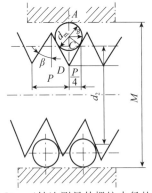

图 6-73　三针法测量外螺纹中径的原理

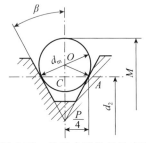

图 6-74　选择合适的量针直径

将 AD 和 CD 代入上式,得

$$d_2 = M - d_m\left(1 + \frac{1}{\sin\beta}\right) + \frac{P\cot\beta}{2}$$

对于米制螺纹,$\beta = 30°$,则

$$d_2 = M - 3d_m + 0.866P$$

为了减少螺纹牙型牙侧角偏差对测量结果的影响,应选择合适的量针直径,为使量针与螺纹牙型的切点恰好位于螺纹中径处,此时所选择的量针直径 d_m 为最佳量针直径。由图6-74 可知,

$$d_m = \frac{P}{2\cos\beta}$$

对于米制螺纹,$\beta = 30°$,则

$$d_m = 0.577P$$

在实际工作中,如果成套的三针中没有所需的最佳量针直径,则可选择与最佳量针直径相近的三针来测量。

量针的精度分为 0 级和 1 级两种:0 级用于测量中径公差为 4～8 μm 的螺纹塞规;1 级用于测量中径公差大于 8 μm 的螺纹塞规或螺纹工件。

测量 M 值所用的计量器具的种类很多,通常根据工件的精度要求来选择,读者可根据实验室具体情况来确定。本实训以杠杆千分尺来测量,如图 6-75 所示。

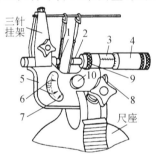

1—固定量砧;2—活动量砧;3—刻度套管;4—微分筒;5—尺体;
6—指针;7—指示表;8—按钮;9—锁紧轮;10—旋钮。
图 6-75 杠杆千分尺

杠杆千分尺的测量范围有 0～25 mm、25～50 mm、50～75 mm、75～100 mm 4 种,分度值为 0.002 mm。它的一个活动量砧 2,其移动量由指示表 7 读出。测量前将尺体 5 装在尺座上,然后校对千分尺的零位,使刻度套管 3、微分筒 4 和指示表 7 的示值都分别对准零位。测量时,当被测螺纹放入或退出两个量砧之间时,必须按下右侧的按钮 8 使量砧离开,以减少量砧的磨损。在指示表 7 上装有两个指针 6,用来确定被测螺纹中径极限偏差的位置,以提高测量效率。

6.6.4 实训步骤

6.6.4.1 用螺纹千分尺测量外螺纹中径

(1)根据被测螺纹的螺距选取一对测头。
(2)擦净仪器和被测螺纹,校正螺纹千分尺零位。
(3)将被测螺纹放入两测头之间,找正中径部位。

(4)分别在同一截面相互垂直的两个方向上测量螺纹中径,取它们的平均值作为螺纹的实际中径,然后判断被测螺纹中径的适用性。

6.6.4.2　用三针法测量外螺纹中径

(1)根据被测螺纹的螺距,计算并选择最佳量针直径 d_m。

(2)在尺座上安装好杠杆千分尺和三针。

(3)擦净仪器和被测螺纹,校正仪器零位。

(4)将三针放入被测螺纹牙槽中,旋转杠杆千分尺的微分筒,使两端测头与三针接触,然后读出尺寸 M 的数值。

(5)在同一截面相互垂直的两个方向上测出尺寸 M,取它们的平均值作为螺纹的实际中径,然后判断被测螺纹中径的适用性。

6.6.5　思考题

(1)用三针法测量螺纹中径时有哪些测量误差?

(2)用三针法测得的中径是否为作用中径?

(3)用三针法测量螺纹中径的方法属于哪一种测量方法? 为什么要选用最佳量针直径?

(4)用杠杆千分尺能否进行相对测量? 相对测量法和绝对测量法相比,那种测量方法精确度更高? 为什么?

6.7　实训十　三维扫描仪的使用

6.7.1　实训目的

(1)了解三维扫描仪的原理。

(2)了解三维扫描仪在行业中的应用。

6.7.2　实训设备

三维扫描仪、被测工件。

6.7.3　三维扫描仪测量案例

三维扫描仪是当今社会生产制造中不可或缺的一种重要检测设备,主要应用于航空航天、汽车交通、机械制造、模具制造、能源工程、艺术与设计、工业设计、医疗健康和虚拟展示等领域。三维扫描是工业计量的重要手段和方式。三维激光扫描仪是通过发射激光来扫描被测物,以获取被测物体表面的三维坐标。

三维扫描仪在机械制造领域的应用主要体现在接触式测量(硬探测)、工装尺寸位置检测、装配位置关系、余量检测、铸件形变检测和铸件缺陷修复等方面。工程机械中三维测量技术的应用,有助于优化从原型到产品构建、首件检验报告到装配分析等环节,并有效节省时间。

6.7.3.1　全区域型扫描测量

全区域型扫描测量方式可以保证快速的首件检验进程,并有针对性地修正产品,从而缩短生产周期。其测量过程和整个评估流程都可保证科学性、客观性。与传统式测量相比,使用接触式光笔测量几何误差极度便携、操作简单,且不受量程限制。

6.7.3.2　高精度支架的自动三维扫描和检测

自动化的 3D 测量系统非常适用于检测用于将机动车驾驶舱运输到不同生产工厂的高精度支架,实时向客户提供偏差报告,并计算不同维修方案的成本,以便用户更好地做出决策。

如何安全、周期性地自动将机动车驾驶舱从一个生产工厂运送到另一个工厂呢?

当用作驾驶员座舱的驾驶舱和机动车底盘在不同的工厂生产时,制造商会使用支架来运输它们,驾驶舱通过 4 个定位点固定在滑轨上。因此,驾驶舱和支架都需要很高的精度,这样才能牢固地固定和夹持部件。同时每一个支撑点都必须在精准的位置,并且必须有正确的尺寸。因此,支架对机动车的质量至关重要。

要知道,工厂里的支架是由工人用叉车搬运的,很容易被损坏,那么生产企业如何保证所有支架都符合规格要求呢?

为了降低报废率,大幅度提高产量,服务公司在每个周期中都要对每个支架进行一次检查。如果检测到问题,自动生产线就会移除和更换有问题的滑轨,而这会影响生产流程。当检测到缺陷时,必须进行维修,在获得合格的测量结果之前,任何支架都不得出厂。

使用检验夹具测量高精度支架的结果是什么?

当检测由人工工位使用检验夹具进行时(如公差为 ±2 mm),滑轨只需能够嵌入夹具就行。如果嵌不进去,则被认为是超出了公差。但是,不知道具体超出了多少。要确切地知道真正的问题是什么,哪一边有问题,这几乎是不可能的。此外,这种测量方法不能说明 4 个关键支撑点的实际位置。

一家提供检测和维修服务的公司如何才能对客户做到 100% 透明?当一家公司被委托对其在检测过程中发现的问题进行维修时,可能会出现利益冲突:列出的缺陷越多,必须进行的维修就越多。客户可能要求服务公司说明维修理由,并可能质疑损坏是否真的有那么严重,是否真的需要维修。因此,最好的办法是实时显示正在测量的内容和正在维修的内容。客户必须能够获得其产品的质量信息。借助自动化质量控制解决方案,一切都变得透明起来。

如图 6-76 所示,借助于精确、快速、多功能、简单易用的自动三维测量系统 MetraSCAN 3D-R 等计量级 3D 扫描仪和 VXscan-R 软件平台的组合,高精度支架的质量信息显示了与 CAD 图纸的偏差,如图 6-77 所示,并获得更精确、更可重复和更高精度的测量结果,而不受环境不稳定性和用户技能水平的影响。

图 6-76　自动三维测量系统

图 6-77　高精度支架的质量信息

通过自动读数，操作人员不用再手动在纸上记录数据，从而避免了因为劳累或分心而造成的错误。通过数字存档，偏差报告被存储在云服务中，客户可以实时查看这些报告。而通过即插即用的设备和用户友好的界面，操作人员可以快速、可靠地进行测量。

除了计量级精度和操作简便性，3D 扫描技术的用途也比市场上的其他解决方案更为广泛，因为 3D 扫描仪可以用来测量许多不同尺寸和形状的滑轨。简而言之，只要机器人能触达的地方，您都可以进行扫描。

凭借高测量速率和简单的设置，从扫描到获取结果的过程只需几分钟，缩短了采集和分析时间。这样一来，工业服务团队就可以为客户缩短交货时间，降低检测成本。

当滑轨与 CAD 图纸不符时，维修公司会查看整批滑轨的检验报告。他们根据是只有几个滑轨有缺陷，还是整批 2000 个滑轨都在某个方向上有 ±3 mm 的偏差，做出不同的维修决定。他们或计算维修所有滑轨的费用，或确认是否有可能调整装配线来纠正这一偏差。总之，在获得每一个滑轨的所有数据后，就可以通过计算不同解决方案的成本来做出更好的维修决策。

6.7.4　思考题

（1）三维扫描仪的使用场合有哪些？

（2）如何用三维扫描仪测量产品几何误差？

思考题

1.滚动轴承的互换性有何特点？

2.滚动轴承的公差等级根据什么划分？共有几级？代号是什么？

3.滚动轴承内圈与轴、外圈与轴承座孔的配合，分别采用何种基准制？各有什么特点？

4.滚动轴承的内径公差带分布有何特点？为什么？

5.与滚动轴承配合时，负荷大小对配合的松紧有何影响？

6.圆锥结合与光滑圆柱体结合相比有何特点？

7.确定圆锥公差的方法有哪几种？各适用于什么场合？

8.圆锥的锥角一般有几种分法？

9.各种键联结的特点是什么？主要用于哪些场合？

10.单键与轴槽、轮毂槽的配合分为哪几类？应如何选择？

11.为什么矩形花键只规定小径定心一种定心方式？其优点何在？

12.矩形花键除规定尺寸公差外,还规定哪些位置公差？

13.试说明花键综合量规的作用。

14.螺纹中径、单一中径和作用中径三者有何区别和联系？

15.普通螺纹结合中,内、外螺纹中径公差是如何构成的？如何判断中径的合格性？

16.对于普通紧固螺纹,标准中为什么不单独规定螺距公差和牙侧角公差？

17.普通螺纹的实际中径在中径极限尺寸内,中径是否一定合格？为什么？

18.为什么要把螺距误差和牙侧角误差折算成中径上的当量值？其计算关系如何？

19.影响螺纹互换性的参数有哪几项？

参考文献

[1]张策.机械工程史[M].北京:清华大学出版社,2015.

[2]王伯平.互换性与测量技术基础[M].5 版.北京:机械工业出版社,2018.

[3]郑鹏,张琳娜,明翠新.图解 GPS 尺寸精度规范及应用[M].北京:机械工业出版社,2023.

[4]子谦.几何公差那些事儿[M].北京:机械工业出版社,2021.

[5]张琳娜,等.图解 GPS 几何公差规范及应用[M].北京:机械工业出版社,2017.